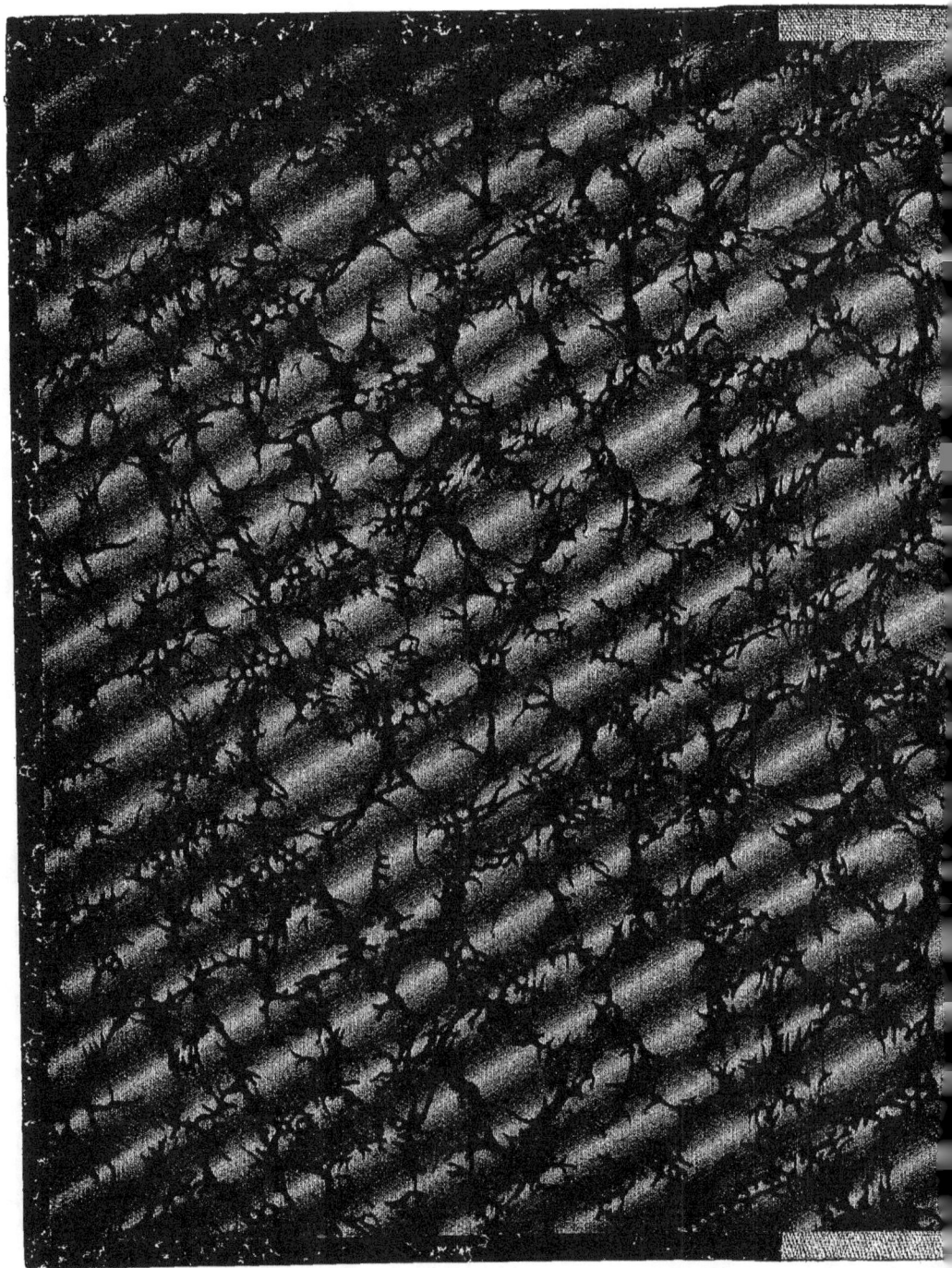

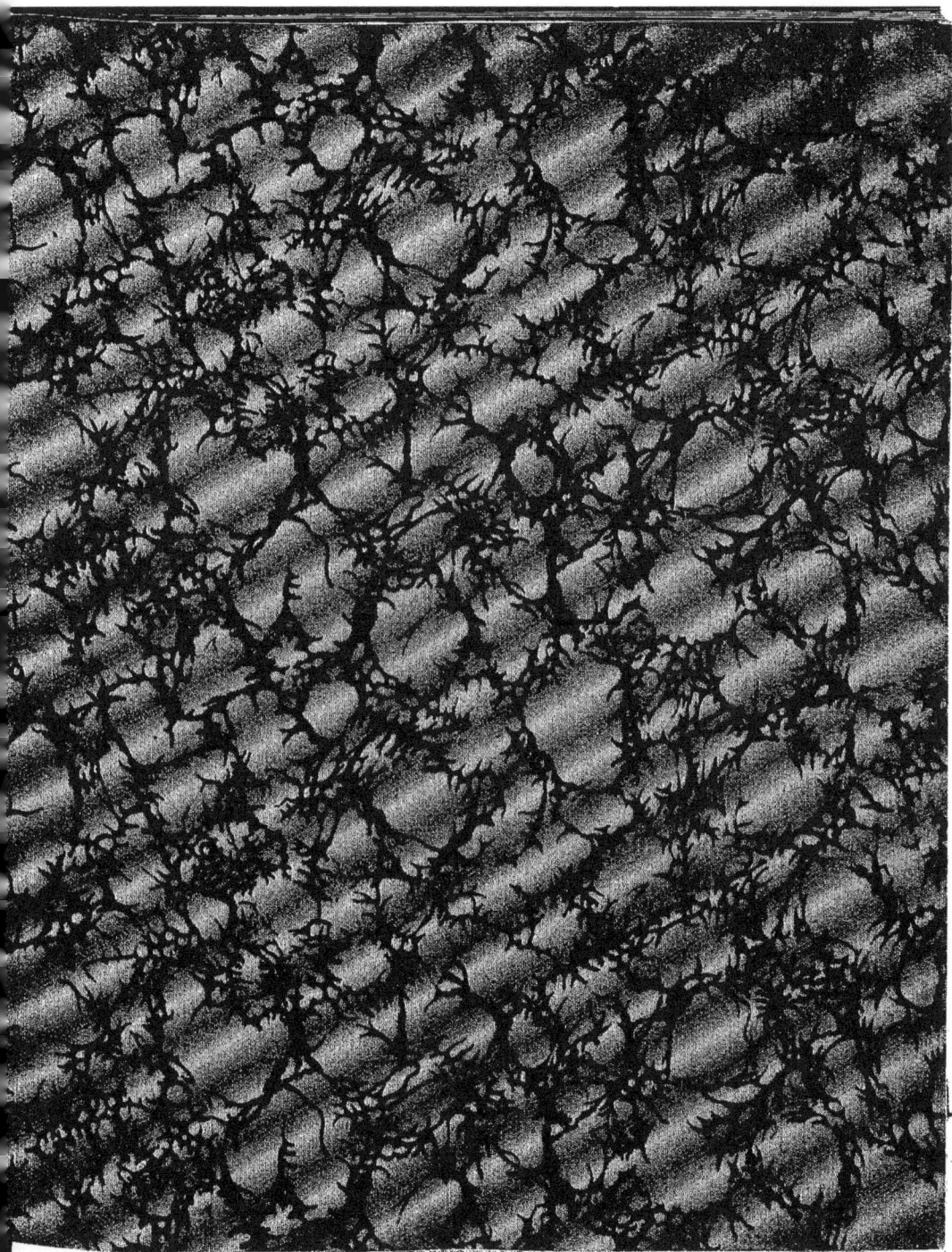

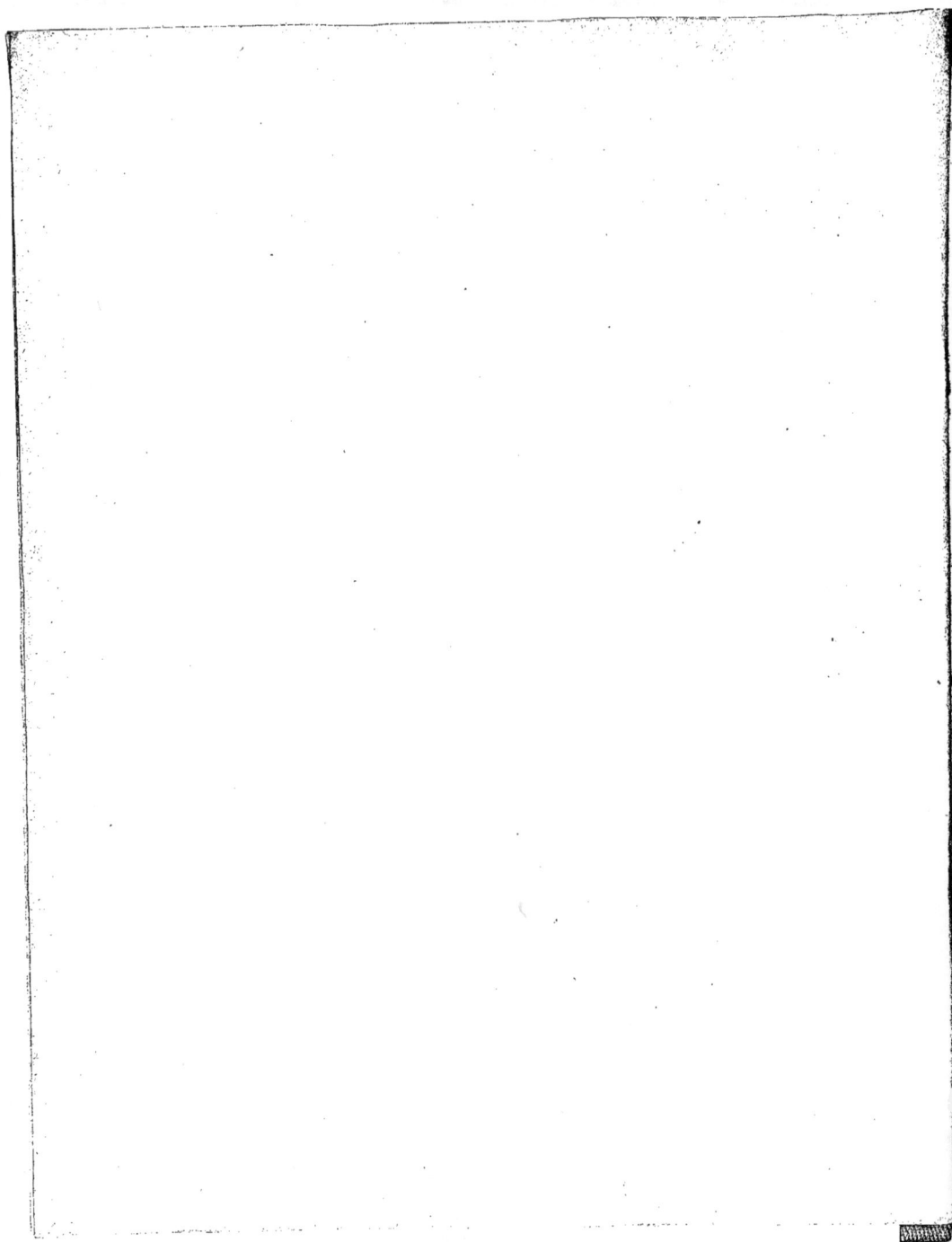

ÉCOLE DES MINES
DE SAINT-ÉTIENNE

COURS DE MINÉRALOGIE

PAR

M. FRIEDEL

SAINT-ÉTIENNE
SOCIÉTÉ DE L'IMPRIMERIE THÉOLIER. — J. THOMAS ET Cⁱᵉ.
12, rue Gérentel, 12

1904

COURS DE MINÉRALOGIE

ÉCOLE DES MINES

DE SAINT-ÉTIENNE

COURS DE MINÉRALOGIE

PAR

M. FRIEDEL

SAINT-ÉTIENNE

SOCIÉTÉ DE L'IMPRIMERIE THÉOLIER. — J. THOMAS ET Cie

12, rue Gérentet, 12

—

1904

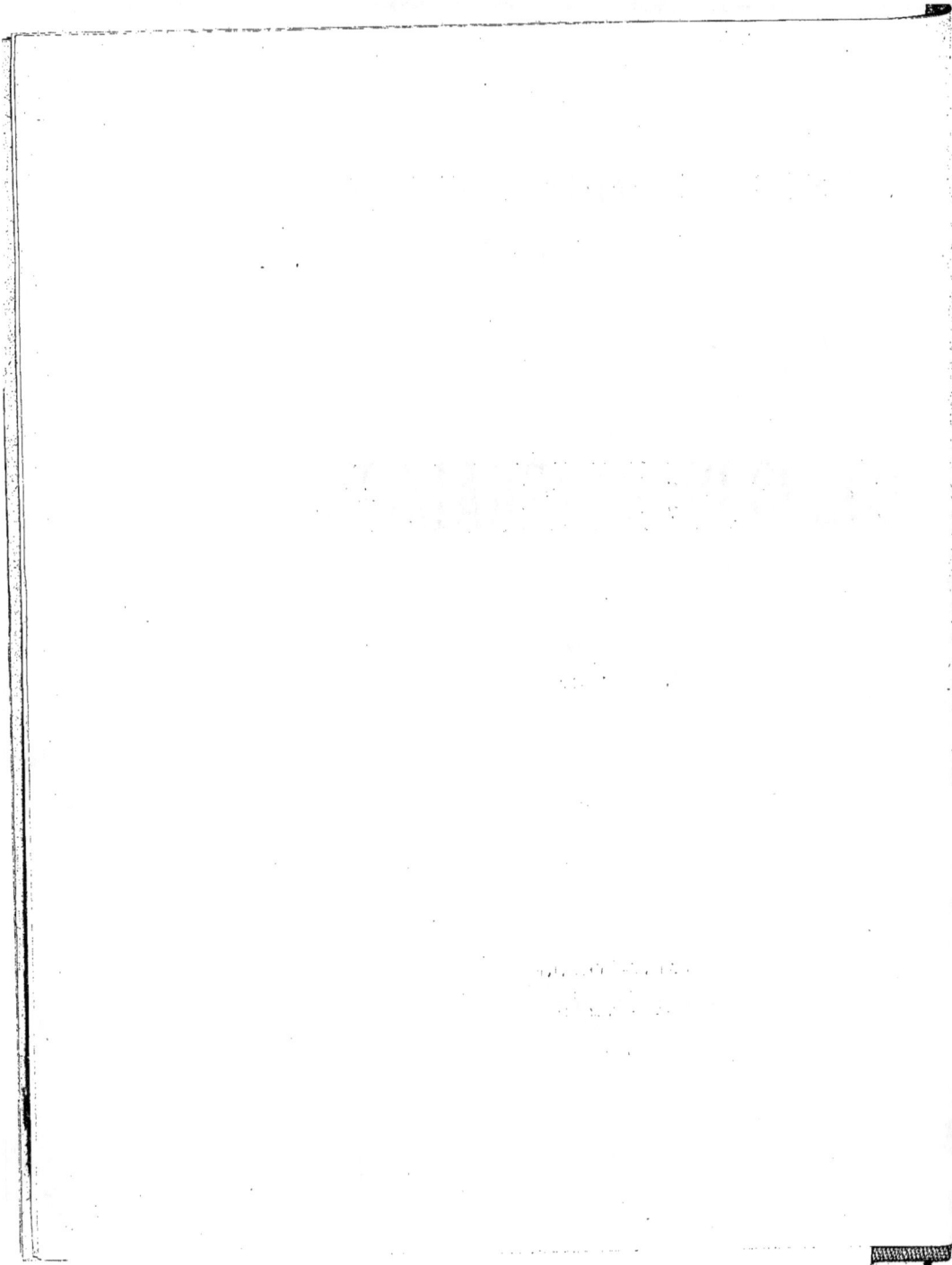

AVERTISSEMENT

Le présent ouvrage n'est pas la reproduction exacte du cours professé à l'Ecole des Mines. Destiné aux élèves qui suivent ce cours, il a été allégé sur certains points de tout ou partie des développements donnés dans les leçons orales, afin de mieux faire ressortir ce qui est essentiel. Sur d'autres points, plus nombreux, on y a introduit des explications complémentaires qui, faute de temps, ne peuvent être données dans les leçons. D'où un certain manque d'équilibre entre les diverses parties.

Ce premier volume en particulier, où sont exposées les notions préparatoires à la description des espèces, et qui est occupé principalement par la cristallographie, n'est pas un traité de cristallographie, mais plutôt un complément au cours de cristallographie. Il sera suivi d'un autre donnant, sous une forme succincte, les principales propriétés des espèces minérales les plus importantes.

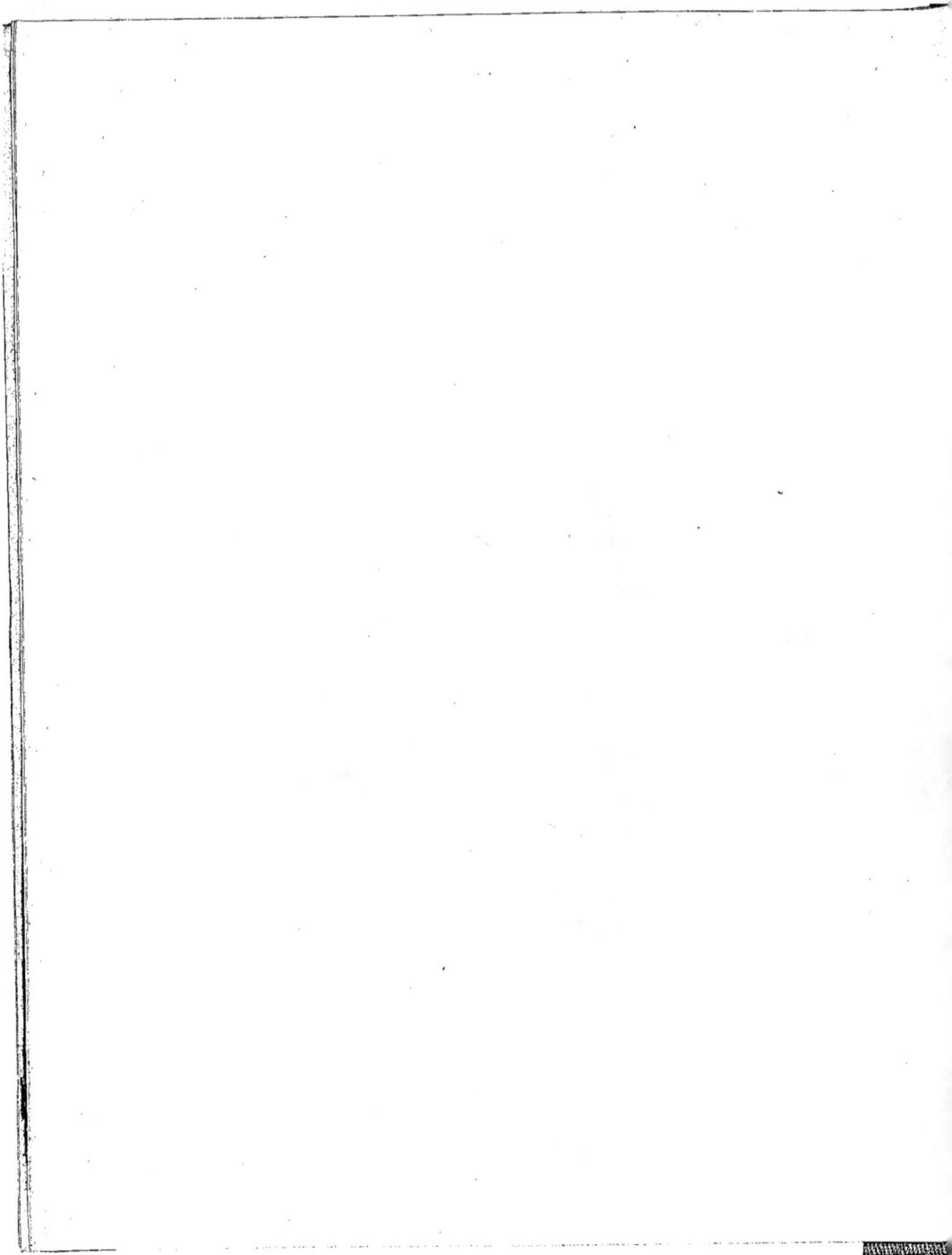

MINÉRALOGIE GÉNÉRALE

CRISTALLOGRAPHIE

Définition du cristal parfait. — Corps solide : 1° **Anisotrope**, c'est-à-dire tel que ses propriétés susceptibles de direction sont en général différentes dans les différentes directions. Certaines de ces propriétés varient d'une manière *continue* avec la direction, exemples : vitesse de la lumière, couleur, conduction calorifique, dureté, etc. ; d'autres, d'une manière *discontinue*, exemples : solubilité, déterminant ainsi les formes extérieures polyédriques, cohésion (clivages), etc.

2° **Homogène**, dans la limite de nos moyens d'observation. C'est-à-dire que si un point, une droite, un plan du milieu cristallin jouissent de certaines propriétés, il existe dans tout ce milieu une grande quantité de points, de droites parallèles à la première, de plans parallèles au premier, jouissant des mêmes propriétés, et tellement rapprochés que nous ne pouvons par aucun moyen discerner l'intervalle qui sépare un de ces points, droites ou plans, des éléments identiques les plus voisins. L'observation ne peut nous faire connaître si ces intervalles sont finis et très petits, ou bien infiniment petits.

Observation. — Il n'y a pas de cristal parfait. Mais un corps est d'autant plus voisin de l'état cristallin parfait qu'il possède plus exactement, avec l'anisotropie, l'homogénéité ci-dessus définie.

Théorie de Bravais sur la constitution du milieu cristallin. — D'après la définition de l'homogénéité, étant donné un point quelconque d'un cristal, il existe dans ce cristal un grand nombre de points très voisins qui jouissent exactement des mêmes propriétés. Nous les appellerons *points analogues* au premier. On pourrait peut-être édifier une théorie des milieux cristallins en supposant que les distances des points analogues sont infiniment petites ; une telle théorie impliquerait évidemment la continuité de la matière. En fait, la discontinuité de la matière expliquant très simplement un grand nombre de faits de la physique et de la chimie, il est préférable d'en réserver au moins la possibilité. C'est pourquoi nous admettrons comme l'hypothèse la plus vraisemblable qu'un point du cristal est séparé des points analogues les plus voisins par des distances très petites, mais finies. Il reste loisible d'imaginer la matière continue ou discontinue ; rien de ce qui suit n'implique l'une ou l'autre hypothèse.

Soit A un point *quelconque* pris à l'intérieur du cristal. A' un point analogue voisin tel qu'entre A et A', sur la droite AA', il n'en existe aucun autre. Rien ne doit distinguer les propriétés de A de celles de A' ; en particulier, la distribution de la matière doit être la même autour de A' qu'autour de A[1]. Donc il existe un point analogue A" placé par rapport à A' comme A' par rapport à A, et de même, par suite, une série de points analogues à A, équidistants sur la droite AA'. Il n'y a d'ailleurs, en vertu de la condition posée pour le choix de A', aucun autre point analogue à A sur cette droite. On appelle une telle droite une *rangée*. La longueur AA' est le *paramètre* de la rangée.

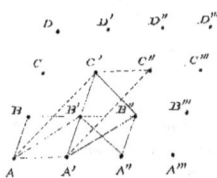

Soit de même B un point analogue à A pris en dehors de la droite AA' et tel qu'en faisant glisser la droite AA' parallèlement à elle-même dans le plan AA'B jusqu'en BB', elle ne rencontre aucun point analogue avant B. Le même raisonnement montre qu'il y a sur BB', puis de même dans tout le plan AA'B, un grand nombre de points analogues à A, et que tous sont répartis comme l'indique la figure. On peut dire simplement qu'ils occupent dans le plan les sommets d'un réseau de parallélogrammes égaux et contigus. Mais on peut choisir une infinité de parallélogrammes répondant à cette condition que tous les sommets du réseau construit sur chacun d'eux soient des points analogues, et que tous les points analogues du plan soient ainsi représentés. Par exemple,

---

(1) On remarquera qu'il y a là une hypothèse. Tout ce que l'on peut affirmer, c'est que la distribution de la matière autour de A' doit être la même *en moyenne* qu'autour de A. Nous supposons qu'elle l'est, non seulement en moyenne, mais *exactement*. Cette hypothèse, non nécessaire *a priori*, doit être introduite pour que la structure du milieu homogène s'accorde avec l'existence des faces planes et la loi des troncatures rationnelles. La structure réticulaire n'est donc pas, au fond, une conséquence nécessaire de la seule homogénéité, mais de celle-ci combinée à l'existence des faces planes et à la loi des troncatures rationnelles. La forme didactique adoptée ici ne doit pas faire illusion à ce sujet.

AA′ BB′, AA′ B′ B″, C′ B′ A″ B″, etc., mais non AA′ C′ C″, qui comprendrait un point analogue dans l'intérieur du parallélogramme. Le plan AA′ B est appelé *plan réticulaire*. L'un ou l'autre, arbitrairement choisi, des parallélogrammes AA′ BB′, AA′ B′ B″... qui ne contiennent aucun point analogue, est dit *maille* du réseau plan. En en indiquant la forme, on définit entièrement le réseau des points analogues dans ce plan.

Théorème. — Toutes les mailles planes que l'on peut choisir pour définir un réseau plan ont même aire. Cette aire est donc indépendante du choix arbitraire de la maille, et caractéristique du plan.

De même encore, en déplaçant le plan AA′B parallèlement à lui-même jusqu'à ce qu'il rencontre le premier point analogue à A, on montre que *tous* les points analogues à A dans le cristal sont répartis dans l'espace en un réseau que l'on peut définir comme comprenant tous les sommets d'une série de parallélipipèdes identiques. Ici encore, ne pas se figurer que les parallélipipèdes existent. On peut en choisir une infinité, tels que AA′ BB′ CC′ DD′, AA′B′ B″ CC′D′ D″, etc..., la seule condition étant que le parallélipipède choisi ne renferme aucun point analogue. La seule chose qui existe, c'est la distribution des points analogues. Le parallélipipède choisi, AA′ BB′ CC′ DD′, par exemple, n'est qu'une conception géométrique commode pour définir cette distribution. Il est dit *maille* du réseau. (Si ce n'était pour employer le mode de représentation le plus simple, la maille pourrait aussi bien être limitée par des surfaces courbes. Ses arêtes et faces n'ont aucune existence.) Les paramètres des trois rangées AA′, AB, AC formant les arêtes de la maille sont appelés *paramètres du cristal*. Enfin, on appelle par abréviation *nœuds* du réseau construit sur le point A tous les points analogues de A.

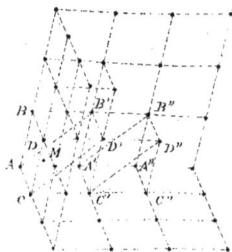

Théorème. — Toutes les mailles que l'on peut choisir pour définir un réseau donné ont même volume. Ce volume, indépendant du choix de la maille, est donc caractéristique du cristal.

Conséquence. — L'aire de la maille plane d'un plan réticulaire du cristal est inversement proportionnelle à la distance de ce plan au plan réticulaire parallèle le plus voisin. Ou encore : la *densité réticulaire* d'un système de plans réticulaires parallèles est inversement proportionnelle à l'espacement des plans de ce système.

Il faut se rappeler que A est un point *quelconque* du cristal. Tous les points compris dans la maille AA' BB' CC' DD' sont différents de A. Mais chacun d'eux, tel que M, a autant d'analogues que le point A, et tous ses analogues s'obtiennent en faisant glisser le réseau tout entier de A en M parallèlement à lui-même. Il y en aura donc un, et un seul, dans chaque maille du réseau précédemment construit sur A. *Toutes les mailles sont donc identiques entre elles, non seulement quant à leur forme, mais quant à la distribution de la matière à leur intérieur,* quel que soit le point à partir duquel il plaît de les tracer, et quelle que soit la forme que l'on choisisse parmi celles qui répondent à la condition énoncée ci-dessus.

On se fait une idée exacte de cette distribution périodique de la matière cristallisée (du moins dans le plan, mais il est aisé d'imaginer la même chose dans l'espace) si on la compare au dessin quelconque mais indéfiniment répété d'un papier de tenture.

Prenons un point quelconque A à l'intérieur du cristal. Sur ce point construisons, comme tout à l'heure, une maille du réseau. Cette maille isole un très petit volume de matière essentiellement hétérogène qui, indéfiniment répété identique à lui-même, constitue le cristal homogène. Elle contient un exemplaire et un seul, non seulement de chacune des masses de nature, de position et d'orientation diverses qui entrent dans la constitution du cristal, mais aussi de tous les points du cristal non analogues à A, qu'ils soient ou non occupés par de la matière. Ce petit volume est donc l'élément constitutif du cristal. (Particule intégrante d'Haüy, molécule cristallographique, particule complexe.) C'est le « motif » du papier de tenture. Nous l'appellerons *motif* ou *période* du cristal.

L'expression fâcheuse de molécule ou de particule semble en effet impliquer l'idée d'une masse bien définie par elle-même, bien limitée, de forme et de dimension déterminées, ce qui veut dire en un mot assez *distante* des voisines par rapport à ses dimensions propres pour qu'il n'y ait aucun doute sur l'attribution de tel point à telle molécule plutôt qu'à telle autre. La puissance des mots est telle que cette seule expression de molécule a suffi pour introduire en cristallographie et pour lier, à tort, à la théorie des réseaux, l'hypothèse suivante : le cristal est composé de « molécules cristallographiques » plus ou moins complexes, mais bien définies et distantes les unes des autres, parallèles et distribuées aux nœuds d'un réseau. C'est là une hypothèse gratuite, peu acceptable à priori, qui n'explique rien et qui, nous le verrons en étudiant l'isomorphisme, est démentie par les faits. Elle n'a guère été faite explicitement, mais acceptée implicitement, presque inconsciemment. C'est elle qui a arrêté Mallard dans le magnifique développement qu'il avait commencé à donner à la théorie de Bravais ; c'est elle aussi qui, additionnée d'hypothèses plus injustifiables encore, a fini par jeter le discrédit sur l'idée cependant fondamentale et jusqu'à présent indestructible de la structure réticulaire.

En réalité, aucun des faits de la cristallographie n'autorise à croire que les particules premières du cristal, atomes ou molécules chimiques, sans doute déjà distantes entre elles, commencent ainsi par se grouper en petites masses bien définies et immobiles, véritables unités physiques ayant une existence propre, qui s'espaceraient ensuite elles-mêmes à des distances beaucoup plus grandes que leurs dimensions pour former le réseau. Cela impliquerait, chose à priori peu vraisemblable, que les forces qui groupent les atomes ou les molécules chimiques en une « molécule cristallographique » sont d'un autre ordre que celles qui groupent ensuite ces molécules cristallographiques en un cristal. On aurait le droit de faire cette hypothèse si elle expliquait quelque chose. Mais elle n'explique rien, et nous verrons les phénomènes d'isomorphisme, qui exigent que le « motif » comprenne en général plusieurs molécules chimiques, exigent aussi que ces molécules ne soient pas groupées en un « paquet », mais réparties au contraire en divers points de la maille.

Nous devons donc, pour ne faire aucune hypothèse, supposer que la matière du cristal est répartie un peu partout dans la maille du réseau, tant que nous ne savons rien de sa répartition. Le mieux est même, jusqu'à nécessité contraire, de la supposer continue.

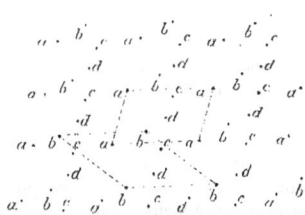

$a\ b\ c\ d$... étant des points non analogues quelconques, les points analogues sont distribués en réseaux identiques $aaaaa$..., bbb..., etc. (Nous raisonnons dans le plan pour schématiser, mais cela s'étend aisément à l'espace.) On voit que la masse de matière qui se répète indéfiniment dans le cristal, la période du cristal, n'a ni forme ni limites déterminées. On doit y comprendre aussi bien les points où il plait d'imaginer de la matière que ceux que l'on considère comme vides dans l'hypothèse de la discontinuité. On peut, si l'on veut, la limiter à une maille du réseau de parallélogrammes, $aaaa$ par exemple, ou $bbbb$, maille dont la forme peut être choisie d'une infinité de manières et dont la position absolue des sommets est quelconque ; rien n'oblige même à la limiter à des droites (dans l'espace, des plans). Il suffit que la ligne (surface) qui l'entoure n'englobe jamais deux points analogues, et englobe un exemplaire de chacun des points non analogues existant dans le cristal. Les limites ainsi définies ne sont autres que celles de la maille du réseau.

Conséquences. — 1°) A défaut d'hypothèses bien spécifiées (et, nous l'avons dit, inacceptables), les auteurs qui parlent de la *forme* de la molécule cristallographique comme différente de celle de la maille du réseau emploient une expression vide de sens. En réalité, il faut distinguer dans le « motif » du cristal deux choses : sa *forme* et son *remplissage* ; et sa forme n'est autre chose que la maille du réseau.

2°) C'est employer aussi une expression dénuée de sens que de parler de déformation du réseau sans déformation de la molécule cristallographique. Quand on comprime ou déforme d'une manière quelconque un cristal, on déforme en même temps réseau et « motif ».

3°) On conçoit que la maille du réseau puisse posséder une certaine symétrie dans sa forme, sans que pour cela la répartition de la matière dans cette maille possède cette symétrie. Cela revient à dire qu'un corps peut avoir une forme symétrique et une répartition interne de sa matière moins symétrique. Par contre, il est impossible d'imaginer que le motif possède une symétrie supérieure à celle du réseau. Si, par exemple, tous les points de la figure ci-contre représentent des masses identiques et identiquement orientées (non des points analogues à cause de leur distribution), chacun des groupes a b c d, que certains auteurs appelleraient une molécule cristallographique, peut posséder par exemple la symétrie du losange, tandis que la maille a a a a n'a aucune symétrie. Mais chacun de ces groupes n'est pas une molécule cristallographique. C'est une molécule cristallographique privée, pour les besoins de la cause, d'une partie de l'espace qui entoure ses masses constituantes, comme si l'on pouvait isoler cette « molécule » par on ne sait quelle pellicule réelle qui entourerait et définirait ce qui est molécule et ce qui est espace vide. En réalité, la seule molécule complète à laquelle nous soyons en droit de fixer des limites sans hypothèse inutile, c'est le motif défini plus haut, et qui comprend non pas seulement *rien que* des points non analogues, mais aussi *un exemplaire de chacun* des points non analogues, aussi bien dans l'espace supposé vide que dans celui où l'on imagine de petites masses de matière. Si ce motif a une symétrie, elle appartient à fortiori à sa forme extérieure, qui est la maille du réseau. Ce qui revient à cette notion simple que pour qu'un corps possède une symétrie, il faut avant tout que sa forme extérieure possède cette symétrie.

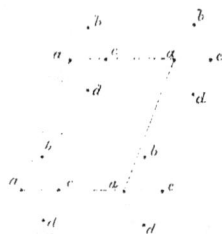

D'où cette conclusion importante : le réseau peut avoir dans sa forme une symétrie plus élevée que celle du motif. Mais c'est employer une expression dépourvue de signification que de dire que la molécule cristallographique peut posséder une symétrie supérieure à celle du réseau.

Ces trois remarques éliminent les principales des nombreuses confusions nées de l'abus des termes « molécule » ou « particule » et de l'hypothèse plus ou moins inconsciente qu'ils impliquent. Elles font comprendre ce que nous entendrons à l'avenir par *motif* ou *période* du cristal.

Première loi expérimentale de la cristallographie. **Loi de la constance des angles.** (Romé de l'Isle.)

Les cristaux présentent souvent une surface extérieure polyédrique composée de faces plus ou moins planes. Ces faces ne sont pas déterminées en position, toute face parallèle à l'une des faces existantes pouvant limiter le cristal aussi bien qu'elle. Mais elles le sont *en direction*. Etant donné un certain nombre d'échantillons d'une espèce minérale cristallisée, ils peuvent être limités par des polyèdres différents. Mais ces polyèdres appartiennent à un petit nombre de types qui peuvent s'associer sur le même cristal. Et alors, les angles dièdres que font entre elles les faces correspondantes d'un même type, ou ceux que fait l'une d'elles avec les faces d'un autre type sont *constants* pour une même espèce. Cette constance se vérifie avec d'autant plus d'exactitude que les faces sont plus planes, en sorte que l'on est conduit à attribuer au cristal parfait des faces rigoureusement planes et des angles dièdres rigoureusement constants. Cette loi n'est, on le voit, qu'un des aspects de l'homogénéité cristalline.

Exemple : *quartz*, forme habituelle, deux polyèdres distincts : prisme hexagonal MM'M″ et pyramide hexagonale PP'P″. Les dièdres MM', M'M″… sont uniformément de 120°. Les dièdres MP, M'P', M″P″, uniformément de 141° 47'. Les dièdres PP'. P'P″,… uniformément de 133° 44'.

Seconde loi expérimentale. **Loi des troncatures rationnelles** (Haüy).

Soient XOY, YOZ, ZOX trois faces de la forme extérieure d'un cristal, se coupant suivant les arêtes OX, OY, OZ. Deux autres faces du même cristal coupent ces arêtes en A, B, C, A', B', C'. La loi de la constance des angles nous apprend que les longueurs OA, OB, OC, OA' OB' OC' ne sont pas déterminées en valeur absolue, mais que les rapports $\dfrac{OA}{OB}, \dfrac{OB}{OC}, \dfrac{OC}{OA}, \dfrac{OA'}{OB'}, \dfrac{OB'}{OC'}, \dfrac{OC'}{OA'}$, sont déterminés. La loi des troncatures rationnelles établit entre ces rapports les relations suivantes :

$$\frac{OA'}{OB'} = m. \frac{OA}{OB} \quad \cdot \quad \frac{OB'}{OC'} = n. \frac{OB}{OC} \quad \cdot \quad \frac{OC'}{OA'} = p. \frac{OC}{OA},$$

m, n, p étant des nombres rationnels simples.

Cette loi est d'autant mieux vérifiée que les faces sont plus planes. Elle n'appartient en toute rigueur qu'au cristal parfait.

Il va sans dire que les mesures, si précises qu'elles soient, sont incapables de prouver que les nombres m, n, p soient rationnels. Elles fournissent pour ces nombres des valeurs qui ne diffèrent de fractions simples que de quantités qui

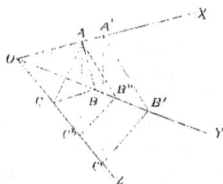

sont de l'ordre des erreurs de mesure que comportent soit les procédés goniométriques, soit l'état des faces de cristal. C'est ce qu'on exprime, en abrégé, en disant que m, n, p *sont des fractions simples.*

La simplicité des fractions m, n, p dépend du choix des trois faces X O Y, Y O Z, Z O X, mais on peut toujours les choisir telles que m, n, p soient des entiers ou des fractions simples tels que $1, 2, 3, \frac{3}{2}, \frac{2}{3}, \frac{1}{4}$, etc... Cette loi est comparable de tous points à celle des proportions multiples en chimie.

Expression géométrique des deux lois précédentes. — De même qu'en chimie la loi des proportions définies et la loi des proportions multiples s'expriment mathématiquement par l'existence des nombres proportionnels (poids atomiques, équivalents), de même, en cristallographie, on peut donner une expression géométrique simple aux lois de la constance des angles et des troncatures rationnelles. La position absolue des faces A B C, A' B' C' n'est pas déterminée. Fixons arbitrairement celle de A B C, et déplaçons A' B' C' de manière que A' vienne coïncider avec A. Alors la loi des troncatures rationnelles devient :

$$(1) \quad \begin{aligned} OB'' &= \lambda. \ OB \\ OC'' &= \mu. \ OC \end{aligned}$$

$\lambda\,\mu$ étant des nombres rationnels qui seront simples si les faces X O Y, Y O Z, Z O X, A B C sont convenablement choisies parmi celles du cristal.

Considérons alors le parallélipipède construit sur les trois arêtes O A, O B, O C et construisons sur lui un *réseau* de parallélipipèdes identiques contigus. Les relations(1) expriment que le plan parallèle à A' B' C', qui passe par le sommet A, passe aussi par deux autres sommets de parallélipipèdes de ce réseau, et, par suite, par une infinité. C'est donc un *plan réticulaire* de ce réseau.

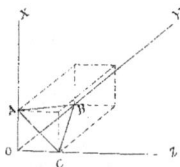

En effet, si λ et μ sont entiers, les points B″, C″ sont eux-mêmes des nœuds du réseau. S'ils sont fractionnaires, si par exemple $\lambda = \dfrac{m}{n}$, la droite A B″ rencontre un nœud dans la $n^{\text{ième}}$ rangée parallèle à O Y à partir de celle-ci incluse.

L'expression géométrique des deux lois est donc la suivante :

Choisissons arbitrairement, parmi les faces d'un cristal, trois faces XOY, YOZ, ZOX, et arbitrairement encore, une quatrième face A B C qui coupe les trois arêtes O A, O B, O C. Construisons sur ces trois arêtes, dont la face A B C détermine les longueurs relatives, un parallélipipède que nous prendrons pour maille d'un réseau de parallélipipèdes semblables. *Toutes les autres faces du cristal seront des plans réticulaires simples du réseau ainsi tracé.*

On appelle plan réticulaire *simple* un plan réticulaire dont l'aire de la maille plane est petite, c'est-à-dire la densité réticulaire grande.

Le parallélipipède O A B C, dont le choix reste arbitraire dans une large mesure, s'appelle *forme primitive* du cristal. Il doit être choisi de manière à donner aux coefficients $\lambda\,\mu$ une valeur simple pour toutes les faces connues du cristal. En cas de doute, on ne pourra décider que d'après des considérations étrangères à la loi des troncatures rationnelles. Cette forme primitive joue en cristallographie le même rôle qu'en chimie le nombre proportionnel, nombre également arbitraire dont l'analyse ne détermine qu'un multiple, et que l'on choisit aussi, parmi ceux qui fournissent pour tous les composés connus des formules simples, d'après des considérations étrangères à la loi des proportions multiples.

Nous pouvons nous représenter ce qui précède d'une manière concrète en imaginant que le cristal contient effectivement un réseau de points distribués comme les nœuds d'un réseau dont la maille, identique à la forme primitive, serait assez petite pour rester inaccessible à nos moyens d'observation, et que les faces du cristal sont astreintes à être des plans réticulaires de ce réseau. Une face étant ainsi définie, il y en a dans le cristal un grand nombre, parallèles et équidistantes, assez voisines entre elles pour que la distance de deux de ces faces contiguës nous échappe. Ce réseau n'est ici, comme l'atome en chimie, qu'une conception mathématique, une manière d'exprimer simplement les deux lois fondamentales.

Mais nous sommes arrivés par une autre voie, en partant de la notion générale d'homogénéité cristalline à concevoir l'existence physique d'une distribution de la matière en réseau dans le cristal. Or, si nous considérons une face bien plane d'un cristal, cette face jouit entièrement de l'homogénéité. En tous ses points elle a même éclat, même dureté dans chaque direction (voir p. 104), mêmes propriétés à tous égards. C'est donc un plan réticulaire du réseau physique. Il résulte de là que le réseau géométrique imaginé pour exprimer la loi des troncatures rationnelles a les mêmes plans réticulaires que le réseau physique tiré de la notion d'homogénéité. Convenablement choisi, il ne diffère pas du réseau physique des points analogues. On doit chercher à déterminer la *forme primitive* de façon qu'elle soit identique à la *maille* du réseau de Bravais (Sauf la restriction indiquée p. 89.)

Résumé. — Les propriétés que nous avons jusqu'ici reconnues aux cristaux sont les suivantes :

1°) La matière cristalline est périodique et répartie en réseau ;

2°) Les faces, quand elles sont planes, sont des plans réticulaires de ce réseau, et ce sont des plans réticulaires simples si la maille, arbitraire dans une certaine mesure, est convenablement choisie.

Exemple de vérification de la loi des troncatures rationnelles.

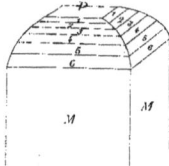

Idocrase. Prisme à base carrée MM avec base perpendiculaire P et 6 faces connues 1, 2, 3, 4, 5, 6, parallèles à l'arête PM. On mesure pour les angles α des normales à ces faces avec la normale à P :

	α
P1 —	14°.13′
P2 —	20°.48′
P3 —	37°.13′
P4 —	56°.39′
P5 —	66°.19′
P6 —	71°.49′

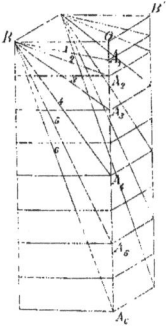

$$\text{D'où} \begin{cases} tg\ \alpha_1 = \dfrac{OA_1}{OB} = 0,25334 \\ tg\ \alpha_2 \quad - \quad 0,37986 \\ tg\ \alpha_3 \quad - \quad 0,75950 \\ tg\ \alpha_4 \quad - \quad 1,5194 \\ tg\ \alpha_5 \quad - \quad 2,2798 \\ tg\ \alpha_6 \quad - \quad 3,0385 \end{cases}$$

nombres non simples. Mais choisissons, pour définir la forme primitive, la face 2, par exemple. La forme primitive est ainsi un prisme à base carrée $OA_2\ BB'$ pour lequel $\dfrac{OA}{OB} = 0,37986$. Les paramètres du cristal sont $OA_2 = 0,37986$, $OB = 1, OB' = 1$.

Et alors :

$$OA_1 = 0,66694.\ OA_2$$
$$OA_2 = 1. \qquad OA_2$$
$$OA_3 = 1,9994.\ OA_2$$
$$OA_4 = 4,0001.\ AO_2$$
$$OA_5 = 6,0018.\ OA_2$$
$$OA_6 = 7,9989.\ OA_2$$

C'est-à-dire, dans la limite des erreurs de mesure,

$$OA_1 = \frac{2}{3}.\ OA_2$$
$$OA_2 = 1 \qquad »$$
$$OA_3 = 2 \qquad »$$
$$OA_4 = 4 \qquad »$$
$$OA_5 = 6 \qquad »$$
$$OA_6 = 8 \qquad »$$

On voit qu'au point de vue de la simplicité des faces il aurait été préférable de définir la forme primitive au moyen de la face 3, avec une maille OA_3BB' deux fois plus grande, et pour paramètres : $OA_3 = 0,75950$, $OB = OB' = 1$.

3

Alors $OA_1 = \dfrac{1}{3} \ OA_3$

$OA_2 = \dfrac{1}{2} \quad »$

$OA_3 = 1 \quad »$

$OA_4 = 2 \quad »$

$OA_5 = 3 \quad »$

$OA_6 = 4 \quad »$

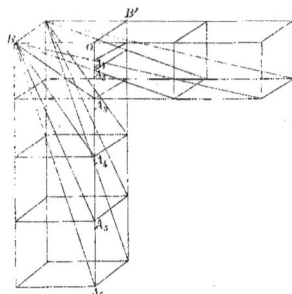

Mais seule l'étude des propriétés physiques du cristal pourra nous faire présumer si la véritable maille du réseau réel est OA_2 BB' ou OA_3 BB', ou toute autre, et c'est cette étude qui décidera en dernier ressort, de même qu'elle décide en chimie du choix du poids atomique, que l'analyse seule laisserait indéterminé parmi des multiples également admissibles. A défaut de raisons physiques, on choisirait ici OA_3 pour paramètre. Dans l'immense majorité des cas, le paramètre qui fournit les troncatures les plus simples est aussi celui que l'étude physique montre être celui de la vraie maille du réseau.

Expression analytique de la loi des troncatures rationnelles. — Caractéristiques. — Soient Ox, Oy, Oz les arêtes de la forme primitive, prises pour axes de coordonnées. Soient a, b, c les paramètres de ces rangées, ou paramètres du cristal. Un nœud quelconque A a pour coordonnées :

$$x = pa$$
$$y = qb$$
$$z = rc$$

p, q, r étant entiers.

p, q, r sont les *coordonnées numériques* du nœud A. La rangée O A a pour équations $\dfrac{x}{pa} = \dfrac{y}{qb} = \dfrac{z}{rc}$. p, q, r sont aussi les *caractéristiques* de la rangée OA.

Un plan réticulaire passant par l'origine et par deux autres nœuds de coordonnées numériques m, n, p ; m', n', p', a pour équation :

$$\frac{x}{a}(np' - pn') + \frac{y}{b}(pm' - mp') + \frac{z}{c}(mn' - nm') = 0$$

C'est-à-dire

$$g \frac{x}{a} + h \frac{y}{b} + k \frac{z}{c} = 0$$

g, h, k étant entiers.

g, h, k sont les *caractéristiques* du plan réticulaire ; ce sont des nombres simples pour les plans limitant le cristal.

Le plan réticulaire parallèle à celui-là et passant par un nœud dont les coordonnées numériques sont m'', n'', p'', a pour équation :

$$(1) \qquad g \frac{x}{a} + h \frac{y}{b} + k \frac{z}{c} = g \, m'' + h \, n'' + k \, p'' = C$$

C étant entier. (En particulier en prenant $C = \pm 1$, l'équation est celle des plans contigus de l'origine de part et d'autre. C est le nombre de strates ou intervalles séparant le plan de l'origine.)

On voit alors que le plan (1) coupe les axes en trois points dont les distances à l'origine sont $C \frac{a}{g}$, $C \frac{b}{h}$, $C \frac{c}{k}$. Au facteur constant C près, ces longueurs sont égales à $\frac{a}{g}$, $\frac{b}{h}$, $\frac{c}{k}$. Donc, les *longueurs numériques* $\frac{1}{g}$, $\frac{1}{h}$, $\frac{1}{k}$, interceptées sur les axes de coordonnées par le plan dont les caractéristiques sont g, h, k, sont les *inverses des caractéristiques* de ce plan. *Ce sont des nombres simples pour les plans limitant le cristal.* Telle est l'expression analytique de la loi des troncatures rationnelles.

Zones. — On dit que plusieurs plans réticulaires sont *en zone* quand ils sont parallèles à une même droite, appelée *axe de la zone.*

L'axe de la zone est toujours une rangée. En effet, deux plans réticulaires se coupent toujours suivant une droite parallèle à une rangée. Si sur leur intersection $a\,b$ il n'existe pas de nœud du réseau, prenons un nœud quelconque N du plan A et menons par ce point un plan B' parallèle à B. Je dis que $a'b'$ est une rangée. Nous pouvons prendre le plan A pour plan des X Y et le nœud N pour origine. Le plan B' aura pour équation

$$g \frac{x}{a} + h \frac{y}{b} + k \frac{z}{c} = 0$$

L'intersection $a'b'$ passera par le point $z = 0$, $x = h\,a$, $y = -g\,b$, qui est un nœud. C'est donc une rangée.

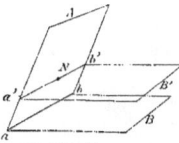

Condition pour que trois plans soient en zone.

Soient :

$$g\,\frac{x}{a} + h\,\frac{y}{b} + k\,\frac{z}{c} = 0$$

$$g'\,\frac{x}{a} + h'\,\frac{y}{b} + k'\,\frac{z}{c} = 0$$

$$g''\,\frac{x}{a} + h''\,\frac{y}{b} + k''\,\frac{z}{c} = 0$$

les équations des trois plans ramenés à l'origine. Pour qu'ils se coupent suivant une même droite, il faut qu'il y ait un système de valeurs de x, y, z satisfaisant aux équations, ce qui donne pour la condition cherchée :

$$\begin{vmatrix} g & h & k \\ g' & h' & k' \\ g'' & h'' & k'' \end{vmatrix} = 0$$

Le déterminant des caractéristiques doit être nul.

En particulier, un plan est dit *tangent* sur l'arête de deux plans donnés g', h', k' et g'', h'', k'' quand, étant en zone avec ces deux plans, il les coupe à des distances numériques égales de leur intersection. Ses caractéristiques g, h, k sont données par les relations :

$$g = g' + g'' \qquad h = h' + h'' \qquad k = k' + k''$$

Le plan AB', qui intercepte des longueurs numériques égales et de signes contraires sur les deux plans, a pour caractéristiques $g_1 h_1 k_1$ et l'on a :

$$g_1 = g' - g'' \qquad h_1 = h' - h'' \qquad k_1 = k' - k''$$

Symétrie. — Un grand nombre de cristaux ont des axes, des plans ou un centre de symétrie.

1. — *Un axe de symétrie d'ordre n* est une direction de droite telle que si l'on fait tourner le cristal d'un angle $\frac{2\pi}{n}$ autour d'une droite parallèle à cette

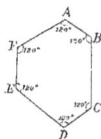

direction, la nouvelle position du cristal ne se distingue on rien de la première. Par cette rotation, les arêtes ou les faces ne reviennent pas en coïncidence avec des arêtes ou des faces de la première position, mais prennent des positions parallèles à celles-ci. Comme la position absolue des arêtes et des faces n'est jamais déterminée, mais seulement leur direction, la nouvelle position ne diffère pas de la première au point de vue cristallographique. Exemple : le prisme de section ABCDEF a un axe d'ordre 6 si ses angles sont uniformément de 120°. Au point de vue cristallographique, c'est un prisme hexagonal régulier.

Remarque essentielle. — Pour qu'une direction soit réellement un axe de symétrie du cristal, il faut que la rotation de $\dfrac{2\pi}{n}$ rétablisse non seulement les faces du cristal dans leur direction primitive, mais aussi *toutes* les propriétés du cristal sans exception : propriétés optiques, clivages, propriétés physiques quelconques.

2. — *Un plan de symétrie* est une direction de plan telle que toutes les propriétés du cristal soient symétriques par rapport à un plan parallèle à cette direction. En ce qui concerne les faces et les arêtes, ici encore cette symétrie ne se rapporte qu'à leur direction, non à leur position absolue.

Même remarque que ci-dessus.

3. — Un cristal possède un *centre de symétrie* si toutes ses propriétés sont symétriques par rapport à un point quelconque. En ce qui concerne les formes extérieures, elles ont un centre si toutes les faces sont parallèles deux à deux. En ce qui concerne les propriétés physiques quelconques, elles ont un centre si dans toute direction AB elles sont les mêmes que dans la direction inverse BA.

Même remarque que ci-dessus.

Formes simples. — En ce qui concerne en particulier les formes extérieures, toute face symétrique d'une autre par rapport à un axe, plan ou centre de symétrie du cristal jouit exactement des mêmes propriétés qu'elle. Elle a même éclat, mêmes duretés, etc., et notamment mêmes raisons de se produire dans des conditions déterminées. Si l'une se produit dans telles conditions de cristallisation, l'autre a les mêmes raisons d'apparaître. De sorte qu'en général on voit exister ensemble, et développées à peu près également, toutes les faces symétriques d'une même face par rapport à tous les plans, axes et centre de symétrie du cristal. Si l'une ou l'autre manque, c'est accidentellement, par exemple parce qu'un obstacle a gêné la croissance du cristal. Mais un échantillon voisin présentera cette face manquante.

On appelle *forme simple* du cristal l'ensemble des faces symétriques d'une face donnée par rapport à tous les éléments de symétrie du cristal. Une ou plusieurs assemblées de ces formes simples constituent le polyèdre limitant le cristal. Une forme simple peut comprendre de 1 à 48 faces.

Troisième loi expérimentale. — **Loi de la mériédrie.** — *Il y a des cristaux dont la forme géométrique a une symétrie supérieure à celle de leurs propriétés physiques.* Ils sont dits *mérièdres.* Exemple : le prisme ABCDEF, dont les 6 angles sont de 120°, a, au point de vue géométrique, un axe d'ordre 6 normal à la section droite, 6 axes d'ordre 2 (AD, BE, CF, *ad, be, cf*), un centre O, un plan de symétrie parallèle à la section droite et 6 autres plans de symétrie normaux à celui-là (AD, BE, CF, *ad, be, cf*). Si ces nombreux éléments de symétrie appartenaient à toutes les propriétés du cristal, les faces AB, BC, CD, etc., devraient être identiques à tous les points de vue.

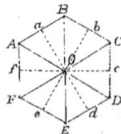

Mais on constate parfois que trois de ces faces AB, CD, EF, diffèrent par leurs propriétés des trois autres BC, DE, FA, bien qu'elles fassent entre elles exactement les angles de 120°. Elles ont, par exemple, un éclat différent ; les unes sont bien planes, les autres arrondies ou striées ; l'attaque aux acides (voir p. 95) trace sur les unes des figures de corrosion différentes de celles qu'elle dessine sur les autres ; enfin, et c'est ce qu'on a le plus remarqué autrefois, les deux groupes de faces ne se produisent pas avec la même facilité dans des conditions déterminées. L'un se développe beaucoup, l'autre peu, ou même l'un existe et l'autre manque totalement. Ceci se produit, non accidentellement, mais régulièrement sur tous les échantillons. Lorsqu'un des groupes de faces manque, ces faces n'en sont pas moins des plans réticulaires, des faces possibles du cristal, et qui, jointes à l'autre groupe, constituent un prisme dont la symétrie géométrique est hexagonale. Mais l'existence de l'un des groupes de faces n'exige pas celle de l'autre. *Géométriquement,* les 6 faces forment un prisme hexagonal parfaitement régulier quand elles coexistent, mais *physiquement,* elles se divisent en deux groupes différents. Elles ne constituent pas une forme simple, mais deux distinctes qui sont des prismes triangulaires. Les éléments de symétrie réels du cristal se réduisent à un axe d'ordre 3, 3 axes d'ordre 2 et 3 plans de symétrie ; cette symétrie est moindre que celle que présenteraient les faces possibles du cristal, considérées uniquement quant à leurs directions. Le cristal est mérièdre. C'est là un fait d'observation indépendant de toute théorie.

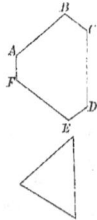

Voyons comment cela s'interprète dans la théorie des réseaux. D'une part, nous savons que ce qui détermine la direction des faces, c'est uniquement la forme du réseau. Si, dans la distribution des faces au simple point de vue de leurs directions, il existe des éléments de symétrie, ces éléments de symétrie appartiennent au réseau. Mais si ces faces symétriques en direction ne sont pas physiquement identiques, cela ne peut tenir qu'à ce que le milieu cristallin ne possède pas ces éléments de symétrie du réseau. En d'autres termes, le motif du cristal ne les possède pas. Et nous avons vu précisément que si le réseau ne peut être moins symétrique que le motif, celui-ci peut au contraire avoir une symétrie moindre que celle du réseau.

Ainsi, le fait d'observation qui s'énonce ainsi : le cristal mérièdre a une symétrie géométrique supérieure à sa symétrie physique, se traduit, dans la théorie des réseaux, de la manière suivante :

Le cristal *mérièdre* est un cristal *dont le réseau a une certaine symétrie et le motif une symétrie moindre.*

On appelle *holoèdres* les cristaux dont la forme géométrique et les propriétés physiques ont la même symétrie, c'est-à-dire dont le réseau a la même symétrie que le motif.

Nous aurons donc, pour étudier toutes les formes possibles des cristaux, à rechercher :

1°) Quels sont tous les modes de symétrie possibles pour les *réseaux*, et toutes les formes simples qui en résultent pour les cristaux holoèdres ;

2°) Quelles sont les altérations que la mériédrie peut faire subir à ces formes holoèdres. (Par exemple ci-dessus la mériédrie transformait le prisme hexagonal holoèdre en deux prismes triangulaires pouvant exister séparément, alors que, nous le verrons, le prisme triangulaire n'est compatible avec aucune holoédrie).

Nous allons pouvoir, sans aucune hypothèse nouvelle, trouver à priori toutes les formes qu'affectent réellement les cristaux. On ne doit voir dans ce résultat rien de merveilleux, ni une confirmation de l'hypothèse réticulaire. Il n'est que l'application à la loi des troncatures rationnelles des notions de symétrie et de mériédrie.

Recherche des modes de symétrie possibles pour les réseaux.

Ce ne sont pas exactement les mêmes que ceux d'un parallélipipède isolé.

Théorèmes relatifs à tous les polyèdres.

1° Tout polyèdre ayant un axe de symétrie *d'ordre pair* passant par un centre de symétrie a un plan de symétrie passant par le centre et perpendiculaire à l'axe.

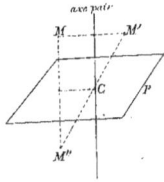

2° Tout polyèdre ayant un plan de symétrie passant par un centre de symétrie a un axe *d'ordre pair* normal au plan.

3° Si un polyèdre a plusieurs axes et plans de symétrie, ces axes et plans se coupent en un même point, qui est le centre si le polyèdre en possède un.

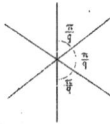

4° Si un polyèdre a q axes binaires et q seulement dans le même plan, ces axes font entre eux des angles égaux, donc égaux à $\dfrac{\pi}{q}$.

5° Tout polyèdre qui a q axes binaires dans un même plan a un axe de symétrie d'ordre q normal à ce plan.

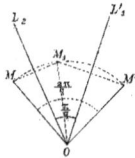

Remarque : Si q est impair, on peut toujours, par des rotations de $\dfrac{2\pi}{q}$ autour de l'axe d'ordre q, rotations qui ne changent rien au polyèdre, amener un axe binaire quelconque à coïncider avec un autre ; les axes binaires sont alors tous *de même espèce*. Par contre, dans ce cas, aucun multiple de $\dfrac{2\pi}{q}$ ne peut être égal à π, en sorte que les deux extrémités d'un même axe ne peuvent être amenées à coïncider ; elles ne jouent pas le même rôle dans le polyèdre. Exemple : prisme triangulaire, 3 axes binaires OA, OA', OA'', de même espèce, mais dont les extrémités A et B sont distinctes.

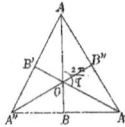

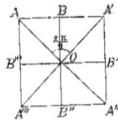

Inversement, si q est pair, des rotations de $\dfrac{2\pi}{q}$ n'amènent les axes binaires en coïncidence que de deux en deux. Il y a $\dfrac{q}{2}$ axes d'une espèce et $\dfrac{q}{2}$ d'une autre, jouant des rôles différents dans le polyèdre. Par contre, $\dfrac{q}{2}$ rotations de $\dfrac{2\pi}{q}$ donnent une rotation de π, qui exige que les deux extrémités d'un même axe binaire soient identiques.

6° Quand un polyèdre possède q plans de symétrie se coupant suivant une droite, cette droite est un axe de symétrie d'ordre q (1).

Théorèmes particuliers aux réseaux.

I. — Tout nœud étant un centre du réseau, tout réseau possède un centre de symétrie. (L'absence de centre dans un cristal révèle donc une mériédrie.)

II. — Toute parallèle à un axe de symétrie menée par un nœud est un axe de symétrie de même ordre du réseau. En sorte qu'on n'a à s'occuper que des axes de symétrie passant par les nœuds.

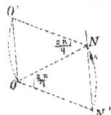

III. — Tout axe de symétrie passant par un nœud est une rangée.

IV. — Si un réseau a un axe de symétrie, tout plan mené par un nœud normalement à cet axe est un plan réticulaire.

V. — Un réseau ne peut avoir que des axes d'ordre **2, 3, 4, 6.** Les axes d'ordre 5 ou supérieur à 6 sont impossibles. L'observation confirme qu'on n'en trouve jamais dans les cristaux.

$$Nn_{1} = Nn \left(1 - 4\sin^{2}\frac{\pi}{q}\right)$$

$q = 3$	—	$Nn_{1} = -2\,Nn$	— *possible*
$q = 4$	—	$Nn_{1} = -Nn$	— *possible*
$q = 5$	—	$Nn_{1} = -0,382\,Nn$	— impossible
$q = 6$	—	$Nn_{1} = 0$	— *possible*
$q > 6$	—	$0 < Nn_{1} < Nn$	— impossible.

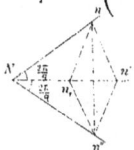

VI. — Réciproque du théorème 5 des polyèdres, laquelle

---

(1) Il existe, entre les nombres S des sommets, F des faces et A des arêtes d'un polyèdre, la relation

$$S + F = A + 2$$

Un polyèdre limité par N_3 triangles, N_4 carrés, N_5 pentagones..... a

S Sommets $\quad S = 2 + \dfrac{1}{2}N_{3} + N_{4} + \dfrac{3}{2}N_{5} + 2N_{6} + \ldots\ldots + \dfrac{p-2}{2}N_{p}$

F Faces $\quad F = N_{3} + N_{4} + \ldots\ldots + N_{p}$

A Arêtes $\quad A = \dfrac{1}{2}(3N_{3} + 4N_{4} + \ldots\ldots + pN_{p})$

Un polyèdre ayant S_3 sommets de trois arêtes, S_4 de quatre, etc. ... a :

$$S = S_{3} + S_{4} + \ldots\ldots S_{q}$$

$$F = 2 + \frac{1}{2}S_{3} + S_{4} + \frac{3}{2}S_{5} + 2S_{6} + \ldots\ldots + \frac{q-2}{2}S_{q}$$

$$A = \frac{1}{2}(3S_{3} + 4S_{4} + \ldots\ldots + qS_{q})$$

4

n'est pas en général vraie pour les polyèdres, mais l'est pour les réseaux : si un réseau a un axe d'ordre q supérieur à 2, il a q axes binaires perpendiculaires à celui-ci.

Classification des réseaux d'après leur mode de symétrie.

Notation : L^n ou Λ^n, axe de symétrie d'ordre n.

C centre, toujours présent en vertu du théorème I.

P ou II, plan de symétrie.

1. — Pas d'axe. Donc, pas de plan de symétrie, en vertu du théorème 2.

Symbole : C.

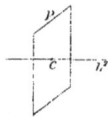

2. — Un seul axe binaire. Donc un plan de symétrie normal, en vertu du théorème 1.

Symbole : L^2, C, P.

3. — Plus d'un axe binaire, sans axe d'ordre supérieur à 2. En vertu du théorème 5, il ne peut y avoir plus de deux axes binaires dans un même plan. Ils sont rectangulaires, d'espèces différentes, et entraînent l'existence d'un troisième, normal à leur plan, en vertu du même théorème. Donc, trois axes binaires trirectangulaires d'espèces différentes, et trois seulement, car tout autre axe ferait avec l'un d'eux un angle inférieur à 90°, et il y aurait alors dans leur plan, en vertu du théorème 4, plus de deux axes binaires. En vertu du théorème 1, trois plans de symétrie trirectangulaires.

Symbole : L^2, L'^2, L''^2. C. P, P', P''.

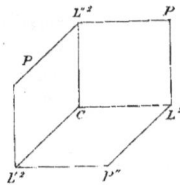

S'il y a un seul axe d'ordre supérieur à 2, il peut être, en vertu du théorème V :

4. — D'ordre 3. En vertu du théorème VI, trois axes binaires de même espèce dans le plan normal à l'axe ternaire. En vertu du théorème 2, pas de plan de symétrie normal à l'axe ternaire (d'ordre impair) ; mais en vertu du théorème 1. 3 plans de symétrie normaux aux axes binaires, bissectant les angles de ces axes, et qui se coupent suivant l'axe ternaire.

Symbole : Λ^3, $3\,L^2$. C. 3P.

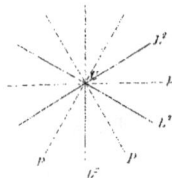

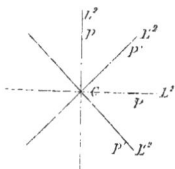

5. — D'ordre 4. Mêmes raisonnements. Quatre axes binaires, deux à deux d'espèces différentes, faisant des angles de 45° dans le plan normal à l'axe quaternaire. Un plan Π normal à l'axe quaternaire (pair) et 4 plans normaux aux axes binaires, contenant chacun un axe binaire et se coupant suivant l'axe quaternaire.

Symbole : Λ^4, $2\,L^2$, $2\,L'^2$. C. Π, $2\,P$, $2\,P'$.

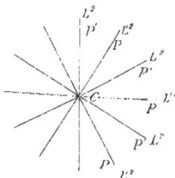

6. — D'ordre 6. Mêmes raisonnements. 6 axes binaires, 3 à 3 d'espèces différentes, faisant des angles de 30° dans le plan normal à l'axe sénaire. Un plan Π normal à l'axe sénaire (pair), et 6 plans de symétrie normaux aux axes binaires, contenant chacun un axe binaire et se coupant suivant l'axe sénaire.

Symbole : Λ^6, $3\,L^2$, $3\,L'^2$. C. Π, $3\,P$, $3\,P'$.

7. — Reste le cas de plusieurs axes de symétrie d'ordre supérieur à 2. Nous chercherons quelles sont les combinaisons possibles pour un polyèdre *quelconque*, quitte à restreindre ensuite dans le cas des réseaux.

Les axes concourent en un point (théorème 3). Prenons ce point pour centre d'une sphère de rayon 1, et représentons les axes par leur trace sur la sphère.

1° Parmi les axes d'ordre supérieur à 2, il y en a toujours plus de deux de même ordre. Car considérons l'un d'eux L. En faisant tourner le polyèdre deux fois de $\dfrac{2\pi}{q}$ autour d'un autre axe Λ, d'ordre q, nous en obtiendrons deux autres, forcément distincts puisque $q > 2$, et qui seront bien des axes de même ordre que L, puisque la rotation de $\dfrac{2\pi}{q}$ ne change rien au polyèdre.

2° Parmi les axes d'un même ordre p, choisissons-en deux P_1 P_2 faisant entre eux le plus petit angle possible. Faisons tourner le polyèdre de $\dfrac{2\pi}{p}$ autour de P_2. P_1 vient en P_3, qui est encore la trace d'un axe d'ordre p. De même en tournant de $\dfrac{2\pi}{p}$ autour de P_3, P_2 en fournit un autre P_4, etc... Les points P_1 P_2 P_3.. sont ainsi sur un petit cercle de la sphère, dont le pôle est Q. Ils forment les sommets d'un polygone régulier sphérique, car une dernière rotation, sous peine de fournir un axe P_n faisant avec P_1 un angle plus petit que $P_1 P_2$, devra amener P_n en coïncidence avec P_1. Soit q le nombre des côtés du polygone. Son angle au centre $P_1 Q P_2$ est $\dfrac{2\pi}{q}$.

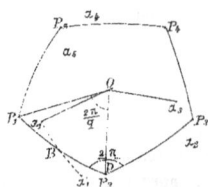

Considérons un point quelconque du polyèdre, représenté par la trace α_1, sur la sphère, de la droite qui le joint au centre. Ce point, lié à l'arc de grand cercle $P_1 P_2$, vient en α_2 par la première rotation de $\dfrac{2\pi}{p}$ autour de P_2, puis en α_3 par la rotation autour de P_3. α_3 étant placé par rapport à P_3 exactement comme α_1 par rapport à P_1, l'angle $\alpha_1 Q \alpha_3$ est égal à l'angle $P_1 Q P_3$, c'est-à-dire à $\dfrac{2 \cdot 2\pi}{q}$, ou $\dfrac{2\pi}{\frac{q}{2}}$.

Une rotation de $\dfrac{2\pi}{\frac{q}{2}}$ autour de l'axe Q ramène donc α_1, (et de même tous les points du polyèdre) en coïncidence avec un autre point du polyèdre. Q est donc la trace d'un axe. De quel ordre est cet axe ?

Deux cas : 1 Si q est *impair*, la dernière rotation autour de P_q amène le point α (en α_5 de la figure) en un point placé par rapport à P_q comme α_1 par rapport à P_1. Alors une rotation de $\dfrac{2\pi}{q}$ autour de Q ramène α_q sur α_1, et par suite l'axe Q est d'ordre q. De plus, une nouvelle rotation de $\dfrac{2\pi}{p}$ autour de P_1 amène α_q (α_5 de la figure) en α'_1, symétrique de α_1 par rapport à la bissectrice des deux axes $P_1 P_2$. Donc, dans ce cas, les bissectrices B des axes P sont des axes binaires.

2 Si q est *pair*, les rotations amènent α en un point (α^5 de la figure ci-contre) placé par rapport à P_{q-1} comme α_1 par rapport à P_1. Il faut toujours une rotation de $\dfrac{2\pi}{\frac{q}{2}}$ autour de Q pour amener en coïncidence deux points α. L'axe Q est donc astreint seulement à être d'ordre $\dfrac{q}{2}$. Il peut d'ailleurs être d'ordre q, et dans ce cas les bissectrices des axes P sont des axes binaires.

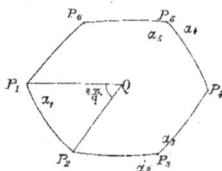

En faisant tourner le polygone entier de autour de P_1, P_2... on obtient d'autres polygones contigus au premier, dont les sommets sont tous des axes d'ordre p et les pôles des axes d'ordre q ou $\frac{q}{2}$. On doit ainsi couvrir la sphère d'un réseau de polygones réguliers sphériques identiques et contigus, sous peine de trouver un axe plus voisin de P_1 que P_2.

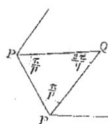

Surface du polygone : $S = q \left(\dfrac{2\pi}{q} + \dfrac{\pi}{p} + \dfrac{\pi}{p} - \pi \right)$.

S doit être un sous-multiple de 4π, surface de la sphère.

Le nombre N des polygones est donc donné par :

$$N.\, 2\pi q \left(\frac{1}{p} + \frac{1}{q} - \frac{1}{2} \right) = 4\pi$$

N, p, q sont des entiers. De plus, par hypothèse, $p \geqslant 3$ et $q \geqslant 3$.

La formule exige que : $\qquad$ (1) $\qquad \dfrac{1}{p} + \dfrac{1}{q} - \dfrac{1}{2} > 0$.

Or, on a $\dfrac{1}{p} \leqslant \dfrac{1}{3}$. D'où, $\dfrac{1}{q} > \dfrac{1}{6}$. Donc, le maximum de q est 5. De même pour p. Donc p et q ne peuvent être que 3, 4 ou 5. Un polyèdre ayant plusieurs axes d'ordre supérieur à 2 ne peut avoir que des axes d'ordre 3, 4 et 5 (et 2).

Les combinaisons : $p = 5$, $q = 5$. $p = 5$, $q = 4$. $p = 4$, $q = 5$. $p = 4$, $q = 4$ sont impossibles, comme ne satisfaisant pas à l'inégalité (1).

Les combinaisons : $p = 5$, $q = 3$. $p = 3$, $q = 5$ sont équivalentes et fournissent la symétrie du dodécaèdre ou de l'icosaèdre réguliers. Elles sont impossibles pour les réseaux, et à fortiori pour les cristaux, qui n'ont pas d'axes d'ordre 5. Restent :

$p = 4$, $q = 3$. $p = 3$, $q = 4$. $p = 3$, $q = 3$.

1°) $p = 4$, $q = 3$. On trouve $N = 8$. Le polygone est un triangle trirectangle ($q = 3$) ; il y en a 8 couvrant la sphère. Les sommets Q des triangles, au nombre de 6, sont les traces de 3 axes quaternaires trirectangulaires. Les pôles T des triangles, au nombre de 8, sont les traces de 4 axes ternaires. Les bissectrices B des axes quaternaires, qui sont en même temps celles des axes ternaires, sont des axes binaires ; il y en a 6 de même espèce. C'est la symétrie du cube.

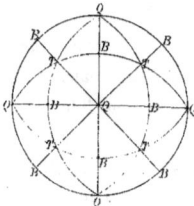

2°) $p = 3$, $q = 4$. $N = 6$. Même disposition. Le polygone est le carré TTTT, dont les sommets sont les traces de 4 axes ternaires. Mais Q étant pair, les pôles Q peuvent être les traces d'axes quaternaires, auquel cas on retombe sur la combinaison précédente. Ou bien ils peuvent n'être que les traces d'axes binaires $\left(\dfrac{q}{2}\right)$; alors les axes binaires B n'existent pas. Il y a quatre axes ternaires et trois axes binaires trirectangulaires.

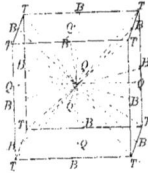

3°) $p = 3$, $q = 3$. N = 4. Quatre triangles dont les sommets sont les traces de 4 axes ternaires. Les pôles sont les traces de l'autre extrémité des mêmes axes ternaires. Les bissectrices des axes ternaires sont des axes binaires, au nombre de 3. Il y a donc 4 axes ternaires et 3 axes binaires. C'est la même combinaison que la précédente.

Cette combinaison $3\,\Lambda^2$, $4\,\Lambda^3$, qui correspond par exemple à la symétrie du tétraèdre régulier, s'introduira dans les cristaux par la mériédrie. Elle est impossible dans un réseau où, en vertu du théorème VI, l'existence de chacun des axes ternaires exige celle de 3 axes binaires qui lui soient normaux, c'est-à-dire l'existence des axes B ; et l'existence des axes B exige que les axes Q soient quaternaires.

Il ne reste donc qu'une seule combinaison possible pour les réseaux, lorsqu'il y a plus d'un axe d'ordre supérieur à 2, c'est la suivante :

Symbole : $\underline{3\,\Lambda^4}$, $\underline{4\,\Lambda^3}$, $6\,\mathrm{L}^2$. C. $3\,\mathrm{\Pi}$, $6\,\mathrm{P}$.

En résumé, il n'y a que 7 modes de symétrie pour un réseau, c'est-à-dire aussi pour un cristal holoèdre. C'est ce que l'observation confirme entièrement. Ces 7 modes de symétrie classent les réseaux en 7 *systèmes cristallins* qui sont :

1	$\underline{\mathrm{C}}$	Système *Anorthique* ou *Triclinique*.
2	$\underline{\mathrm{L}^2}.\ \underline{\mathrm{C}}.\ \underline{\mathrm{P}}.$	— *Binaire* ou *Clinorhombique*.
3	$\underline{\mathrm{L}^2}\ \underline{\mathrm{L}'^2}\ \underline{\mathrm{L}''^2}.\ \mathrm{C}.\ \mathrm{P\ P'\ P''}$	— *Terbinaire* ou *Orthorhombique*.
4	$\underline{\Lambda^3}.\ \underline{3\mathrm{L}^2}.\ \mathrm{C}.\ 3\,\mathrm{P}.$	— *Ternaire* ou *Rhomboédrique*.
5	$\underline{\Lambda^4}.\ \underline{2\,\mathrm{L}^2}\ \underline{2\,\mathrm{L}'^2}.\ \mathrm{C}.\ \mathrm{\Pi}.\ 2\mathrm{P}.\ 2\mathrm{P}'$	— *Quaternaire* ou *Quadratique*.
6	$\underline{\Lambda^6}.\ \underline{3\mathrm{L}^2}\ \underline{3\mathrm{L}'^2}.\ \mathrm{C}.\ \mathrm{\Pi}.\ 3\mathrm{P}.\ 3\mathrm{P}'$	— *Sénaire* ou *Hexagonal*.
7	$\underline{3\Lambda^4}.\ \underline{4\,\Lambda^3}.\ 6\,\mathrm{L}^2.\ \mathrm{C}.\ 3\mathrm{\Pi}.\ 6\mathrm{P}.$	— *Terquaternaire* ou *Cubique*.

Modifications introduites par la mériédrie. — Si le réseau et le motif d'un cristal possèdent une même symétrie, appartenant à l'un des 7 types ci-dessus, le cristal est holoèdre. S'il est mérièdre, c'est que certains éléments de symétrie du réseau manquent au motif cristallin : on les nomme *éléments de symétrie déficients.*

En particulier, si l'élément déficient est d'ordre 2 (axe binaire, plan ou centre de symétrie), le cristal est dit *hémièdre.* Chaque forme simple du type holoèdre se dédouble alors en deux distinctes, comprenant chacune une moitié de ses faces ; ces deux formes sont symétriques l'une de l'autre par rapport à l'élément déficient. Elles peuvent toujours coexister, puisqu'elles sont des plans réticulaires également simples du réseau, mais ne sont plus astreintes à coexister. L'une peut être peu développée, ou disparaître, et cela régulièrement sur tous les échantillons. Ces deux demi-formes sont dites *complémentaires* l'une de l'autre ; leur réunion rétablit en effet la forme holoèdre.

Il résulte des théorèmes 1 et 2 que si des trois éléments de symétrie correspondants : axe binaire, centre et plan perpendiculaire, l'un est déficient, les deux autres ne peuvent subsister ensemble. Ou bien ils existent tous les trois, ou bien deux au moins sont déficients ensemble. Un élément déficient en entraine donc d'autres. Si, un premier élément binaire étant déficient, un autre l'est aussi parmi ceux que les théorèmes 1 et 2 laisseraient subsister, la forme simple holoèdre se décompose en 4 formes complémentaires distinctes. Le cristal est dit *tétartoèdre.* Chacune de ses formes simples ne comprend plus qu'un quart des faces de la forme holoèdre. Et ainsi de suite, la mériédrie pouvant aller jusqu'à la disparition totale, dans les propriétés physiques, de la symétrie géométrique du réseau, si le motif n'a ni axe, ni plan, ni centre de symétrie.

Pour examiner tous les cas possibles de mériédrie d'un ordre quelconque, il suffit d'étudier les hémiédries de chaque système cristallin, puis les hémiédries de ces hémiédries (tétartoédries), et ainsi de suite.

Remarque. — Les formes simples ne sont pas toutes atteintes par une hémiédrie déterminée. Elles restent intactes si les éléments de symétrie subsistants suffisent à assurer l'existence de toutes leurs faces. Ainsi, le cube garde ses six faces identiques entre elles tant que les quatre axes ternaires subsistent. Cela se traduit par la règle simple suivante :

Les formes simples non affectées par une hémiédrie sont celles dont les faces sont normales à un élément de symétrie déficient.

Car chacune des faces répondant à cette condition est à elle-même son symétrique par rapport à l'élément de symétrie qui lui est normal. Si cet élément est déficient, cela ne change rien au nombre des faces, qui reste celui de la forme holoèdre. Si, au contraire, une face A n'est normale à aucun des éléments de symétrie déficients, elle a par rapport à l'un d'eux une symétrique B. Et si

A appartient à l'un des deux polyèdres complémentaires, B appartiendra à l'autre. Le nombre des faces de la forme simple A B sera donc réduit de moitié par l'hémiédrie.

Les trois modes d'hémiédrie. — Partons d'une forme holoèdre quelconque, et voyons comment elle est affectée par la disparition d'un de ses éléments de symétrie d'ordre 2. Dans les formes holoèdres, toujours centrées, les éléments binaires vont par groupes de 3 : axe binaire, centre, plan de symétrie perpendiculaire, dont deux ne peuvent exister ensemble sans que le troisième existe aussi (théorèmes 1 et 2). Selon la nature de l'élément binaire conservé, L^2, C, ou P, il y a trois modes d'hémiédrie.

1. L^2. *Hémiédrie holoaxe.* — Tous les axes binaires de la forme holoèdre (c'est-à-dire du réseau) se retrouvent dans le motif. Le centre est déficient ; donc, par le fait même, disparaissent tous les plans de symétrie normaux aux axes binaires. Les axes d'ordre supérieur à 2 sont conservés en vertu du théorème 5, et les plans de symétrie qui leur sont normaux disparaissent. Cette hémiédrie est donc caractérisée par *l'absence de centre et de tout plan de symétrie.*

Remarque importante. — Les deux formes complémentaires, P' P", en lesquelles l'hémiédrie holoaxe dédouble une forme simple holoèdre P, *ne sont pas en général superposables.* Car elles sont symétriques l'une de l'autre par rapport à un point (le centre), ou à un plan (l'un des plans déficients) ; et deux polyèdres dépourvus de plan de symétrie, symétriques par rapport à un point ou un plan, ne sont pas superposables. On peut dire encore : aucune rotation autour des axes de symétrie ne peut amener P' en coïncidence avec P" puisque, ces axes appartenant à chacun des deux polyèdres, les rotations de $\frac{2\pi}{p}$ amènent des faces de P' en coïncidence avec des faces de P', et non en général avec des faces de P".

Une espèce cristalline affectée de l'hémiédrie holoaxe peut donc se présenter sous deux formes distinctes, non superposables, mais symétriques, images l'une de l'autre dans un miroir plan, ayant entre elles la même relation qu'une vis droite et une vis gauche de même pas, ou que la main droite et la main gauche.

Bien entendu, la dissymétrie holoaxe n'appartient pas seulement aux formes extérieures hémièdres, mais à *toutes les propriétés physiques* susceptibles de la mettre en évidence ; la plus remarquable est le pouvoir rotatoire, principale propriété physique caractéristique de l'holoaxie. (Voir p. 157)

Exemple : système quadratique. Supposons un cristal ayant la forme du prisme à base carrée. L'hémiédrie holoaxe n'affecte ni les faces latérales ni les bases de ce prisme. Mais une facette oblique 1 fournit dans le cas de l'holoédrie 4 symétriques 1 2 3 4 aux extrémités de chaque arête du prisme. L'hémiédrie holoaxe, en supprimant les plans de symétrie, ne conserve plus comme identiques que les facettes 1 et 4 d'une part, 2 et 3 de l'autre. Quand la face 1 existe, la face 4 existe au même titre et lui est identique. Les faces 2 et 3 sont toujours des faces possibles, mais ne sont plus identiques à 1 et 4 et peuvent manquer. Les deux formes complémentaires P' et P" ne sont pas superposables : l'une est dite droite, l'autre gauche. Par contre, les deux extrémités A B du même prisme P' sont superposables, rien ne les distingue l'une de l'autre. (Les rotations autour des axes binaires permettent de les superposer.)

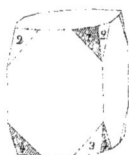

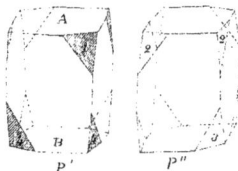

2. — *P. Antihémiédrie.* — Un axe binaire et le centre sont déficients. Le plan de symétrie normal à cet axe est conservé (c'est-à-dire que sa suppression donnerait une tétartoédrie). L'antihémiédrie est donc caractérisée par *l'absence de centre, mais la présence d'un ou plusieurs plans de symétrie.*

Remarque. — Les deux polyèdres complémentaires P' P" sont toujours superposables. Car la rotation de 180° autour de l'axe déficient ne ramène pas en général P' en coïncidence avec P', mais avec P", puisque l'axe n'appartient pas à P'. Les deux polyèdres, symétriques par rapport à un axe, sont superposables.

Les propriétés physiques les plus remarquables qui puissent mettre en évidence l'antihémiédrie sont les propriétés électriques (pyroélectricité et piézo-électricité). Mais comme elles révèlent surtout l'absence de centre, elles peuvent exister aussi dans les hémiédries holoaxes. Par contre, les cristaux holoèdres et parahémièdres ne peuvent posséder ces propriétés.

Exemple : même forme holoèdre que ci-dessus. La facette 1 ne donne plus aux extrémités d'une même arête que deux symétriques : 1 et 2 ; 3 et 4 appartiennent au polyèdre complémentaire. Les deux polyèdres P' P" sont superposables. Rien ne permet de les distinguer l'un de l'autre. Par contre, les deux extrémités du même prisme P' ne sont pas superposables, ni symétriques, mais complètement dissemblables.

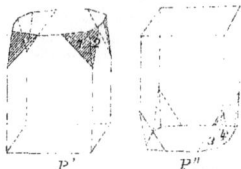

5

3. — *C. Parahémiédrie*, ou hémiédrie à faces parallèles. Un axe binaire et le plan perpendiculaire sont déficients. Le centre subsiste. La parahémiédrie est donc caractérisée par la *persistance du centre*, avec suppression d'axes et de plans de symétrie.

Remarque. — Pour la même raison que dans le cas de l'antihémiédrie, les deux polyèdres complémentaires P' P" sont toujours superposables.

Aucune propriété physique n'est spéciale aux cristaux affectés de cette hémiédrie ; bien entendu, la symétrie de toutes les propriétés doit rester d'accord avec la symétrie parahémièdre ; mais on ne connaît pas de phénomène physique particulier qui ne se manifeste que dans les cristaux de ce type (sauf peut-être dans les propriétés thermo-électriques, dont le lien avec la parahémiédrie reste d'ailleurs très obscur).

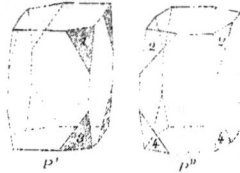

Exemple : même forme holoèdre que ci-dessus. La facette 1 ne donne plus, aux extrémités d'une même arête, que deux symétriques 1 et 3 ; 2 et 4 appartiennent au polyèdre complémentaire, superposable au premier. P' et P" sont superposables, mais les deux extrémités d'un même prisme P' ne sont pas superposables ; elles sont symétriques l'une de l'autre par rapport au centre conservé.

Note. — Nous n'avons considéré dans les réseaux que les axes et plans de symétrie au sens ordinaire du mot. Cela suffit en fait pour trouver tous les modes de symétrie possibles. Mais il est d'autres éléments de symétrie qu'il serait nécessaire de considérer s'il s'agissait de polyèdres quelconques, et dont il peut y avoir lieu de se préoccuper par conséquent pour la recherche des mériédries. Ce sont : 1° les axes et plans de symétrie avec glissement ; 2° les plans de symétrie alterne.

1° — *Axes et plans de symétrie avec glissement.* — On appelle axe d'ordre *n* avec glissement une droite telle qu'en faisant tourner le polyèdre de $\frac{2\pi}{n}$ autour d'elle, puis en le faisant glisser parallèlement à lui-même d'une longueur déterminée *a* dans une direction déterminée X, on retombe sur une position du polyèdre identique à la première. Si la direction X est parallèle à l'axe, celui-ci est dit axe hélicoïdal d'ordre *n*.

On appelle plan de symétrie avec glissement un plan tel qu'en prenant par rapport à lui les symétriques de tous les points du polyèdre, puis en faisant glisser la figure ainsi obtenue d'une longueur *a* dans une direction X, on retombe sur une position du polyèdre identique à la première.

De tels axes et plans, s'ils existaient dans la distribution de la matière cristalline, joueraient dans les propriétés du cristal, telles que nous pouvons les constater, le rôle de véritables axes et plans de symétrie, le glissement restant inaperçu, puisque rien ne nous permet de distinguer dans un cristal un plan ou une droite de tous les plans ou droites parallèles, et que nous ne pouvons y distinguer que des directions.

Il est facile de voir que l'on n'a pas à s'occuper de ces éléments particuliers de symétrie dans la recherche non seulement des formes extérieures, mais des modes de symétrie physique possibles des cristaux. En effet, je dis d'abord que si le *réseau* possède un tel axe ou un tel plan, il possède aussi un axe de symétrie proprement dite de même ordre ou un plan de symétrie proprement dite parallèle à ceux-ci.

Soit O A un axe d'ordre n avec glissement. Soit N un nœud du réseau. Faisons tourner le réseau de $\frac{2\pi}{n}$ autour de O A, puis glisser de $nN' = a$ dans la direction X. N' devra être un nœud. Puisque rien ne doit être changé après ce double mouvement, un autre nœud est venu en N. N'N est donc une rangée. Si nous faisons glisser le réseau parallèlement à lui-même de la longueur N'N, N' venant en N, rien ne doit encore être changé. Ce triple mouvement a donc finalement rétabli le réseau dans sa position primitive, sans que le nœud ait bougé. Il revient donc à une rotation autour de N.

Or, le point O, considéré comme solidaire du réseau, est venu d'abord en O' (O O' égal et parallèle à n N'), puis en O" (O'O" égal et parallèle à N'N). O" est dans le plan N O n et O O" est égal et parallèle à n N. O" résulte donc de la rotation du point O de $\frac{2\pi}{n}$ autour de la parallèle à O A menée par N. Donc le triple mouvement, qui a laissé le réseau dans sa position primitive, revient à une rotation de $\frac{2\pi}{n}$ autour de la parallèle à O A menée par N, qui est donc un axe ordinaire d'ordre n du réseau.

De même, soit P un plan de symétrie avec glissement, N un nœud, n son symétrique, qui en glissant de $nN' = a$ dans le sens X fournit un autre nœud N'. N'N est une rangée. Un autre nœud M aura de même un correspondant M', m M' étant égal et parallèle à nN'. La parallèle à N'N menée par M' rencontre M m en un point M$_1$, tel que M'M$_1$ = N'N. M$_1$ est donc un nœud du réseau. Or, MM$_1$ = Mm — mM$_1$ = 2 M ω — 2 N O = 2 M Q. Donc, M$_1$ est symétrique de M par rapport au plan π parallèle à P mené par N. Tout nœud ayant ainsi son symétrique par rapport au plan π, ce plan est un plan de symétrie ordinaire du réseau. Si donc le réseau a un plan de symétrie avec glissement, il a aussi un plan de symétrie ordinaire parallèle.

La considération d'axes et plans de ce genre n'ajouterait donc rien à l'étude des réseaux, c'est-à-dire des formes holoèdres.

Mais pour que le cristal puisse posséder des éléments de symétrie avec glissement, il faut avant tout que le réseau les possède. Il faut donc que le réseau ait, parallèlement à leur direction, des axes et plans de symétrie ordinaire. Ainsi, la direction d'un élément de symétrie avec glissement ne peut être que celle d'un élément de symétrie ordinaire de même ordre du réseau. Si cet élément appartient aussi au motif comme élément de symétrie ordinaire, le cristal est holoèdre et il n'y a aucun intérêt à considérer les éléments avec glissement. Si cet élément appartient au réseau comme élément de symétrie ordinaire, et au motif seulement comme élément de symétrie avec glissement, il se peut qu'il résulte de là des structures mériédriques particulières. Seulement, un tel élément simulera, non seulement dans les formes, mais dans *toutes* les propriétés physiques du cristal, un véritable élément de symétrie ordinaire. Car rien ne nous permettant de distinguer un plan ou une droite de tous les plans et droites parallèles, le glissement restera inaperçu. Et alors, les éléments non déficients exigeront qu'il en soit de même de tous les éléments déficients correspondants. Tout se passera comme si ces éléments (réellement déficients, puisqu'ils ne sont pas de vrais éléments de symétrie du motif) étaient conservés : une mériédrie de ce genre, à supposer qu'elle existe, ne serait révélée par rien dans les propriétés du cristal, qui ne se distinguerait pas d'un cristal holoèdre. La recherche des mériédries de ce genre n'ajouterait donc aucun mode de symétrie physique nouveau à ceux que nous trouverons par la simple considération des éléments de symétrie ordinaires.

2° On appelle *plan de symétrie alterne* d'ordre n un plan tel qu'il rétablit le polyèdre dans une position identique à la première si l'on prend les symétriques de tous les points par rapport à ce plan, puis fait tourner de $\dfrac{1}{2} \cdot \dfrac{2\pi}{n}$ autour d'une normale à ce plan.

Théorèmes. — *A.* L'axe normal au plan de symétrie alterne d'ordre n est un axe de symétrie d'ordre n du polyèdre (FIG. 1).

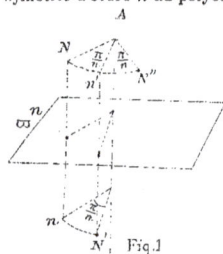

Fig. 1

B. Si n est pair, l'existence d'un plan de symétrie alterne d'ordre n est incompatible avec l'existence d'un centre. Si le centre existe avec l'axe Λ^n, le plan est forcément un plan de symétrie ordinaire.

Si n est impair, l'existence d'un plan de symétrie alterne d'ordre n exige l'existence d'un centre. (Inverse du cas des plans de symétrie ordinaires.)

C. L'existence d'un plan de symétrie alterne d'ordre n et de n axes d'ordre pair dans ce plan exige l'existence de n plans de symétrie passant par l'axe d'ordre n normal au plan.

On voit que les plans de symétrie alterne ne peuvent exister que :

1°) Ou bien normalement aux axes d'ordre impair (ternaires dans les cristaux), et dans ce cas il y a un centre ;

2°) Ou bien normalement aux axes d'ordre pair (2, 4 ou 6), et alors il n'y a pas de centre ; il y a donc mériédrie.

Il est facile de voir que les plans alternes d'ordre 6 et 4 ne peuvent exister dans une matière répartie en réseau, c'est-à-dire dans un milieu cristallin.

En effet, l'existence d'un axe Λ^6 exige que le réseau plan des points analogues à un point N quelconque du cristal, dans un plan parallèle à ϖ^6, comporte 6 nœuds N N' N"... en hexagone régulier, et par suite un septième sur l'axe, en N₁, ce réseau se composant ainsi de losanges de 120°. En ce qui concerne le réseau seul, la position de l'axe Λ^6 n'est pas déterminée dans l'espace; elle dépend du choix du point initial N. Dire que le cristal possède cet axe et le plan ϖ^6, c'est dire qu'on peut choisir N de telle façon que l'axe Λ^6 correspondant du réseau forme avec le plan ϖ^6, pour le milieu cristallin tout entier, cet ensemble que l'on appelle un plan de symétrie alterne. Choisissons N ainsi. Prenons les symétriques de tous les points NN'N"... par rapport au plan ϖ^6, et faisons tourner de $\dfrac{\pi}{6}$ autour de Λ^6. Les points ainsi obtenus, M M'... M₁ devront être des points analogues entre eux. Donc, M M' est une rangée. En menant par M une droite égale et parallèle à MM', on devrait trouver en N₂ un point analogue à N ; or, N₂ ne peut être tel, car il se trouve sur la rangée N N", et NN₂ est à NN" dans le rapport irrationnel $\dfrac{1}{\sqrt{3}}$.

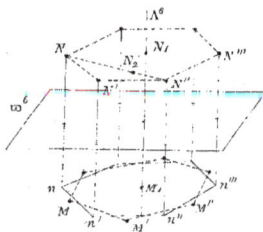

Même raisonnement pour les plans alternes d'ordre 4, impossibles dans un cristal.

Restent les plans d'ordre 3 et 2. Les plans alternes d'ordre 3 sont possibles. Ils existent normalement à un axe ternaire chaque fois qu'il y a un centre (systèmes cubique et ternaire, holoédrie et parahémiédries). Ils font défaut chaque fois que le centre disparaît. Leur considération n'ajoute rien aux symétries établies sans en tenir compte. Par contre, les plans alternes d'ordre 2, également possibles, rendent possible un mode de mériédrie particulier auquel ne conduiraient pas les éléments de symétrie ordinaires. On remarquera, en raisonnant comme ci-dessus, que les symétriques alternes M M' des nœuds N N' par rapport à ce plan déterminent une rangée MM' égale et perpendiculaire à N N'. Ce qui exige que dans le plan parallèle à ϖ^2 le réseau plan du point N soit composé de carrés N N' N, N',. En sorte que, le plan parallèle à ϖ^2 comportant deux rangées rectangulaires et de même paramètre, le réseau du cristal doit être au moins quadratique. D'ailleurs, n étant pair, il ne peut y avoir de centre.

L'existence d'un plan ϖ^2 n'est donc possible que dans des mériédries non centrées du système quadratique.

Il y aurait enfin à considérer des plans de symétrie alterne avec glissement. Comme les plans de symétrie avec glissement, et pour les mêmes raisons, ces éléments de symétrie se confondraient pratiquement avec les plans de symétrie alterne et peuvent être négligés.

Système de notation des faces.

Il existe un grand nombre de systèmes de notation des faces cristallines. Le plus simple et le plus commode pour les calculs, et qui d'ailleurs est de plus en plus universellement répandu, est celui de *Miller*.

On convient d'orienter la forme primitive d'une manière déterminée pour chaque système cristallin, quatre de ses faces étant considérées comme formant un *prisme* que l'on place verticalement. Les deux autres forment la *base*. On prend pour origine le centre du parallélépipède et pour axes de coordonnées des parallèles aux arêtes ox, oy, oz. Les paramètres du cristal sont les longueurs des arêtes parallèles à chacun des axes. On représente chaque face du cristal par ses caractéristiques ramenées à être entières et affectées, s'il y a lieu, du signe —, l'absence de signe équivalant au signe +. Ainsi : (012), $(13\bar{1})$. On convient toujours que la première caractéristique se rapporte à l'axe des x, la seconde à l'axe des y, la troisième à l'axe des z. Ces caractéristiques sont les inverses des longueurs *numériques* (fractions des paramètres $a\,b\,c$), à porter sur les axes à partir de l'origine, ou, ce qui revient au même, à partir d'un sommet A, pour obtenir trois points de la face. La face qui se note (mnp) a pour équation $m\dfrac{x}{a} + n\dfrac{y}{b} + p\dfrac{z}{c} = 0$

Le système de Miller permet de désigner séparément, en employant les signes — nécessaires, toutes les faces d'une forme simple. Exemple : faces de la forme primitive (100), (010), (001). ($\overline{1}$00), (0$\overline{1}$0), (00$\overline{1}$). Il n'a que le défaut d'être peu commode pour désigner dans le langage, par une notation brève et faisant image, tout l'ensemble d'une forme simple.

La notation de *Lévy*, employée en France concurremment avec celle de Miller, remplit précisément cette dernière condition, au moins pour les formes simples les plus importantes, et montre immédiatement la position des faces par rapport à la forme primitive. La forme primitive étant placée comme ci-contre, le prisme vertical, l'angle obtus h en avant, on note a, e, i, o les sommets; b, c, d, f les arêtes de la base; g, h les arêtes du prisme; p, m, t les faces, dans l'ordre où ces éléments sont indiqués sur la figure 1. Deux éléments identiques par symétrie portent la même notation. Exemple: prisme carré (FIG. 2).

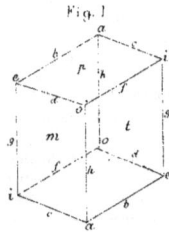

Fig. 1

Fig. 2

On note alors chaque face par les trois lettres représentant les arêtes aboutissant au sommet que tronque la face, chacune de ces lettres étant affectée d'un exposant égal à la longueur *numérique* à porter sur l'arête pour obtenir un point de la face. (Les exposants sont donc les inverses des caractéristiques de la face.) Ainsi la face (mnp) de Miller se note $(f^{\frac{1}{m}} d^{\frac{1}{n}} h^{\frac{1}{p}})$, et $(\overline{mnp})$ se note $(f^{\frac{1}{m}} c^{\frac{1}{n}} g^{\frac{1}{p}})$. Le seul avantage est dans les simplifications suivantes, en fait très fréquentes.

Une face pour laquelle $m = n$ se note par la lettre du sommet qu'elle tronque, portant en exposant $\dfrac{\frac{1}{m}}{\frac{1}{p}}$, soit $\dfrac{p}{m}$. Cet exposant a pour numérateur la longueur numérique à porter sur les deux arêtes horizontales, pour dénominateur la longueur numérique à porter sur l'arête verticale. Exemple: système orthorhombique.

Forme primitive:

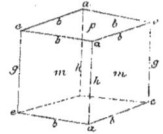

a' désigne la face:

a^2:

$a^{\frac{1}{2}}$:

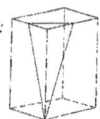

e^2:

On convient de noter $a_{\frac{p}{m}}$ une face dont les deux caractéristiques égales sont relatives l'une à une arête horizontale, l'autre à l'arête verticale.

Exemple : système orthorhombique a_2.

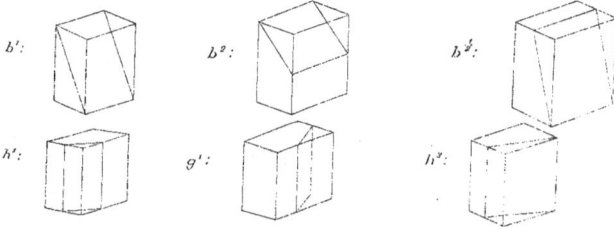

D'autre part, si l'une des caractéristiques est nulle $(O \, n \, p)$, la face est parallèle à une arête du primitif. On la note alors par la lettre désignant l'arête, avec pour exposant $\dfrac{\frac{1}{n}}{\frac{1}{p}}$, soit $\dfrac{p}{n}$, le numérateur représentant la longueur à porter sur l'arête horizontale.

Exemple : Système orthorhombique,

b' : b^2 : $b^{\frac{1}{2}}$:

h' : g' : h^2 :

Toutes les faces d'une même forme simple portent la même notation. Ainsi dans le système cubique a^1 désigne les 8 faces de l'octaèdre. Des conventions supplémentaires sont usitées dans certains cas particuliers. Dès qu'elles deviennent compliquées et difficiles à exprimer dans le langage, elles perdent tout leur intérêt. Les précédentes sont seules utiles. Dans tous les cas où elles ne s'appliquent pas, nous emploierons simplement la désignation des caractéristiques, c'est-à-dire la notation de Miller. Les exposants de Lévy seraient d'ailleurs les inverses des caractéristiques de Miller si l'on n'avait gardé la malheureuse habitude d'employer avec les deux systèmes des formes primitives en général différentes, et par suite des axes différents ; en sorte qu'il faut, pour passer de l'un des systèmes à l'autre, employer des formules de transformation, très simples il est vrai, mais incommodes.

Nous représenterons les cristaux en perspective, le point de vue étant à l'infini (projection orthogonale). D'autre part, pour les discussions, il sera commode de représenter les faces par leur *pôle*, trace sur une sphère de la normale abaissée sur la face à partir du centre de la sphère.

Etude des 7 systèmes cristallins et de leurs mériédries.

Système cubique.

A. *Holoédrie.*

Symbole :
$$\begin{array}{l} 3\,\Lambda^4\ 4\,\Lambda^3\ 6\,L^2 \\ 3\,\amalg\ 4\,\varpi^3\ 6\,P \end{array} \Big\}\ C$$

Il y a quatre plans alternes ϖ^3 normaux aux axes ternaires.

Au point de vue géométrique, on peut toujours prendre pour forme primitive un cube. On verra plus loin que la vraie maille du réseau n'est pas toujours un cube, et que pour que tous les nœuds soient représentés, il faut parfois en ajouter un au centre du cube, ou six aux centres des faces. A cette restriction près, et pour que la forme primitive mette en évidence toute la symétrie du système, on peut prendre pour forme primitive le cube.

Les trois paramètres sont égaux. Les caractéristiques d'une face sont les inverses des longueurs réelles à porter sur les arêtes. Ce sont aussi les coordonnées du pôle de la face.

Axes quaternaires QQQ, trirectangulaires, parallèles aux arêtes du cube, pris pour axes de coordonnées ox, oy, oz.

Axes ternaires $TTTT$, diagonales du cube.

Axes binaires $BBBBBB$, diagonales des faces du cube, bissectrices des axes Q et des axes T.

Plans $\amalg$: Faces du cube, se coupant suivant les axes Q, et contenant chacun 2 axes B.

Plans P : plans diagonaux du cube, bissecteurs des plans $\amalg$, et contenant chacun 2 axes T, un axe Q et un axe B.

Plans ϖ^3 : normaux aux axes ternaires, et contenant 3 axes B chacun.

Forme la plus générale : un pôle m (pqr) quelconque, pris par exemple tel que $p < q < r$, c'est-à-dire dans le triangle sphérique Q T B (1), a un symétrique et un seul dans chacun des triangles Q T B, au nombre de 48. Donc, solide à 48 faces, appelé *hexoctaèdre.* Exemple : hexoctaèdre

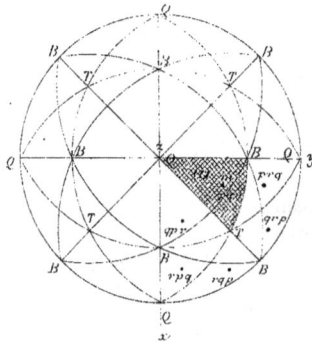

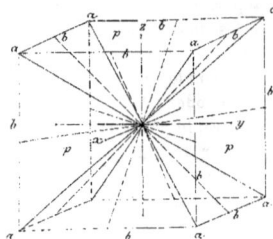

(123), FIG. 1. Il y a théoriquement une infinité d'hexoctaèdres. En fait, on ne trouve guère que (123), (124), (134).

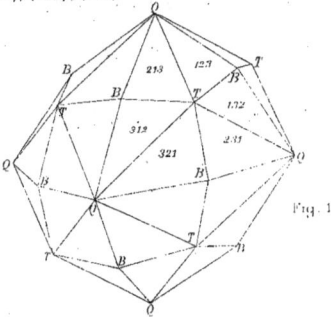

Fig. 1

Cas particuliers. — 1. — Le pôle m tombe sur un des côtés du triangle QTB, c'est-à-dire dans un des plans de symétrie. 3 cas :

a. — Le pôle est dans un plan P, entre Q et T. Alors $p = q < r$. Les deux faces (pqr) et (qpr) se confondent en une seule. Donc solide à 24 faces, appelé *icositétraèdre* ou *trapézoèdre*. (Les faces ne sont pas des trapèzes, mais des quadrilatères irréguliers.) Notation : Miller (ppr), avec $p < r$. Lévy a^m $(m = \dfrac{r}{p} > 1)$.

Exemple : trapézoèdre (112) ou a^2, appelé encore leucitoèdre (FIG. 2). a^2 est une forme très importante du système cubique. Ses faces sont les plans bissecteurs des trois plans P passant par chacun des axes ternaires. Son pôle est dans le plan a^3 normal à l'axe ternaire. a^3 est encore assez fréquent.

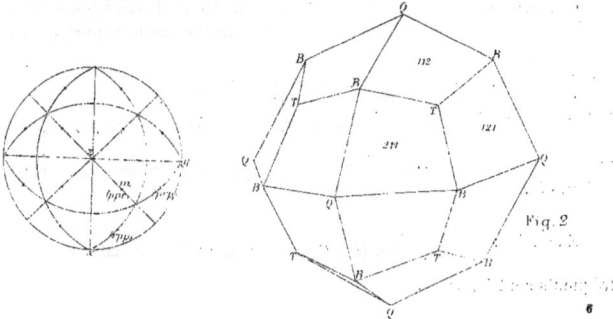

Fig. 2

b. — Le pôle est dans un plan P, entre B et T. Alors $p < q = r$. Les deux faces $(p\,q\,r)$ et $(p\,r\,q)$ se confondent en une seule. Donc, solide à 24 faces, appelé *trioctaèdre.* (Ressemble à un octaèdre dont les faces seraient remplacées par des trièdres.) Notation : Miller $(p\,q\,q)$, avec toujours $p < q$. Lévy a^m $(m = \dfrac{p}{q} < 1)$.

Exemple : trioctaèdre $a^{\frac{1}{2}}$, ou (122) (Fig. 3). On trouve assez souvent $a^{\frac{1}{2}}$ et $a^{\frac{1}{3}}$. Les autres sont rares.

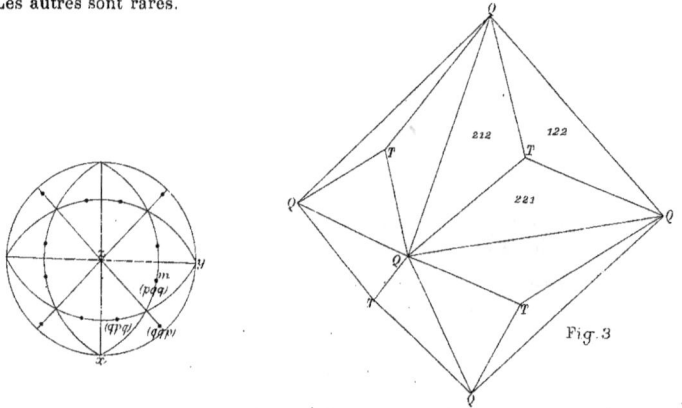

Fig. 3

c. — Le pôle est dans le plan Π, entre Q et B. Alors $p = 0$. La face est parallèle à une arête du cube. Les faces $(p\,q\,r)$ et $(\bar{p}\,q\,r)$ se confondent en une seule. Donc, solide à 24 faces, appelé *hexatétraèdre.* (Ressemble à un cube, ou hexaèdre, dont les faces seraient remplacées par des pointements à quatre faces.)

Notation : Miller $(0\,p\,q)$. Lévy b^m $(m = \dfrac{p}{q}$, quelconque). Les notations $b^{\frac{p}{q}}$ et $b^{\frac{q}{p}}$ désignent une même forme simple, car les faces $(0\,p\,q)$ et $(0\,q\,p)$ appartiennent au même hexatétraèdre. Ainsi $b^{\frac{1}{2}}$ et b^2 désigneraient le même polyèdre. On écrit toujours b^2.

Exemple : hexatétraèdre (012), ou b^2 (Fig. 4). Les hexatétraèdres les plus fréquents sont b^2, b^3, $b^{\frac{3}{2}}$.

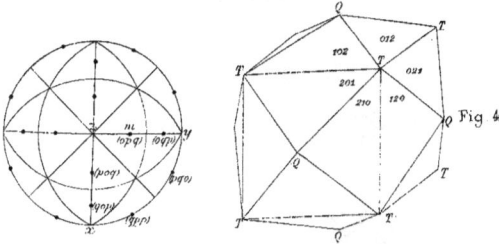

Fig 4

2. — Le pôle tombe en un des sommets du triangle QTB. 3 cas :

a. — Le pôle m est en Q. Solide à 6 faces parallèles aux plans Π, forme unique : *cube*. Notation : Miller (001), Lévy, p. (FIG. 5).

b. — Le pôle m est en T. Solide à 8 faces normales aux axes ternaires,

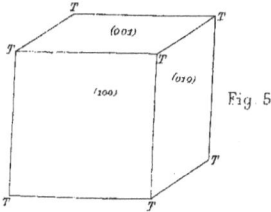

Fig 5

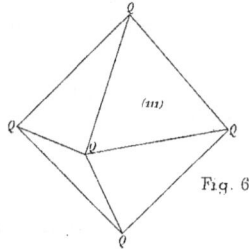

Fig. 6

forme unique : *octaèdre*. Notation : Miller (111), Lévy, a^1. (L'octaèdre est intermédiaire entre les trapézoèdres $a^{m>1}$ et les trioctaèdres $a^{m<1}$.) Deux faces adjacentes font entre elles un angle de 70°32' (angle des normales) (FIG. 6).

c. — Le pôle m est en B. Solide à 12 faces, normales aux axes binaires et parallèles aux plans P. *Dodécaèdre rhomboïdal*, forme unique. Notation : Miller (011), Lévy b^1. (Cas particulier des hexatétraèdres b^m pour lequel $m = 1$.) Deux faces adjacentes font entre elles un angle de 60° (normales). En sorte que 6 faces, telles que (101), (110), (01$\bar{1}$), ($\bar{1}$0$\bar{1}$), ($\bar{1}$10), (0$\bar{1}$1), parallèles à un même axe ternaire, forment un prisme hexagonal régulier ; il y a 4 zones semblables, autant que d'axes ternaires. D'autre part, 2 faces opposées par le sommet font un angle de 90° ; en sorte que 4 faces telles que (110), (1$\bar{1}$0), ($\bar{1}\bar{1}$0), ($\bar{1}$10), parallèles à un même axe quaternaire, forment un prisme à base carrée ; il y a trois zones semblables (Fig. 7).

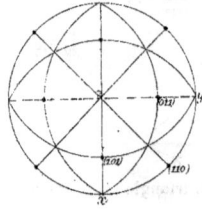

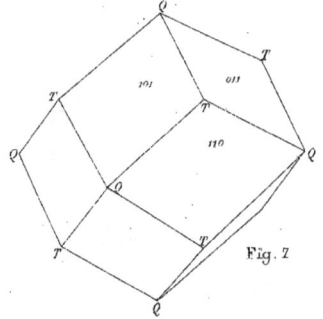

Fig. 7

Résumé. — Les formes simples du système cubique se classent donc en 7 types :

1° Trois formes uniques : *cube* p, *octoèdre* a¹, *dodécaèdre rhomboïdal* b¹. Ce sont les plus importantes.

2° Trois types à 24 faces pouvant comprendre chacun une infinité de formes :

Trapézoèdres $a^{m>1}$ (a^2 encore très important). *Trioctaèdres* $a^{m<1}$. *Hexatétraèdres* b^m .

3° Le type le plus général, à 48 faces : *hexoctaèdres* (p q r).

Principales combinaisons de ces formes :

Sur le cube : (tous les sommets ou arêtes affectés de même) :

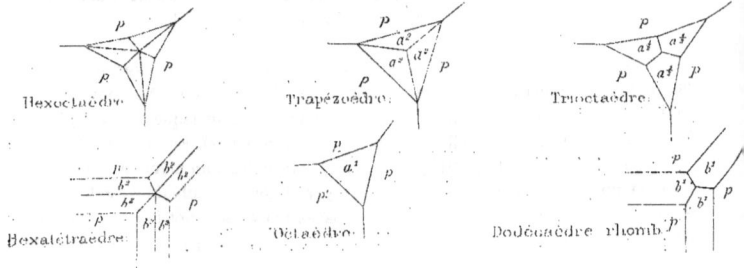

Hexoctaèdre

Trapézoèdre

Trioctaèdre

Hexatétraèdre

Octaèdre

Dodécaèdre rhomb.

Remarque. Le dodécaèdre rhomboïdal est *tangent* sur l'arête du cube.

Sur l'octaèdre :

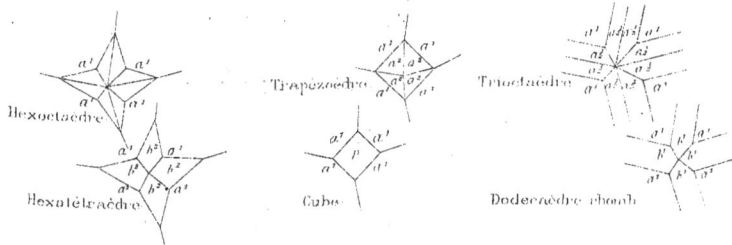

Le dodécaèdre rhomboïdal est également tangent sur l'arête de l'octaèdre, (les axes binaires aux quels ses faces sont normales étant bissectrices des axes ternaires en même temps que des axes quaternaires.)

Lorsque le cube existe avec l'octaèdre, si leur développement est tel que les arêtes du cube disparaissent, il en résulte un solide qui n'a plus les arêtes du cube ni celles de l'octaèdre ; on l'appelle cubo-octaèdre.

Sur le dodécaèdre rhomboïdal :

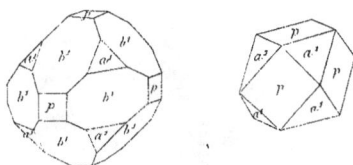

Trapézoèdre a^2 ou leucitoèdre : il est tangent sur l'arête du dodécaèdre, car le pôle du trapézoèdre $(p\,p\,r)$ qui est en zone entre deux pôles B adjacents $(0\bar{1}1)$ et $(10\bar{1})$, est donné par la relation

$$\begin{vmatrix} p & p & r \\ 0 & 1 & 1 \\ 1 & 0 & 1 \end{vmatrix} = 0$$

ou $r = 2\,p$. Le pôle est donc celui du leucitoèdre (112) ou a^2.

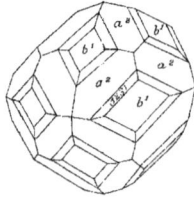

L'hexoctaèdre (123) appartient à la même zone,

car $\begin{vmatrix} 1 & 2 & 3 \\ 0 & 1 & 1 \\ 1 & 0 & 1 \end{vmatrix} = 0$. La combinaison de b^1 avec

a^2 et (123) est commune dans les grenats, par exemple.

B. Mériédries. — 1 Hémiédrie holoaxe.

Symbole : $\dfrac{3 \, \Lambda^4}{o \, \Pi} \quad \dfrac{4 \, \Lambda^3}{o \, \varpi} \quad \left.\dfrac{6 \, L^2}{o \, P} \right\}$ o C

Aucun plan alterne, car l'absence de centre supprime ceux qui sont normaux aux axes ternaires, et le théorème C rend impossibles ceux qui seraient normaux aux axes Λ^4 ou L^2.

Selon la règle générale, cette hémiédrie ne peut affecter aucune des formes dont les pôles sont dans les plans II et P. Elle ne peut donc affecter que les hexoctaèdres. Bien qu'elle paraisse exister dans quelques minéraux, tels que la cuprite $(C u^2 O)$, la sylvine $(K C l)$, elle ne s'y manifeste guère que par les propriétés physiques (figures de corrosion), les hexoctaèdres étant toujours rares.

Les hémihexoctaèdres holoaxes auraient la forme ci-contre. Ils ne sont pas connus isolés, mais très rarement à l'état de facettes sur le cube. Il y a, bien entendu, deux formes non superposables.

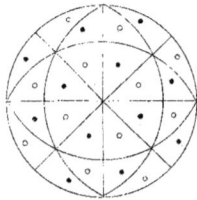

Pôles au dessus du plan II de projection.
au dessous.

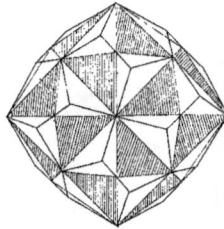

Hémihexoctaèdre holoaxe (123)
les hachures indiquent les faces de
l'hexaèdre conservées.

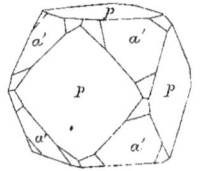

Cuprite. Cubo-octaèdre portant
un hémihexoctaèdre holoaxe

2 Parahémiédrie. — Si les 6 axes binaires, et par suite les axes quaternaires, ne sont pas tous conservés, nous avons vu que la seule combinaison possible pour un polyèdre quelconque est alors : $3 \Lambda^2$, $4 \Lambda^3$.

Le centre peut alors être déficient ou non. S'il ne l'est pas, le cristal est parahémièdre.

$$\text{Symbole : } \left. \frac{3\,\Lambda^2}{3\,\Pi} \quad \frac{4\,\Lambda^3}{4\,\varpi^3} \quad \begin{matrix} o\,L^2 \\ o\,P \end{matrix} \right\} \frac{C}{}$$

Les plans alternes ϖ sont conservés.

La parahémiédrie ne peut affecter les formes dont les pôles sont dans les plans P. Elle n'affecte donc que les hexoctaèdres et les hexatétraèdres.

Parahémihexoctaèdres :

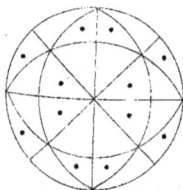

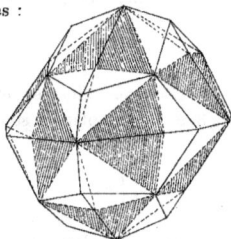

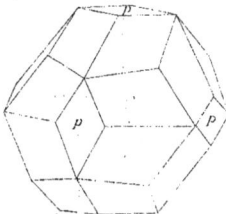

Para-hémihexoctaèdre (123)

Le même associé au cube en un solide à 30 faces quadrilatères

Parahémihexatétraèdres : on les appelle *dodécaèdres pentagonaux*. Remarquer que ce solide possède trois arêtes trirectangulaires parallèles aux arêtes du cube. Le dodécaèdre pentagonal b^2, ou *pyritoèdre*, fréquent dans la pyrite, diffère assez peu, comme aspect, du dodécaèdre régulier, qui, ayant des axes d'ordre 5, ne peut exister dans les cristaux. L'association du pyritoèdre avec l'octaèdre, quand les faces de celui-ci sont assez développées pour faire disparaître les arêtes du dodécaèdre, donne un solide à 20 faces triangulaires (dont 8 seulement équilatérales) qui rappelle l'icosaèdre régulier.

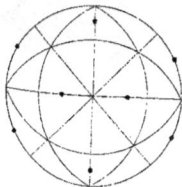

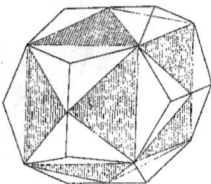

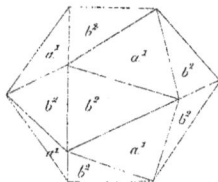

Pyritoèdre b^2

Le même associé à l'octaèdre en un solide à 20 faces triangulaires.

Le même associé au cube

Triglyphe

La parahémiédrie, remarquable surtout dans la pyrite ($Fe\,S^2$) et la colbatine ($CoAsS$), se révèle encore parfois par des stries sur les faces du cube, stries compatibles avec ce seul mode d'hémiédrie. On donne à ce cube strié le nom de triglyphe.

3 *Antihémiédrie*. — Les axes binaires étant encore déficients, et les autres réduits par suite à $3\,\Lambda^2\,4\,\Lambda^3$, les plans P sont conservés. Alors, le centre est déficient.

$$\text{Symbole :}\quad \frac{3\,\Lambda^2}{3\,\sigma^2}\ \frac{4\,\Lambda^3}{0\,\sigma^3}\ \left.\frac{0\,L^2}{6\,P}\right\}\ 0\,C$$

Les trois plans Π deviennent des plans alternes d'ordre 2 normaux aux axes Λ^2.

L'antihémiédrie ne peut affecter les formes dont les pôles sont dans les plans Π, c'est-à-dire les hexatétraèdres, le dodécaèdre rhomboïdal et le cube. Par contre, elle affecte les hexoctaèdres, trapézoèdres, trioctaèdres et l'octaèdre.

Antihémihexoctaèdres :

Pôles au dessus du plan de projection
au dessous

Anti-hémihexoctaèdre (123)

Antihémitrapézoèdres :

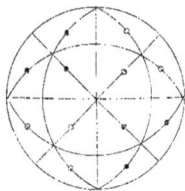

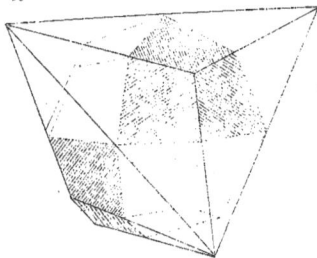

Anti-hémitrapézoèdre a^2

Leurs arêtes rectilignes et leurs faces triangulaires rappellent le trioctaèdre holoèdre et non le trapézoèdre.

Antihémitrioctaèdres :

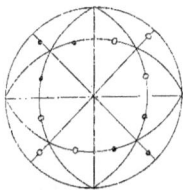

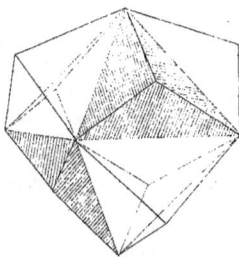

Anti-hémitrioctaèdre $u^{\frac{1}{2}}$

Leurs arêtes brisées et leurs faces quadrilatères rappellent le trapézoèdre holoèdre plutôt que le trioctaèdre.

Antihémioctaèdre, ou *tétraèdre régulier*.

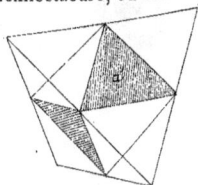

Tétraèdre

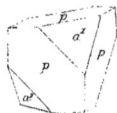

Tétraèdre et cube

Combinaison avec le cube : le cube est tangent sur l'arête du tétraèdre.

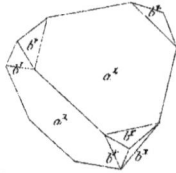

Tétraèdre et Dodécaèdre
rhomboïdal

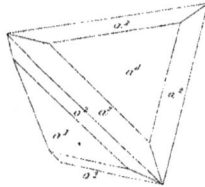

Tétraèdre et Hémitrapézoèdre

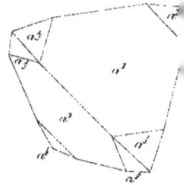

Tétraèdre et Hémihioctae

L'antihémiédrie est la plus fréquente des hémiédries du système cubique.
Exemples : cuivre gris, blende.

4. *Tétartoédrie.* — L'hémiédrie de l'une quelconque des hémiédries
précédentes fournit une tétartoédrie dont le symbole est :

$$\left. \frac{3\,\text{A}^2}{0\,\pi} \quad \frac{4\,\text{A}^3}{0\,\varpi} \quad \frac{0\,\text{L}^2}{0\,\text{P}} \right\} 0\,\text{C}$$

Aucun plan alterne n'est possible.

C'est une mériédrie holoaxe, comme la première. Elle est connue dans le
chlorate de sodium, les azotates de Pb, Ba et Sr.
Les seules formes non affectées sont le cube et le dodécaèdre rhomboïdal.
Sont affectés : 1°) les hexoctaèdres, donnant la seule forme simple spéciale à
ce mode de mériédrie, forme non observée jusqu'ici.

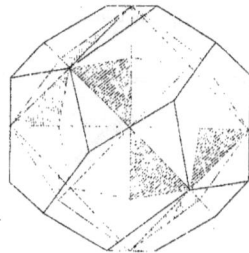

Hexoctaèdre 023 Tétartoèdre

2°) Les trapézoèdres, trioctaèdres et l'octaèdre, qui gardent leurs formes antihémièdres. (Car les plans P, conservés dans l'antihémiédrie, sont ici déficients, et par suite les pôles contenus dans ces plans ne sont pas affectés quand on passe de l'antihémiédrie à la tétartoédrie.)

3°) Les hexatétraèdres, qui gardent leur forme parahémièdre (même raison).

En l'absence des hexoctaèdres, la coexistence de formes anti-et para-hémièdres révèle la tétartoédrie et suffit à donner les deux formes non super-posables de l'holoaxie. Exemple, dans le chlorate de sodium, coexistence d'un même dodécaèdre pentagonal avec les deux tétraèdres complémentaires, ou, ce qui revient au même, d'un même tétraèdre avec les deux dodécaèdres pentagonaux complémentaires.

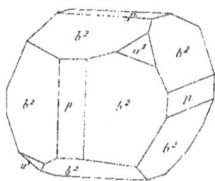

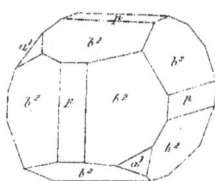

Chlorate de Na droit   Chlorate de Na gauche

5. Aucun autre mode de symétrie n'est possible tant qu'il subsiste plus d'un axe d'ordre supérieur à 2. Mais la mériédrie peut aller plus loin, et réduire à un seul axe quaternaire ou un seul axe ternaire les axes d'ordre supérieur à 2. On tombe alors sur la symétrie des systèmes quaternaire ou ternaire ; puis, en allant plus loin encore, sur toutes les mériédries de ces systèmes, et par là en particulier, sur les symétries orthorhombique, clinorhombique, enfin anorthique. Seule la symétrie *sénaire* ne peut provenir d'une mériédrie du système cubique, qui ne comporte pas d'axe d'ordre 6.

Pous éviter des redites, nous ne pousserons pas plus loin l'étude des mériédries du système cubique. Mais on devra se rappeler que tous les modes de symétrie que nous rencontrerons dans chaque système, sauf le système sénaire, peuvent appartenir à des cristaux du système cubique, c'est-à-dire ayant un réseau cubique. Cette observation importante est due à Mallard. Elle lui a été suggérée par la boracite, qui, ayant un réseau cubique, n'a que des propriétés physiques (optiques notamment) orthorhombiques, avec même l'antihémiédrie. On a reconnu depuis lors que beaucoup de substances ont ainsi une mériédrie assez élevée pour que leur symétrie physique ne dépasse pas celle des systèmes inférieurs à celui du réseau. Ainsi, par exemple, la symétrie quadratique, telle qu'elle existe dans un cristal quadratique holoèdre de paramètre $\frac{a}{c}$ quelconque, peut appartenir aussi bien à un cristal dont le réseau est cubique, c'est-à-dire dont le paramètre est 1, mais dont le motif n'a que la symétrie quadratique.

Il restera donc sous-entendu, dans ce qui suit, que les paramètres et angles du primitif, que nous supposerons quelconques dans le cas général, peuvent comme cas particulier avoir les valeurs correspondant à une forme primitive cubique ; auquel cas le cristal appartient au système cubique, mais avec une mériédrie d'ordre élevé.

Ces mériédries d'ordre élevé ne vont jamais d'ailleurs sans des groupements qui, on le verra, rétablissent dans la forme extérieure la symétrie cubique déficiente (voir p. 173), en sorte qu'on ne trouve jamais de cristaux *isolés* ayant des paramètres exactement cubiques et une symétrie réelle, par exemple, quadratique. L'étude des formes de ces cristaux isolés serait donc sans intérêt ; les groupements ont les formes extérieures du système cubique ou de ses hémiédries, formes que nous connaissons dès maintenant.

Système sénaire.

A. *Holoédrie*.

$$\text{Symbole :} \quad \frac{\Lambda^6}{\Pi} \quad \frac{3\,L^2}{3\,P} \quad \frac{3\,L'^2}{3\,P'} \left.\right\} \frac{C}{}$$

Aucun plan alterne n'est possible.

Il n'y a pas de parallélipipède qui, isolé, présente cette symétrie. Mais elle appartient à un réseau de parallélipipèdes en forme de prismes droits à base losange de 120°. La figure montre la projection d'un tel réseau sur la base. Pour mettre en évidence toute la symétrie sénaire, nous prendrons pour forme primitive non un parallélipipède, mais un prisme hexagonal régulier $abcdef$, englobant en réalité les trois mailles losanges possibles du réseau : $oabc$, $ocde$, $oefa$, et ayant un nœud au centre de chaque base.

La forme primitive est complètement définie par un seul paramètre, qui est le rapport $\dfrac{c}{a}$ du paramètre de l'arête verticale à celui de l'arête de la base.

Les axes binaires L^2, placés suivant les diagonales de la base, sont appelés axes binaires de *première espèce*. Les axes L'^2, normaux aux arêtes de la base, sont les axes de *seconde espèce*. Nous prenons pour axes de coordonnées deux axes de première espèce ox, oy, en y ajoutant, pour la symétrie des formules, le 3ᵉ axe ou, et l'axe Λ^6 pour axe des z. Si $pqrs$ sont les caractéristiques d'une face, correspondant aux 4 axes ox, oy, ou, oz, on a toujours :

$$p + q + r = 0, \text{ ou } r = -(p+q).$$

Si l'on prenait pour axes ox', oy', ou' les axes de seconde espèce, on passerait de l'un des systèmes à l'autre par les formules de transformation de caractéristiques suivantes :

$$s' = s \quad \begin{cases} p' = q - r \\ q' = r - p \\ r' = p - q \end{cases} \quad \begin{cases} p = q' - r' \\ q = r' - p' \\ r = p' - q' \end{cases}$$

Forme la plus générale. — Un pôle m $(pqrs)$ quelconque fournit 24 symétriques, 12 au-dessus et 12 au-dessous du plan п. C'est le *didodécaèdre*, double pyramide dodécagonale, dont les dièdres sont égaux de deux en deux

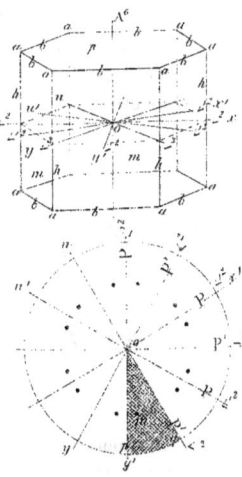

seulement. Les dièdres sont tous égaux dans le cas particulier où le pôle tombe dans le plan bissecteur de deux plans P et P' contigus.

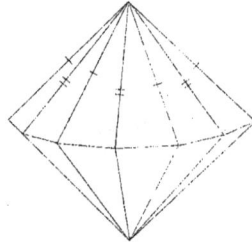

Cas particuliers : 1° Le pôle *m* est sur un des côtés du triangle *o p q*, c'est-à-dire dans un des plans de symétrie. 3 cas :

a. Le pôle est dans un plan P. Le nombre des faces se réduit à 12. Doubles pyramides hexagonales régulières ou *Isoscéloèdres de première espèce*.

Les arêtes de la base sont parallèles à celles du primitif. Notation $(O\,q\,\bar{q}\,s.)$ ou dans le système Lévy : $b^{\frac{1}{4}}$.

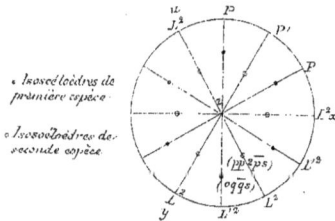

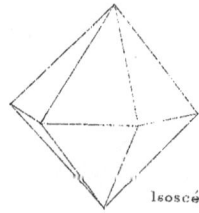

b. Le pôle est dans un plan P'. Même forme, mais tournée de 30° par rapport à la précédente. *Isoscéloèdres de seconde espèce*. Les arêtes de la base sont normales aux axes de première espèce, parallèles aux axes de seconde espèce. Les faces sont placées symétriquement sur les sommets du primitif. Notation $(pp\,\overline{2p}\,s)$ ou Lévy : $a^{\frac{1}{p}}$.

c. Le pôle est dans le plan Π. *Prisme dodécagone*, dont les dièdres sont égaux de deux en deux seulement, dans le cas général. Notation $(p\,q\,r\,0)$ ou Lévy : $h^{\frac{p}{q}}$ ou indifféremment $h^{\frac{p}{q}}$.

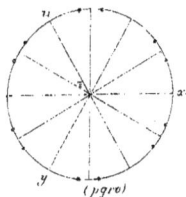

$(pqro)$

2° Le pôle est en un des sommets du triangle, c'est-à-dire sur un axe de symétrie. 3 cas :

a. Le pôle est dans le plan P, sur l'axe L^2. *Prisme hexagonal* régulier de première espèce, ou *prisme primitif*. Notation $(10\bar{1}0)$ ou Lévy : m.

b. Le pôle est dans le plan P', sur l'axe L^2. *Prisme hexagonal de seconde espèce*, identique au précédent, mais tourné de 30° par rapport à lui. Notation $(11\bar{2}0$ ou Lévy : h^1.

c Le pôle est sur l'axe sénaire. La forme se réduit à deux plans parallèles, ou *bases*. Notation (0001), ou Lévy : p.

Principales combinaisons de ces formes :

Didodécaèdres sur les prismes hexagonaux primitif ou de seconde espèce, avec la base.

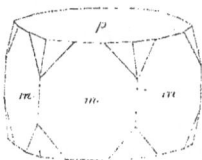

Isoscéloèdres sur le prisme hexagonal de même espèce.

Isoscéloèdres de deuxième espèce sur le prisme de première espèce, ou inversement.

Prismes dodécagones sur les prismes hexagonaux. Prisme de 2ᵉ espèce sur le primitif.

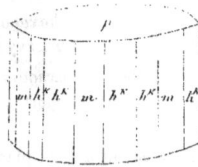

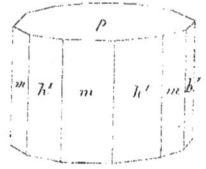

B. — *Mériédries* : I° L'axe sénaire est conservé :

1° *Hémiédrie holoaxe.* N'est connue dans aucun minéral.

2° *Antihémiédrie.* Si un axe binaire est déficient, les 6 le sont ensemble, car la persistance de l'axe sénaire entraînerait celle des 6 axes binaires si l'un d'eux était conservé. Si alors les plans PP' sont conservés, le centre est déficient, ainsi que le plan Π.

Symbole : $\dfrac{A^6 \ oL^2 \ oL'^2}{o\Pi \ \underline{3P} \ \underline{3P'}} \Big\} \ oC$

Aucun plan alterne n'est possible.

Les seules formes non affectées sont les prismes. Les didodécaèdres, isoscéloèdres et les bases ne conservent que la moitié de leurs faces du même côté du plan Π.

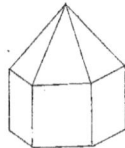

Hémiédrie très rare, connue seulement dans l'iodargyrite (Ag I).

3° *Parahémiédrie*. Les 6 axes binaires étant déficients, le centre est conservé. Les plans P P' sont déficients, le plan Π subsiste.

$$\text{Symbole :} \quad \frac{\Lambda^6 \, \mathrm{o}\, \mathrm{L}^2 \;\, \mathrm{o}\, \mathrm{L}'^2}{\Pi \;\, \mathrm{o}\, \mathrm{P} \;\;\, \mathrm{o}\, \mathrm{P}'} \left.\right\} \; \underline{\mathrm{C}}$$

Aucun plan alterne n'est possible.

Les isoscéloèdres, prismes hexagonaux et bases ne sont pas affectés. Les didodécaèdres se transforment en isoscéloèdres tournés d'un angle quelconque par rapport au primitif; les prismes dodécagones, en prismes hexagonaux réguliers tournés également d'une manière quelconque par rapport au primitif.

Hémiédrie appartenant à une importante famille de corps isomorphes, celle de l'apatite.

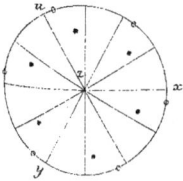

. *Didodécaèdre para-hémièdre.*
o *Prisme dodécagone.*

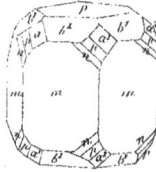

Apatile portant avec les formes m,p, b', a', non-affectés par l'hémiédrie. les didodécaèdres:

$$\mu = (21\overline{3}1)$$
$$n = (31\overline{4}1)$$

4° *Tétartoédrie*. L'axe sénaire subsiste seul.

$$\text{Symbole :} \quad \frac{\Lambda^6 \, \mathrm{o}\, \mathrm{L}^2 \;\, \mathrm{o}\, \mathrm{L}'^2}{\mathrm{o}\Pi \;\, \mathrm{o}\, \mathrm{P} \;\;\, \mathrm{o}\, \mathrm{P}'} \left.\right\} \; \mathrm{o}\,\mathrm{C}$$

Aucun plan alterne. Les formes dérivent des précédentes, parahémièdres, par suppression de toutes les faces situées d'un même côté du plan Π. Mériédrie qui n'est connue que par les figures de corrosion ; elle paraît exister dans la néphéline.

II° L'axe sénaire du réseau n'est que ternaire dans le motif. Il est déficient en tant qu'axe binaire, d'où une seconde série d'hémiédries.

1° *Antihémiédrie*. Les six axes binaires ne peuvent subsister sans rétablir l'axe sénaire (théorème 5), mais trois d'entre eux subsistent s'il n'y a qu'hémiédrie, par exemple les axes L². Alors, si les plans P' sont conservés, le centre disparaît. Le plan Π subsiste, l'axe principal étant impair.

$$\text{Symbole :} \quad \frac{\Lambda^3 \;\, 3\mathrm{L}^2 \;\, \mathrm{o}\, \mathrm{L}'^2}{\underline{\Pi} \;\;\, \mathrm{o}\mathrm{P} \;\;\; \underline{3\,\mathrm{P}'}} \left.\right\} \; \mathrm{o}\,\mathrm{C}$$

Aucun plan alterne. Mode d'hémiédrie jusqu'ici inconnu dans les cristaux.

8

Remarque. — La combinaison $\dfrac{\Lambda^3}{o11} \ \dfrac{3\,L^2}{3\varpi^2} \ \dfrac{o\,L'^2}{o\,P'} \left.\right\}\,oC,$ qui semble possible,

n'est pas acceptable, car il est facile de voir qu'elle fournit une infinité de symétriques pour chaque face. C'est un mode de symétrie supérieur à celui d'aucun réseau, donc impossible pour un cristal.

2° *Parahémiédrie.* Le centre étant conservé, les plans P′ disparaissent, mais alors les plans P subsistent. Le plan II disparaît comme plan de symétrie parce qu'il entraînerait, avec le centre, l'existence d'un axe Λ d'ordre pair ; il devient plan alterne.

Symbole : $\dfrac{\Lambda^3}{\varpi^3} \ \dfrac{3\,L^2}{3\,P} \ \dfrac{o\,L'^2}{o\,P'} \left.\right\} \ \dfrac{C}{-}$

C'est la symétrie holoèdre du système ternaire. On considère souvent, pour cette raison, tous les cristaux ternaires comme appartenant au système sénaire, avec cette parahémiédrie ; beaucoup d'auteurs suppriment le système ternaire et en font une hémiédrie du sénaire. C'est là une erreur de principe. Il y a certainement des cristaux dont le réseau lui-même est bien ternaire et que rien n'autorise à considérer comme ayant un réseau sénaire (exemple : calcite) (1). Par contre, il est bien vrai qu'il est aussi des cristaux ternaires qui paraissent avoir un réseau sénaire, et n'être ternaires que par mériédrie (exemple : quartz).

En s'en tenant au point de vue *géométrique*, il est indifférent de considérer le système ternaire comme une holoédrie distincte ou de le rattacher, comme parahémiédrie, au système sénaire, car les formes possibles dans les deux genres de cristaux sont les mêmes.

D'ailleurs, il n'est pas toujours facile, en pratique, de savoir si le réseau d'un cristal ternaire doit être considéré comme sénaire ou comme seulement ternaire. Tout en maintenant la différence en principe, pour éviter les redites nous reporterons au système ternaire l'étude des formes de la parahémiédrie en question. C'est ce que nous avons fait déjà pour les mériédries d'ordre supérieur du système cubique. On devra se rappeler, en étudiant les formes du système ternaire, qu'elles peuvent appartenir soit à des cristaux à réseau ternaire, holoèdres, soit à des cristaux à réseau sénaire, parahémièdres. De même, les hémiédries du système ternaire peuvent être des tétartoédries du système sénaire, etc.

3 *Tétartoédrie.* — Symbole : $\dfrac{\Lambda^3}{11} \ \dfrac{o\,L^2}{o\,P.} \ \dfrac{L'^2}{o\,P'} \left.\right\} o\,C$ N'est pas connue.

_____

(1) Voir plus loin (p. 177). On peut considérer ces cristaux comme sénaires mérièdres, en faisant intervenir la mériédrie réticulaire. Mais le réseau n'en est pas moins ternaire.

III°. — L'axe sénaire, au lieu de devenir ternaire par mériédrie, devient binaire. Alors deux axes binaires peuvent seuls subsister, savoir un axe L^2 et un axe L'^2 rectangulaires. On tombe ainsi sur la symétrie terbinaire. Par là, en diminuant encore la symétrie, on arrive à la symétrie binaire, l'axe binaire unique conservé pouvant être l'axe Λ^6 du réseau ou l'un de ses axes binaires ; enfin, à la symétrie anorthique. Mêmes remarques que pour le système cubique : nous laissons de côté l'étude de ces mériédries d'ordre élevé, pour éviter les redites. Par exemple, un cristal ayant la symétrie orthorhombique dans toutes ses propriétés, mais ayant pour primitif un prisme droit à base losange dont l'angle serait rigoureusement de 120°, serait orthorhombique avec réseau sénaire, c'est-à-dire qu'il appartiendrait au système sénaire avec une mériédrie d'ordre élevé. La combinaison $m \; g^1$ serait *géométriquement* un prisme hexagonal régulier, mais non *physiquement*, les faces m et g^1 n'étant pas équivalentes, et pouvant par exemple ne pas coexister. Les formes d'un tel cristal sont celles d'un cristal orthorhombique quelconque, mais avec une valeur particulière, 120°, de l'angle des faces m.

Système ternaire ou rhomboédrique.

A. *Holoédrie.*

$$\text{Symbole :} \quad \frac{\Lambda^3}{\sigma^3} \quad \frac{3\,L^2}{3\,P} \; \Big\} \; \frac{C}{}$$

Il y a un plan alterne normal à l'axe ternaire.

Le parallélipipède qui présente cette symétrie est le *rhomboèdre*.

L'axe Λ^3 joint les sommets a à a. Les trois dièdres culminants b sont égaux ; de même les dièdres latéraux d, égaux entre eux et supplémentaires des dièdres b.

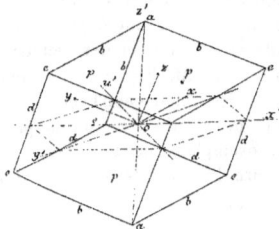

Les axes L^2 sont normaux aux arêtes de l'hexagone gauche $e\,e\,e\,e\,e\,e$. Les plans P passent par l'arête culminante et la diagonale ae de la face. Toutes les faces sont des losanges égaux.

La forme du rhomboèdre primitif est complètement définie par le rapport $\dfrac{c}{a}$ du paramètre de l'axe ternaire au paramètre

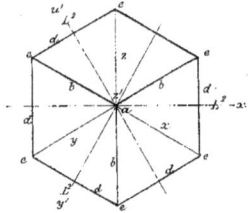

Rhomboèdre projeté sur le plan
perpendiculaire à l'axe ternaire.

des axes binaires. Ou bien encore par la valeur du dièdre b ; on dit souvent : *un rhomboèdre de* n *degrés*, pour désigner celui dont le dièdre b a cette valeur.

Comme axes de coordonnées, on peut prendre, comme dans le système sénaire, les trois axes L^2 et l'axe ternaire. Cela convient particulièrement aux cristaux qui sont ternaires par hémiédrie et dont le réseau est sénaire. Les caractéristiques $(p\,q\,r\,s)$ s'appliquent alors directement aux troncatures sur le prisme hexagonal pris pour forme primitive. Pour les véritables cristaux ternaires, à réseau ternaire, il est préférable de prendre pour axes des parallèles aux arêtes du rhomboèdre primitif, soit ox, oy, oz. Les caractéristiques $(g\,h\,k)$ sont alors directement applicables aux troncatures sur le rhomboèdre pris pour forme primitive (Lévy). C'est le système que nous adopterons.

On passe de l'un des systèmes d'axes à l'autre par les formules :

$$\left\{\begin{array}{l} p = g - h \\ q = h - k \\ r = k - g \\ s = g + h + k \end{array}\right. \qquad \left\{\begin{array}{l} g = p - r + s \\ h = -p + q + s \\ k = -q + r + s \end{array}\right.$$

Forme la plus générale : un pôle m quelconque donne, en vertu de l'axe Λ^3 et des 3 plans P, six symétriques au dessus du plan normal à l'axe ternaire, et en vertu du centre et des axes L^2, six autres au-dessous. C'est le *scalénoèdre* : solide à 12 faces en triangles scalènes égaux, se coupant suivant un hexagone gauche analogue à celui du rhomboèdre. Les arêtes A qui se projettent sur celles du primitif sont plus aiguës que les arêtes B qui se projettent sur les diagonales des faces du primitif, si le pôle m est dans un des secteurs de 60° (couverts de hachures) contenant les pôles du primitif. En ce cas, *scalénoèdres directs*. L'inverse a lieu si le pôle est dans un des secteurs non hachés ; en ce cas, *scalénoèdres inverses*. Nous conviendrons de prendre toujours le pôle initial dans le secteur MNO, qui contient un exemplaire de toutes les positions possibles ; cela revient à convenir d'écrire les caractéristiques $g\,h\,k$ dans l'ordre décroissant.

Dans ces conditions, le scalénoèdre $(g\,h\,k)$ est direct si $g - 2h + k > o$, et inverse si $g - 2h + k < o$ (voir ci-après).

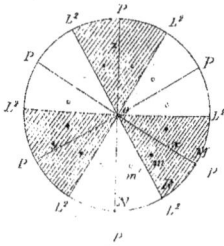

Scalénoèdres directs:
. *Pôles au dessus du plan* $\overline{G}^3$
. . *au dessous*

Scalénoèdres inverses:
. *Pôles au dessus du plan* $\overline{G}^3$
. . *au dessous*

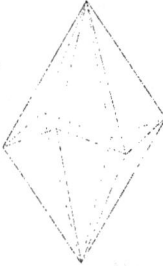

Cas particuliers. — 1. Le pôle se projette sur l'axe binaire. Cela ne change pas le nombre des faces, mais les pôles m m' se confondent en projection. L'hexagone gauche devient plan. *Isoscéloèdres* semblables à ceux du système sénaire (mais il n'y en a ici que d'une seule espèce). Ils forment la transition entre les scalénoèdres directs et inverses.

Condition pour qu'une face $(g\,h\,k)$ soit une face d'isoscéloèdre : elle doit être en zone entre la face normale à l'axe Λ^3, notée (111), et la face normale à l'axe binaire, notée (10$\overline{1}$).

$$\text{D'où la condition} \quad \begin{vmatrix} g & h & k \\ 1 & 1 & 1 \\ 1 & o & \overline{1} \end{vmatrix} = o$$

ou $g - 2h + k = o$. Exemples : (321), (210), etc... (La condition suppose les caractéristiques rangées dans l'ordre $g > h > k$, c'est-à-dire le pôle dans la zone oR.)

2. — Le pôle est dans un des plans de symétrie. Le nombre des faces se réduit à 6 ; la forme devient un *rhomboèdre*. Si le pôle est sur OM, le

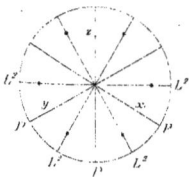

Isoscéloèdres   Rhomboèdres directs   Rhomboèdres inverses

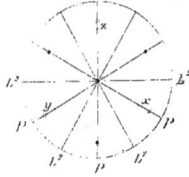

. *Pôles au dessus du plan* $\overline{G}^3$
. *Pôles au dessous du plan* $\overline{G}^3$

rhomboèdre est tourné comme le primitif : *rhomboèdre direct*. Si le pôle est sur O N, le rhomboèdre, qui peut être identique au précédent, est tourné de 60° par rapport au primitif : *rhomboèdre inverse*.

Notation : deux caractéristiques deviennent égales. Pour les rhomboèdres directs, $(g\,h\,h)$, avec toujours $g > h$. Exemple : le primitif (100), ou (211), etc.., Pour les rhomboèdres inverses, (ggk), avec toujours $g > k$. Exemples (110), (221), etc...

3. — Le pôle est sur l'axe ternaire. La forme se réduit à deux plans parallèles ou *bases*, notés (111). On peut considérer la base comme un rhomboèdre infiniment aplati, transition entre les rhomboèdres directs et inverses.

4. — Le pôle est dans le plan ϖ^3 normal à Λ^3. La forme devient un *prisme*.

3 cas : a. — Cas général. *Prisme dodécagone*, ayant en général ses dièdres égaux de deux en deux seulement. Condition : le plan $g\,x + h\,y + k\,z = 0$ doit être parallèle à l'axe ternaire $x = y = z$, d'où la condition : $g + h + k = 0$. Ainsi $(21\bar{3})$ est un prisme.

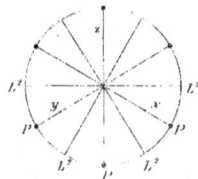

b. — Le pôle est en M, dans le plan de symétrie P, c'est-à-dire dans la zone des rhomboèdres. *Prisme hexagonal régulier de première espèce*, dont les faces sont normales aux plans de symétrie, et qu'on peut considérer comme un rhomboèdre infiniment allongé, transition entre les rhomboèdres directs et inverses. Notation $(g\,h\,h)$ comme appartenant à la zone O M, avec la condition $g + h + h = 0$, d'où la notation $(\bar{2}11)$ ou $(11\bar{2})$, indifféremment.

c. — Le pôle est en R, sur l'axe binaire, c'est-à-dire dans la zone des isoscéloèdres. *Prisme hexagonal régulier de seconde espèce*, tourné de 60° par rapport au précédent, et qu'on peut considérer comme un isoscéloèdre infiniment allongé. Ses faces sont parallèles aux plans de symétrie P.

Notation $(10\bar{1})$.

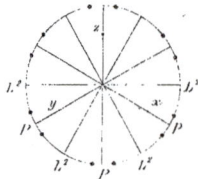

Prisme dodécagone.   Prisme hexagonal de 1ʳᵉ espèce.   Prisme hexagonal de 2ᵉ espèce.

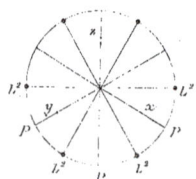

Notation Lévy de ces diverses formes. Leur position par rapport au primitif.

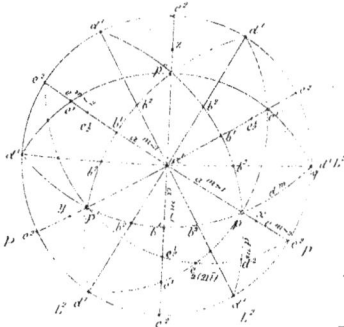

Soient p p' p'' les pôles du primitif. Les formes dont les pôles sont dans le triangle sphérique p p' p'' donnent des troncatures sur le sommet a. Conditions : trois caractéristiques de même signe $(g\,h\,h)$.

Si le pôle est sur les côtés du triangle, troncature sur les arêtes b. Condition : une caractéristique nulle, les deux autres de même signe $(g\,h\,o)$.

En dehors du triangle, troncatures sur les sommets e. Condition : une caractéristique de signe différent $(g\,h\,\bar{k})$ ou $(g\,\bar{h}\,\bar{k})$.

Sur les prolongements pq des côtés pp', troncatures sur les arêtes d. Condition : une caractéristique nulle, les deux autres de signes contraires $(g\,O\,\bar{k})$.

Troncatures sur le sommet a : $(g\,h\,k)$. Dans le cas général, scalénoèdres; isoscéloèdres si $g - 2h + k = 0$.

Si $g = h > k$, rhomboèdres inverses, notation $a^{\frac{h}{g}<1}$; exemple $a^{\frac{1}{3}}$.

Si $g > h = k$, rhomboèdres directs, notation $a^{\frac{g}{h}>1}$; exemple a^2.

Si $g = h = k$, base, notation a^1.

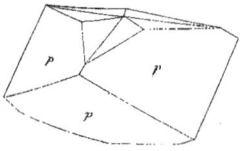

Scalénoèdre ou isoscéloèdre sur l'angle a.

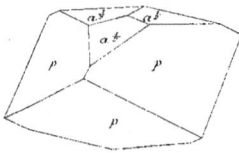

Rhomboèdre inverse $a^{\frac{1}{3}}$.

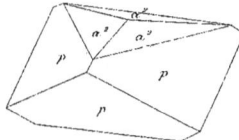

Rhomboèdre direct a^2.

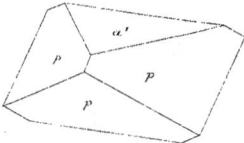

Base a^1.

Base a^1 très développée, bordée par le Rhomboèdre p.

Troncatures sur les arêtes b : $(g\,h\,O)$. Dans le cas général, scalénoèdre, notation $b^{\frac{g}{h}}$ ou $b^{\frac{g}{h}}$ indifféremment.

Si $g - 2\,h + k = O$, soit $g = 2\,h$, d'où la notation (210), isoscéloèdre noté b^2.

Si $g = h$, soit (110), rhomboèdre inverse noté b^1; c'est le rhomboèdre *équiaxe* d'Haüy, tangent sur l'arête du primitif.

Si $h = O$, rhomboèdre primitif, noté (100) ou p.

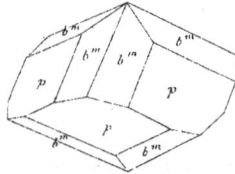

Scalénoèdres b^{in} ou isoscéloèdre b^2.   Rhomboèdre équiaxe b^1.

Troncatures sur les angles e : $(g\,h\,\bar{k})$ ou $(g\,\bar{h}\,\bar{k})$. Dans le cas général, scalénoèdres, ou isoscéloèdres lorsque $g - 2\,h + k = O$.

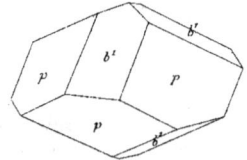

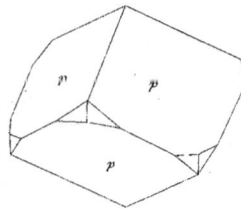

Si $g + h + k = O$, prismes dodécagones.

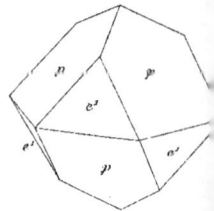

Si $g = h$, rhomboèdres inverses tant que $\dfrac{k}{g} < 2$. Notation $e^{\frac{k}{g}<2}$. Exemple :
e^1, ou $(11\bar{1})$, appelé par Haüy plus spécialement le rhomboèdre *inverse*. Plus

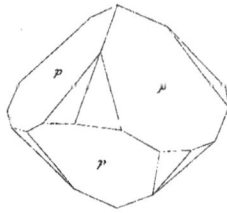

Scalénoèdres ou isoscéloèdres   Prismes dodécagones.   Rhomboèdre inverse e^1.
sur les angles e.

aigu que le primitif, il est au primitif ce que celui-ci est à l'équiaxe b^1, car le primitif est tangent sur l'arête de e^1. Autre exemple $(22\bar{1})$ ou $e^{\frac{1}{2}}$, qui ayant le même angle que le primitif, est identique à celui-ci, mais tourné de 60° autour de l'axe ternaire.

Lorsque $\dfrac{k}{g} = 2$, soit $(11\overline{2})$, prisme hexagonal de première espèce, noté e^2.

Lorsqu'enfin $\dfrac{k}{g} > 2$, rhomboèdres directs, notés $e^{\frac{k}{g}>1}$. Exemple : e^3.

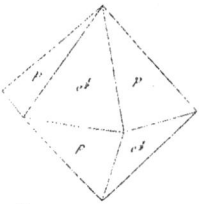

Rhomboèdre inverse $e^{\frac{1}{4}}$.　　　Prisme de 1ère espèce e^2.　　　Le même, plus développé.

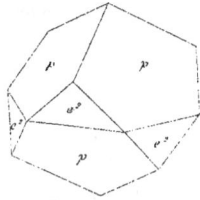

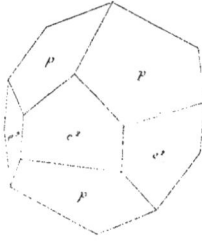

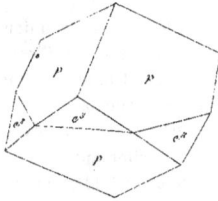

Rhomboèdre direct $e^{m=?}$

Troncatures sur les arêtes d : $(g\,O\,\overline{k})$. Formes dites *métastatiques*. Dans le cas général, scalénoèdres notés $d^{\frac{k}{i}}$ ou $d^{\frac{i}{k}}$ indifféremment. Exemple : $(20\overline{1})$ ou d^2.

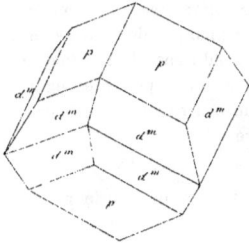

Scalénoèdres métastatiques d^m.　　　Prisme hexagonal de 2ᵉ espèce d^1.

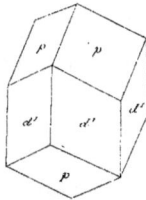

9

Les scalénoèdres métastatiques ont leur hexagone gauche parallèle à celui du primitif.

Lorsque $g = h$, soit $(10\overline{1})$, prisme hexagonal de seconde espèce, noté d^1. Remarquer la grande différence entre la combinaison du prisme d^1 avec un rhomboèdre et celle du prisme e^2 avec un rhomboèdre. Les faces de d^1 sont parallèles aux arêtes du rhomboèdre, tandis que celles de e^2 tronquent les sommets.

Formes birhomboédriques. — Toute forme $(g\,h\,k)$ du système ternaire, tournée de 60° autour de l'axe ternaire, fournit une autre forme qui est également une forme simple possible du même cristal. Car cette rotation fournit une face dont les caractéristiques sont :

$$\begin{cases} g' = 2\,(g + h) - k \\ h' = 2\,(g + k) - h \\ k' = 2\,(h + k) - g \end{cases}$$

$g'\,h'\,k'$ sont entières si $g\,h\,k$ le sont. La réunion de ces deux formes fournit un polyèdre à symétrie géométrique sénaire. C'est ce que nous avons vu plus haut. Au point de vue purement géométrique, on peut considérer toute forme ternaire comme une hémiédrie [d'une forme sénaire. Les deux formes ternaires qui, réunies, donnent une force sénaire, sont dites *birhomboédriques* l'une de l'autre. Exemples : p (100) et $e^{\frac{1}{2}}(2\overline{2}\overline{1})$, simulant un isoscéloèdre sénaire, forme ordinaire du quartz. Ou bien b^1 (110) et a^4 (411), etc. Dans le cas des cristaux ternaires par hémiédrie, ce sont en somme simplement les deux formes complémentaires de l'hémiédrie. Quand le réseau n'est que ternaire, elles peuvent aussi coexister et *simuler* une symétrie sénaire qui n'existe ni dans le réseau ni dans le motif. Tout axe ternaire peut ainsi simuler un axe sénaire.

Toutefois, on remarquera que deux faces birhomboédriques d'un réseau ternaire ont des densités réticulaires très différentes, et jouent par suite dans le réseau des rôles si différents qu'elles ont bien peu de chances de se produire avec la même facilité dans les mêmes conditions. Lors donc qu'un cristal présente fréquemment, avec un développement à peu près égal, des formes birhomboédriques, il y a lieu de croire que son réseau est sénaire, et dans le cas contraire, qu'il est simplement ternaire.

B *Mériédries.* — I. *Hémiédrie holoaxe*, ou hémiédrie *plagièdre.*

Symbole : $\dfrac{\Lambda^3}{0\,\varpi}\cdot\dfrac{3\,\mathrm{L}^2}{0\,\mathrm{P}} \left.\right\}$ o C

Le plan alterne disparaît.

Cette hémiédrie ne peut affecter aucune des formes dont les pôles sont dans les plans P, c'est-à-dire les rhomboèdres, la base et le prisme e^2. Par contre, elle affecte les scalénoèdres, isoscéloèdres, prismes dodécagones et le prisme d^1. Il y a deux formes non superposables. Les scalénoèdres se réduisent à un solide à 6 faces non parallèles deux à deux. Les isoscéloèdres, à une double pyramide triangulaire dont les côtés de la base sont normaux aux axes binaires : *trigonoèdre*.

Les prismes dodécagones deviennent des prismes hexagonaux non réguliers dont les dièdres sont égaux de deux en deux. Le prisme d^1 devient triangulaire.

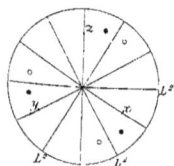

Hémi-scalénoèdre holoaxe   Hémi-isoscéloèdre *(Trigonoèdre)*

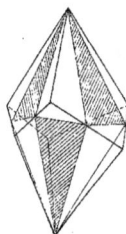

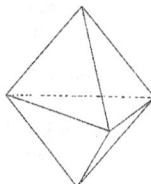

Exemple : quartz, réellement sénaire tétartoèdre ; nous le considérons ici comme ternaire avec hémiédrie holoaxe. Faces principales : e^2, p, $e^{\frac{1}{2}}$, non affectées. Puis s $(4\overline{1}2)$, isoscéloèdre placé au croisement des zones $p\,e^2$ et $e^{\frac{1}{2}}\,e^2$; s est appelé *face rhombe*. Affectée par l'hémiédrie, elle ne permet cependant de distinguer le cristal gauche du droit que si l'on a le moyen de distinguer p de $e^{\frac{1}{2}}$.

Une facette de scalénoèdre telle que $x(4\overline{1}2)$, dite face *plagièdre*, située dans la zone $e^2\,e^{\frac{1}{2}}$, différencie immédiatement le cristal droit du gauche. La face x,

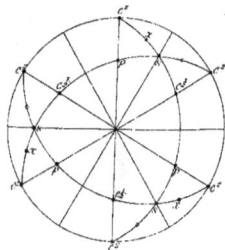

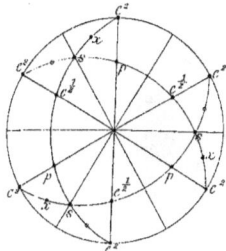

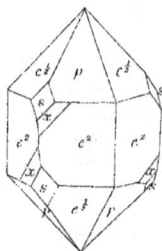
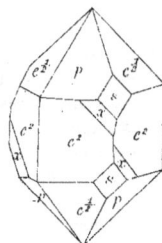

Quartz gauche   Quartz droit

très fréquente dans le quartz, ne conserve, de ses deux demi-formes complémentaires, que celle dont les faces sont entre la face s et la face e^2 située au-dessous de p. De sorte que, do deux en deux, les arêtes du cristal portent les unes rien, les autres des faces s et x.

2. *Antihémiédrie*. — Si un axe binaire est déficient, les trois axes binaires le sont ensemble, car si l'un d'eux était conservé, l'axe ternaire rétablirait les deux autres. Si les plans de symétrie sont conservés, le centre est déficient.

Symbole : $\dfrac{\Lambda^3 \ o \, L^2}{o \, \varpi^3 \ \underline{3\,P}}\Big\}\, o \, C$

Pas de plan alterne, car avec Λ^3 il rétablirait le centre.

Toutes les formes sont affectées, sauf celle dont les pôles sont sur les axes binaires déficients, c'est-à-dire le prisme d^1. Le prisme e^2 devient triangulaire, et le prisme d^1 reste hexagonal : c'est l'inverse de ce qui a lieu dans l'hémiédrie holoaxe. Tous les pôles situés du même côté du plan normal à Λ^3 sont conservés ensemble, les autres supprimés, donnant des formes toutes ouvertes ; les 2 extrémités d'un prisme portent des formes en général différentes.

Exemples : tourmaline, wurtzite, argent rouge, etc.

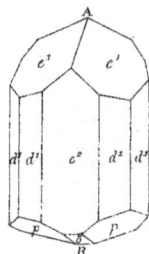
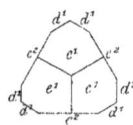
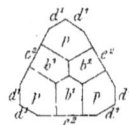

Tourmaline   Extrémité A   Extrémité B

3. *Parahémiédrie*. — Les axes binaires étant déficients, le centre est conservé. Les plans de symétrie disparaissent.

Symbole : $\dfrac{A^3 \ o\,L^2}{\varpi^3 \ o\,P} \Big| \ C$

Le plan alterne ϖ^3 subsiste comme dans l'holoédrie.

La forme la plus générale, le parahémiscalénoèdre, est un rhomboèdre tourné d'une manière quelconque par rapport au primitif. Les isoscéloèdres deviennent des rhomboèdres tournés de 30° (ou 90°) par rapport au primitif. Ne sont pas affectés : les rhomboèdres, la base et les deux prismes hexagonaux e^2 (dont le pôle est sur P) et d^1 (dont le pôle est sur L^2).

Exemple : dioptase, phénakite, etc...

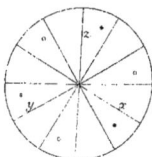

Para hémiscalénoèdre
(Rhomboèdre)

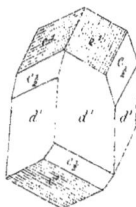

Dioptase
Portant l'hémiscalénoèdre $c_g\frac{1}{2}?$ et le rhomboèdre e^1 dont les stries révèlent aussi l'hémiédrie

4. *Tétartoédrie*.

Symbole : $\dfrac{A^3 \ o\,L^2}{o\varpi^3 \ o\,P} \Big| \ o\,C$

Toutes les formes sont affectées, et se réduisent à 3 plans symétriques par rapport à A^3. La forme complémentaire d'une forme simple se trouve ainsi lui être superposable quand elle est seule ; mais dans les combinaisons de formes simples entre elles, il y a deux formes non superposables.

Symétrie inconnue dans les cristaux naturels, existe dans le périodate de sodium $IO^4\,Na,\ 3\,H^2\,O$.

5. On ne peut plus diminuer la symétrie qu'en supposant l'axe ternaire déficient, ce qui ne permet de conserver qu'un axe binaire, avec le centre et le plan de symétrie normal. On tombe ainsi sur la symétrie clinorhombique, et par là ensuite, sur la symétrie anorthique. On se rappellera donc qu'un cristal à réseau ternaire peut n'avoir pour symétrie que celle des systèmes clinorhombique ou anorthique ou de leurs mériédries. Par contre, un cristal orthorhombique ne peut être un cristal ternaire mérièdre.

Système quaternaire ou quadratique.

A. *Holoédrie.*

Symbole : $\dfrac{\Lambda^4}{\Pi}\ \dfrac{2\,L^2}{2\,P}\ \dfrac{2\,L'^2}{2\,P'}\ \Big\}\ \underline{C}$

Aucun plan alterne.

Le parallélipipède qui offre cette symétrie est le prisme droit à base carrée. Comme dans le système cubique, la vraie maille du réseau peut n'avoir pas cette forme, et l'on doit parfois, pour que tous les nœuds soient représentés, en imaginer un au centre de ce prisme carré. Néanmoins, pour que la forme primitive mette en évidence toute la symétrie du système, nous prendrons pour primitif le prisme à base carrée.

Cette forme primitive est entièrement définie par une seule donnée qui est le rapport $\dfrac{c}{a}$ du paramètre de l'arête verticale à celui de l'arête de la base.

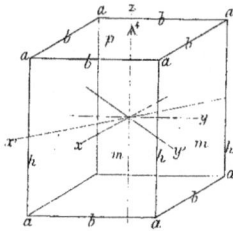

Les axes binaires L^2 parallèles aux arêtes du prisme carré choisi comme primitif sont dits *axes de première espèce*. Les autres, L'^2, parallèles aux diagonales de la base, sont dits *axes de seconde espèce*. On prend pour axes de coordonnées ox, oy les axes de première espèce, pour axe des z l'axe Λ^4.

Si l'on prenait pour axes ox', oy', les axes diagonaux (2ᵉ espèce), on passerait de l'un des systèmes à l'autre par les formules :

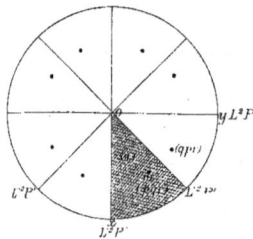

$$p' = p+q \qquad\qquad p = \frac{p'-q'}{2}$$
$$q' = -p+q \qquad\qquad q = \frac{p'+q'}{2}$$
$$r' = r \qquad\qquad r = r'$$

Nous prendrons les axes ox, oy, pour appliquer les caractéristiques directement à la notation de Lévy.

Forme la plus générale. — Un pôle m quelconque (pqr) fournit 16 symétriques. *Dioctaèdre*, double pyramide octogonale ayant, en général, ses dièdres égaux de deux en deux seulement. Les dièdres sont tous égaux si m tombe dans le plan bissecteur de deux plans PP' contigus.

Cas particuliers :

I. — Le pôle est dans l'un des plans de symétrie, c'est-à-dire sur un des côtés du triangle (1). Le nombre des faces se réduit à 8. Trois cas :

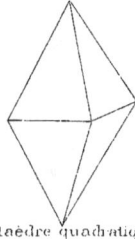

a. Le pôle est dans un des plans P. *Octaèdres quadratiques de première espèce,* ayant leurs faces parallèles aux arêtes de base du primitif.

Notation (Oqr), ou Lévy, $b^{\frac{r}{i}}$.

b. Le pôle est dans un des plans P'. Même forme, tournée de 45° autour de l'axe quaternaire. *Octaèdres quadratiques de seconde espèce,* tronquant symétriquement les sommets du primitif. Notation (ppr) ou Lévy, $a^{\frac{r}{i}}$.

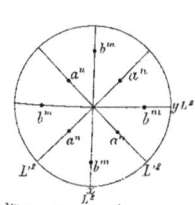

b^m. *Octaèdre de 1ère espèce*
a^n, ———— *de 2ème* ————   *Dioctaèdre*   *Octaèdre quadratique*

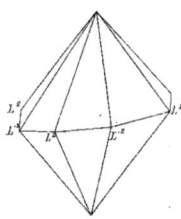

c. Le pôle est dans le plan П. *Prisme octogone,* à dièdres égaux de deux en deux dans le cas général. Notation (pqO). ouLévy, $h^{\frac{p}{q}}$ ou $h^{\frac{q}{r}}$ indifféremment.

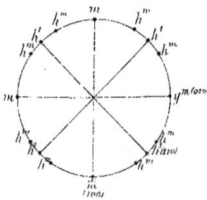

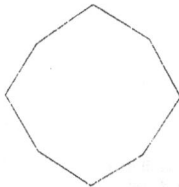

Section d'un prisme octogone

2. — Le pôle est sur un des axes de symétrie (sommets du triangle). 3 cas :

a. Sur L². *Prisme quadratique de première espèce* ou *primitif.* Noté (100), ou Lévy, *m.*

b. Sur L'^{2}. *Prisme quadratique de seconde espèce*, identique au précédent, mais tourné de 45° autour de Λ^4. Notation (110), ou Lévy, h^1.

Au point de vue géométrique, on peut choisir indifféremment pour primitif l'un de ces deux prismes; celui-ci noté m, la notation h^1 s'ensuit pour l'autre, ainsi que, pour les axes binaires, la distinction entre ceux de première et de seconde espèce.

c. Sur l'axe Λ^4. Deux plans parallèles ou *bases.* Notation (001), ou Lévy, p.

Principales combinaisons de ces formes :

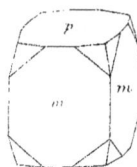

Dioctaèdre
Et prisme quadratique, avec la base.

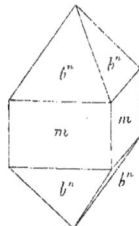

Octaèdre quadratique
Et prisme de même espèce

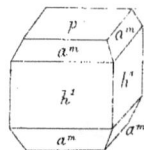

Les mêmes, avec la base

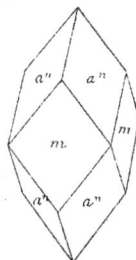

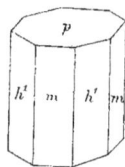

Octaèdre quadratique
Et prisme d'espèce différente.

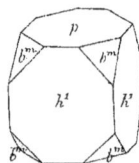

Les mêmes avec la base.

Prismes m et h^1

B. — *Mériédries.* — 1. *L'axe quaternaire conservé.*

1. *Hémiédrie holoaxe.* — Symbole : $\dfrac{\Lambda^4}{\text{oH}}\ \dfrac{2\,\text{L}^2}{\text{o P}}\ \dfrac{2\,\text{L}'^2}{\text{o P'}} \left.\begin{array}{c}\\ \\\end{array}\right\}$ o C.

N'est pas connue dans les cristaux naturels, mais seulement dans le sulfate de nickel SO^4Ni, 6 H^2O, le sulfate de strychnine, etc.

2. *Parahémiédrie.* — Un axe binaire déficient ; tous les autres le sont aussi, la persistance de l'un d'eux suffisant à entraîner l'existence des autres en vertu de l'axe quaternaire. Le centre est conservé. Alors les plans PP′ disparaissent et le plan Ⅱ subsiste.

Symbole : $\dfrac{\Lambda^4 \ \mathrm{o\,L^2 \ o\,L'^2}}{\mathrm{\Pi} \ \mathrm{o\,P \ o\,P'}} \left\{ \ \underline{C} \right.$.

Aucun plan alterne n'est possible.

Cette hémiédrie n'affecte ni les octaèdres, ni les prismes quadratiques, ni

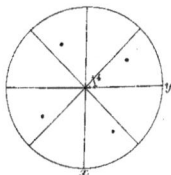

Para-hémidioctaèdre *(Octaèdre)*

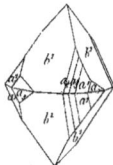

Schéelite
Portant l'octaèdre b^2 et l'octaèdre a^2,
avec les hémidioctaèdres $a\frac{1}{4}$, $a\frac{3}{4}$, a_2.

la base. Elle transforme les dioctaèdres en octaèdres quadratiques tournés d'une manière quelconque par rapport au primitif ; de même les prismes octogones en prismes quadratiques. Exemples : Schéelite (WO^4Ca), Stoltzite (WO^4Pb), Wulfénite (MoO^4Pb)...

3 *Antihémiédrie.* — Les axes binaires déficients, les plans P P′ subsistent. Alors, le centre est supprimé, donc aussi le plan Ⅱ.

Symbole : $\dfrac{\Lambda^4 \ \ \mathrm{o\,L^2 \ o\,L'^2}}{\mathrm{o\,\Pi} \ \ \underline{2\,P} \ \ \underline{2\,P'}} \left\{ \ \mathrm{oC} \right.$

Aucun plan alterne.

Hémiédrie connue seulement dans $Ag\,Fl$, H^2O et quelques composés organiques, mais aucun minéral naturel.

4 *Tétartoédrie.* — Symbole : $\dfrac{\Lambda^4 \ \ \mathrm{o\,L^2 \ o\,L'^2}}{\mathrm{o\,\Pi} \ \ \mathrm{o\,P \ o\,P'}} \left\{ \ \mathrm{oC} \right.$

N'affecte que les dioctaèdres, en les transformant en une pyramide à base carrée tournée d'une manière quelconque par rapport au primitif, et les prismes octogones, comme dans la parahémiédrie. Deux formes non superposables dans les combinaisons. Connue seulement dans quelques composés organiques.

II. — *L'axe quaternaire du réseau n'est que binaire pour le cristal.*

1. *Antihémiédrie* ou *hémiédrie sphénoédrique.* — Deux axes L^2 ou L'^2 peuvent seuls subsister. Donc, trois axes binaires trirectangulaires. Si, les axes L^2 étant conservés, les plans P' le sont aussi, alors le centre est déficient, ainsi que le plan Π. (Car le centre rétablirait les plans P' et les axes L'^2, par suite aussi Λ^4.)

$$\text{Symbole} : \quad \left. \frac{\Lambda^2}{\overline{\omega^2}} \ \frac{2\,L^2}{o\,P} \ \frac{o\,L'^2}{2\,P'} \right\} \ o\,C$$

Le plan Π devient plan alterne d'ordre 2. Grâce aux plans P', les axes L^2 restent de même espèce.

Si l'on prend pour axes ox, oy de première espèce les axes binaires conservés, les octaèdres de première espèce restent non affectés, ainsi que les prismes octogones et quadratiques. Par contre, les dioctaèdres et les octaèdres de seconde espèce sont affectés. Les dioctaèdres se réduisent à 8 pôles, dont 4 au-dessus du plan Π et 4 au-dessous, résultant des premiers par symétrie alterne par rapport à ce plan. Les octaèdres de seconde espèce se transforment en tétraèdres non réguliers, ayant leurs arêtes perpendiculaires à Λ^2 normales entre elles. On les nomme *sphénoèdres*, d'où le nom d'hémiédrie sphénoédrique. Exemple : chalcopyrite ou (pyrite cuivreuse $Cu\ Fe\ S^2$).

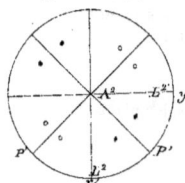

Anti-hémidioctaèdre sphénoédrique
· pôles au dessus de Π
○ pôles au dessous de Π

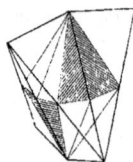

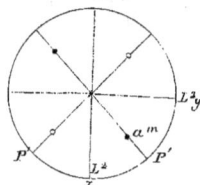

Sphénoèdre

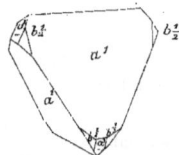

Chalcopyrite *portant les deux* Sphénoèdres *complémentaires et inégalement développés, et l'octaèdre (sur l'arête duquel a' est tangent) non affecté par* l'hémiédrie.

2. *Parahémiédrie.* — Si, avec deux axes L^2 (ou L'^2), le centre est conservé, les plans Π et $2P$ subsistent, les axes L^2 devenant d'ailleurs d'espèces différentes.

On tombe ainsi sur la symétrie du système orthorhombique, et de là, par mériédries plus avancées, sur celles des systèmes clinorhombique et anorthique. Tous ces modes de symétrie peuvent donc se rencontrer dans un cristal à réseau quadratique. On les étudiera plus loin.

3. *Tétartoédrie sphénoédrique.* — Partons de l'hémiédrie sphénoédrique, seule possible lorsque Λ^4 devient Λ^2 (à moins de tomber sur la symétrie terbinaire). L'existence du plan alterne ϖ^2 et des deux axes L^2 exige (théorème C) celle des deux plans de symétrie P'. On ne peut conserver qu'un seul à la fois de ces trois groupes d'éléments de symétrie correspondants. Si c'est $2L^2$, on tombe sur l'hémiédrie holoaxe orthorhombique. Si c'est $2P'$, on tombe sur l'antihémiédrie orthorhombique. Reste le seul cas suivant : un axe binaire Λ^2 et un plan alterne d'ordre 2 normal.

$$\text{Symbole :} \quad \frac{\Lambda^2 \quad oL^2. \quad oL'^2}{\varpi^2 \quad oP. \quad oP'} \left. \right\} oC$$

C'est le seul mode de symétrie possible dans les cristaux qu'introduise la considération des plans de symétrie alterne, et auquel on ne parviendrait pas en se bornant à tenir compte des plans de symétrie ordinaires. Cette mériédrie n'affecterait, à partir de l'hémiédrie sphénoédrique, que les dioctaèdres, en les transformant en sphénoèdres. Les deux formes complémentaires sont superposables. Oublié par Bravais, qui ne tenait compte que des plans de symétrie ordinaires, ce type n'est d'ailleurs connu jusqu'ici dans aucun cristal.

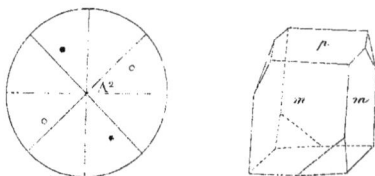

Dioctaèdre tétartoèdre sphénoédrique

Système othorhombique.

A. *Holoédrie.*

$$\text{Symbole :} \quad \frac{L^2 \quad L'^2 \quad L''^2}{P \quad P' \quad P''} \left. \right\} \underline{C}$$

Les trois axes et les trois plans de symétrie sont trirectangulaires et d'espèces différentes. Les plans alternes d'ordre 2, ne pouvant exister que si le réseau est au moins quadratique, sont impossibles dans les trois derniers systèmes.

Ici encore, le réseau a plusieurs dispositions possibles (quatre), mais pour que la maille mette en évidence, à elle seule, toute la symétrie du réseau, nous prendrons pour forme primitive soit un parallélipipède rectangle (Miller), dont les arêtes sont parallèles aux axes binaires, soit un prisme droit à base losange (Lévy), dont les arêtes de base sont parallèles aux diagonales de la base du prisme de Miller.

Le choix devrait dépendre de la vraie distribution des nœuds du réseau. Au simple point de vue géométrique, il reste indifférent. L'habitude est d'employer le prisme rectangle avec la notation de Miller, et le prisme orthorhombique avec celle de Lévy. Si nous appelons ox, oy, les axes rectangulaires parallèles aux axes binaires, $p\,q$ les caractéristiques correspondantes, ox', oy' les axes parallèles aux diagonales de la base du prisme rectangle, $p'\,q'$ les caractéristiques correspondantes, on passe de l'un des systèmes à l'autre par les formules :

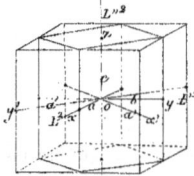

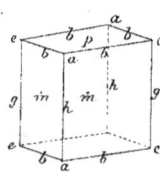

$$\begin{cases} p' = p + q \\ q' = p - q \\ r' = r \end{cases} \qquad \begin{cases} p = \dfrac{p' + q'}{2} \\ q = \dfrac{p' - q'}{2} \\ r = r' \end{cases}$$

(comme dans le système quadratique).

La forme primitive est définie par deux données : soit les rapports des paramètres a et c des axes ox et oz à celui b de l'axe oy pris pour unité ; soit, pour le prisme de Lévy, le rapport du paramètre c de l'axe oz à celui $a' = \sqrt{a^2 + b^2}$ des arêtes horizontales du prisme orthorhombique, et l'angle $\alpha = x'oy'$ que font entre elles ces arêtes ox' et oy' $\left(tg\,\alpha = \dfrac{b}{a} \right)$.

On convient de placer toujours le prisme de façon que, des deux paramètres a et b, le paramètre a de l'axe ox, dirigé en avant, soit le plus petit. Ce qui revient, dans le prisme orthorhombique, à placer l'arête obtuse h en avant, l'arête aiguë g latéralement.

Forme la plus générale. — Un pôle quelconque m (pqr) fournit 8 symétriques constituant un *octaèdre rhomboïdal*. Ces octaèdres se placent sur l'angle a du primitif de Lévy lorsque p' et q' sont positifs, c'est-à-dire $p > q$ (en valeur absolue).

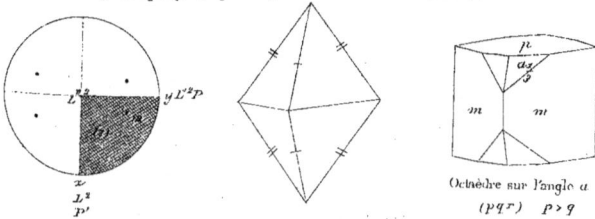

Octaèdre rhomboïdal *(Les dièdres I diffèrent des dièdres II)*

Octaèdre sur l'angle a
(pqr) $p > q$

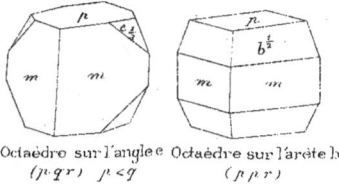

Octaèdre sur l'angle e Octaèdre sur l'arête b
(pqr) $p < q$ (ppr)

Exemple : Miller (213), qui a pour caractéristiques 3, 1, 3 dans le système d'axes de Lévy, et se note par suite $(b^{\frac{1}{3}} b^1 h^{\frac{1}{3}})$ ou $a_{\frac{1}{3}}$.

Ils se placent sur l'angle e quand p' est positif et q' négatif, c'est-à-dire $p < q$ (en valeur absolue). Exemple : Miller (123), noté par Lévy $(b^{\frac{1}{3}} b^1 g^{\frac{1}{3}})$ ou $e_{\frac{1}{3}}$.

Dans le cas particulier où $p = q$, q' est nul et l'octaèdre est parallèle à l'arête b. Notation Miller (ppr), Lévy $q^{\frac{r}{p}}$ $(p' = 2p)$. Exemple Miller (111), Lévy $b^{\frac{1}{2}}$.

1. — Cas particuliers.

Le pôle est sur l'un des côtés du triangle (1), c'est-à-dire dans l'un des plans de symétrie. La forme se réduit à un prisme à 4 faces à section rhombique. 3 cas. Le pôle est :

a. Dans le plan P. *Dôme.* Notation Miller $(0qr)$, Lévy $e^{\frac{r}{q}}$. Exemple (011) ou e^1.

b. Dans le plan P'. *Dôme.* Notation Miller $(p0r)$, Lévy $a^{\frac{r}{p}}$. Exemple (102) ou a^2.

c. Dans P''. *Prisme rhombique.* Notation Miller $(pq0)$, Lévy, si $p > q$, $h^{\frac{p}{q}}$ ou $h^{\frac{q}{p}}$, indifféremment, le prisme affectant l'arête h. Si $p < q$, $g^{\frac{p}{q}}$ ou $g^{\frac{q}{p}}$, le prisme affectant l'arête g. Si $p = q$, on a le primitif de Lévy, noté m.

2. — Le pôle est sur un des axes binaires. Deux plans parallèles. 3 cas :

a. Sur L². *Pinacoïde.* Notation Miller (100), Lévy h^1.
b. Sur L'² *Pinacoïde.* Notation Miller (010), Lévy g^1.
c. Sur L''². *Base.* Notation Miller (001), Lévy p.

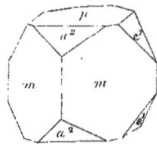

Dômes sur les angles a et c

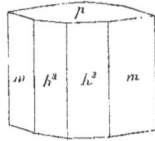

Prisme rhombique sur l'arête h . (210) = h^3

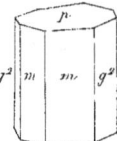

Prisme rhombique sur l'arête g (310) = g^2

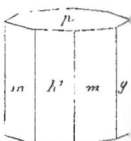

Pinacoïdes h^1 et g

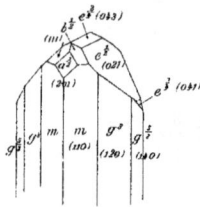

Exemple de combinaisons: Topaze

B. *Mériédries.* — 1. *Hémiédrie holoaxe.*

Symbole : $\dfrac{L^2.}{oP.} \dfrac{L'^2.}{oP'.} \dfrac{oL''^2}{oP''}$ $\Big\}$ oC

Deux formes non superposables. Les dômes et prismes ne sont pas affectés.

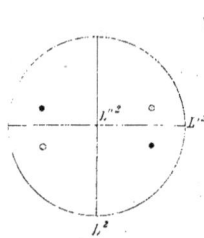

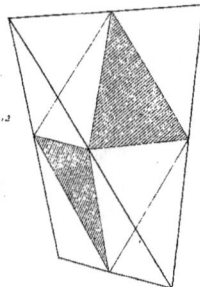

Sphénoèdre rhombique

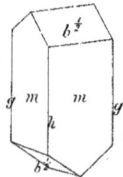

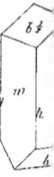

Les deux combinaisons non superposables du prisme m avec deux Sphénoèdre complémentaires (Epsomite)

Les octaèdres rhombiques se dédoublent en *sphénoèdres rhombiques*, forme tétraédrique analogue au sphénoèdre, mais dans laquelle les arêtes normales à chaque axe font entre elles un angle quelconque.

Symétrie connue dans l'epsomite (S O^4 Mg, 7 H^2O) et beaucoup de substances organiques.

2. *Antihémiédrie*. L'existence de deux axes binaires entraînant celle du troisième, si un axe binaire est déficient, il ne peut en rester qu'un. Si, alors, les plans de symétrie normaux aux deux autres axes subsistent, le centre disparaît ainsi que le plan normal à l'axe conservé.

$$\text{Symbole} : \left. \frac{L^2.}{0\,P} \quad \frac{0\,L'^2.}{P'} \quad \frac{0\,L''^2}{P''} \right\} 0\,C$$

En prenant pour L″ (axe des z) l'axe conservé, toutes les formes autres que les prismes et pinacoïdes sont affectées et se réduisent à la partie située d'un même côté du plan P″. Le prisme porte deux terminaisons différentes.

Exemples : calamine (S $i\,O^4$ Z n^2, H^2 O), bertrandite (2 S $i\,O^2$, 4 G l O, H^2 O), struvite, etc.

Calamine

3. *Parahémiédrie*. Si, deux axes étant déficients, le centre est conservé, les plans de symétrie normaux aux axes déficients disparaissent et le plan normal à l'axe conservé reste plan de symétrie. C'est la symétrie du système binaire. Un cristal à réseau orthorhombique peut donc n'être que binaire par mériédrie ; par tétartoédrie, il peut n'être qu'anorthique ou posséder une des hémiédries du système binaire.

Système binaire ou clinorhombique.

A. *Holoédrie*.

$$\text{Symbole} : \left. \frac{L^2}{P} \right\} \frac{C}{-}$$

Il y a ici encore des types de réseau différents (deux) ayant cette symétrie. Selon le cas, on devrait prendre pour forme primitive soit un prisme oblique à base rectangle, soit un prisme oblique à base losange. Au point de vue géométrique, l'un et l'autre conviennent indifféremment. L'habitude est de prendre, avec la notation Miller, un prisme oblique à base rectangle, ayant une de ses faces parallèle au plan P, l'autre et la base parallèles à l'axe L² ; et avec la notation Lévy, un prisme ayant même arête et même base que le précédent, mais ayant pour faces latérales des plans parallèles aux plans diagonaux du premier prisme : c'est le prisme oblique rhombique, ou prisme clinorhombique. (D'où le nom du système.)

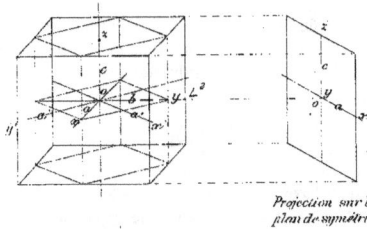

On convient de diriger toujours l'axe oy de Miller suivant l'axe binaire.

Projection sur le plan de symétrie.

On passe de l'un des systèmes d'axes à l'autre, comme dans le système orthorhombique, par les formules :

$$\left\{ \begin{array}{l} p' = p + q \\ q' = p - q \\ r' = r \end{array} \right. \qquad \left\{ \begin{array}{l} p = \dfrac{p' + q'}{2} \\ q = \dfrac{p' - q'}{2} \\ r = r' \end{array} \right.$$

La forme primitive se définit ici au moyen de trois données : celle de Miller par les rapports des paramètres a et c des axes ox et oz à celui b de oy pris pour unité, et l'angle que fait l'arête oz du prisme avec ox ; celle de Lévy par le rapport du paramètre c au paramètre $a' = \sqrt{a^2 + b^2}$ des arêtes de base ox' oy', l'angle que font ces deux arêtes et enfin l'angle que fait oz avec le plan de la base. (Cet angle zox est aussi celui des faces p et h^1, ou *obliquité du prisme*).

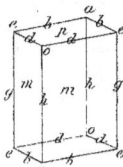

Formes simples : la plus générale est un prisme à 4 faces parallèles deux à deux (*prisme rhombique*), qui se réduit à deux plans parallèles (*pinacoïde*) quand le pôle est soit dans le plan de symétrie P, soit sur l'axe L².

Notation dans le système de Lévy. Projetons les pôles sur le plan de symétrie. La base (001) se note p. Le pinacoïde parallèle du plan de symétrie (010) se note g^1. Le pinacoïde parallèle à l'arête oz (100) se note h^1. Ce sont les

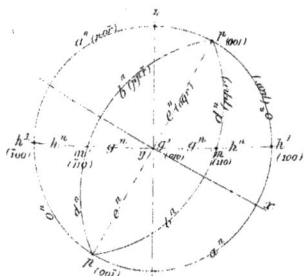

trois faces du primitif Miller. Les faces du primitif de Lévy (110) se notent m.

Les faces de la zône pm sont des troncatures sur l'arête d. Miller (ppr) ou $(p\bar{p}r)$, avec p et r de même signe ; Lévy $d^{\frac{r}{2}p}$. Exemple : Miller (112), Lévy d^1.

Les faces de la zône pm' sont des troncatures sur l'arête b. Miller (ppr) ou $(p\bar{p}r)$, avec p et r de signes contraires. Lévy $b^{\frac{r}{2}p}$. Exemple : Miller $(11\bar{2})$, Lévy b^1.

Les faces de la zône pg^1 sont des troncatures sur l'angle e, interceptant des longueurs égales sur les arêtes b et d, c'est-à-dire parallèles à ox. Miller (oqr), Lévy $e^{\frac{r}{q}}$. Exemple : Miller (012), Lévy e^2.

Les faces de la zône ph^1 (pinacoïdes), notées (pOr) par Miller, tronquent l'angle o lorsque p et r sont de même signe. Notation Lévy : $o^{\frac{r}{p}}$. Exemple : (201), noté par Lévy $o^{\frac{1}{2}}$. Ces faces (pOr) tronquent l'angle a lorsque p et r sont de signes contraires, et se notent alors $a^{\frac{r}{p}}$. Exemple : Miller $(10\bar{2})$, Lévy a^2. Les faces de la zone mg^1h^1, appelées plus spécialement *prismes*, notées (pqO) par Miller, affectent l'arête h lorsque $p > q$, et se notent alors $h^{\frac{p'}{q'}}\left(\frac{p'}{q'}=\frac{p+q}{p-q}\right)$. Exemple : Miller (310) ou h^2. Lorsque $p < q$, elles affectent l'arête g et se notent $g^{\frac{p'}{q'}}$. Exemple : (120) de Miller ou g^3 de Lévy.

En dehors de ces cas particuliers, les pôles contenus dans les fuseaux limités par les zones pm et pm' qui contiennent g^1 sont ceux de faces placées sur les sommets e. Notation Miller : (pqr) avec $p < q$ en valeur absolue, r quelconque. Exemple (123) ou e_3. Les pôles contenus dans le triangle pmh^1 sont ceux de

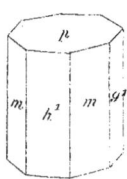

Pinacoïdes h^1 et g^1

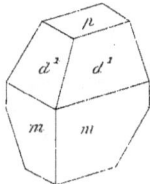

d^1 (112)

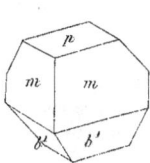

b^1 (11$\bar{2}$)

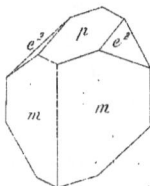

e^2 (012)

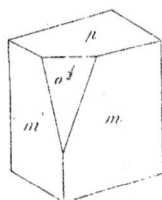
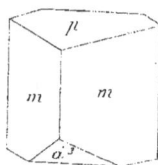
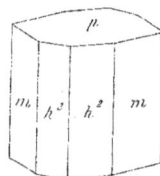
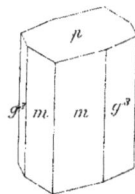

Pinacoïde $o^{\frac{1}{2}}$ (201)   Pinacoïde a^{2} (103) h^{3} (310) g^{3} (130)

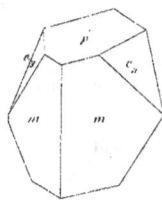
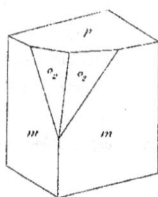
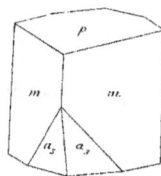
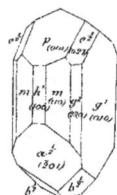

e_{3} (123) o_{2} (312) a_{3} (211)   Exemple de combinaisons orthose.

faces affectant le sommet o. Notation Miller, (pqr), avec $p > q$ en valeur absolue et r de même signe que p. Exemple (312) ou o_{2}. Enfin, les pôles contenus dans le triangle $p\,m'\,h^{1}$ sont ceux de faces placées sur le sommet a. Notation (pqr), avec $p > q$ en valeur absolue et r de signe contraire à p. Exemple (211) ou a_{3}.

B. *Mériédries.* — 1. *Hémiédrie holoaxe.*

$$\text{Symbole}: \quad \frac{\mathrm{L}^{2}}{\mathrm{o\,P}} \left| \text{ o C.} \right.$$

Les formes se réduisent toutes à deux plans, en général non parallèles. Les pinacoïdes h^{1}, p, o^{n}, a^{n}, ne sont pas affectés. g^{1} se réduit à un plan unique. Les combinaisons donnent deux formes complémentaires non superposables.

Cette symétrie, fréquente dans les composés organiques (acides tartriques droit et gauche, sucre de canne, etc...), n'est connue dans aucune espèce minérale.

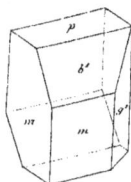

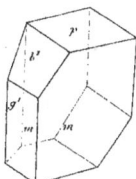

Forme droite.   Forme gauche.

2. *Antihémiédrie.*

Symbole : $\dfrac{0\,L^2}{P} \Big\} 0\,C.$

Les formes se réduisent encore à deux plans, en général non parallèles. La seule forme non affectée est g^1. Les autres pinacoïdes se réduisent chacun à une face unique. Les deux formes complémentaires sont superposables.

Symétrie connue dans la scolézite et quelques rares sels et substances organiques.

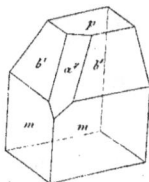

3. *Parahémiédrie.* $\dfrac{0\,L^2}{0\,P} \Big\{ \underline{C}.$ C'est la symétrie du système anorthique, laquelle peut donc appartenir à un cristal à réseau clinorhombique.

Système anorthique ou triclinique.

A. *Holoédrie.*

Symbole : $\underline{C}.$

Toute forme se réduit à deux plans parallèles. La forme primitive est un parallélipipède quelconque. Les formes primitives usitées avec la notation Miller et celle de Lévy ont entre elles les mêmes rapports de position que dans

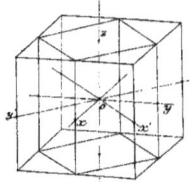

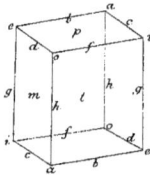

les systèmes orthorhombique et clinorhombique. Les formules de transformation sont les mêmes.

Il faut ici 5 données pour définir la forme primitive. Ce sont les rapports de deux des paramètres a et c au troisième b pris pour unité, et les trois angles que font entre eux les axes ox, oy, oz; ou les mêmes données pour les axes de Lévy ox', oy', oz.

On convient de placer les paramètres ab dans l'ordre $a < b$, par suite l'arête obtuse h en avant, et de même les arêtes obtuses d et f en avant et vers le haut.

Notation de Lévy pour les diverses valeurs des caractéristiques de Miller (p, q, r, *valeurs absolues* des caractéristiques de Miller).

(pqr) ou $(p\bar{q}r)$. p et r de même signe, avec $p > q$ Troncature sur l'angle o.

$(pq\bar{r})$ ou $(\bar{p}qr)$, p et r de signes contraires, $p > q$ »   »   »   a.

(pqr) ou $(\bar{p}qr)$ q et r de même signe, $p < q$ »   »   »   i.

$(pq\bar{r})$ ou $(p\bar{q}r)$ q et r de signes contraires, $p < q$ »   »   »   e.

$(0qr) = i^{\frac{r}{q}}$. $(0q\bar{r}) = o^{\frac{r}{q}}$. $(p0r) = 0^{\frac{r}{p}}$. $(p0\bar{r}) = a^{\frac{r}{p}}$.

$(pq0)$ ou $(p\bar{q}0)$, avec $p > q$, $= h^{\frac{p+q}{p-q}}$ ou $h^{\frac{p-q}{p+q}}$. $(pq0)$ ou $(p\bar{q}0)$, avec $p < q$, $= g^{\frac{p+q}{q-p}}$ ou $g^{\frac{q-p}{p+q}}$.

Dans ce dernier cas, la notation h^m représenterait deux faces distinctes $(pq0)$ et $(p\bar{q}0)$. On écrit parfois la première h^m et la seconde $^m h$. De même pour g^m.

$(ppr) = f^{\frac{r}{2p}}$. $(pp\bar{r}) = b^{\frac{r}{2p}}$. $(\bar{p}p r) = d^{\frac{r}{2p}}$. $(\bar{p}p r) = c^{\frac{r}{2p}}$.

$(00\bar{1}) = p$. $(0\bar{1}0) = g^1$. $(\bar{1}00) = h^1$. $(1\bar{1}0) = m$. $(110) = t$.

Exemple de combinaisons de ces formes :

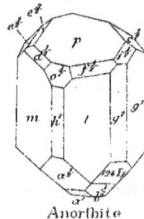

Anorthite

B. — *Mériédrie*. Une seule possible. Suppression du centre. Asymétrie complète. Toutes les formes se réduisent à une seule face.

Ce mode n'est connu dans aucun minéral naturel, mais se rencontre dans l'hyposulfite de calcium ($S^2 O^3 C a$, $6 H^2 O$) et quelques composés organiques.

Remarque : les formes étudiées ci-dessus sont toutes celles que peut affecter un cristal homogène, constituant un individu cristallin unique. Les cristaux simples ainsi définis peuvent s'accoler entre eux dans toutes les orientations, au hasard de la cristallisation. Mais on constate souvent aussi que deux ou plusieurs individus cristallins homogènes s'accolent ou se pénètrent suivant des lois déterminées. On donne à ces groupements réguliers le nom de *macles*. Les macles ne pouvant être étudiées complètement qu'avec l'aide des propriétés physiques, nous renvoyons la description des groupements après l'étude de ces propriétés.

Mesure des angles.

Goniomètre à réflexion de Wollaston, modifié par Mallard, par l'addition d'un collimateur reportant à l'infini le point lumineux, ainsi que son image dans le miroir plan M, laquelle sert de repère.

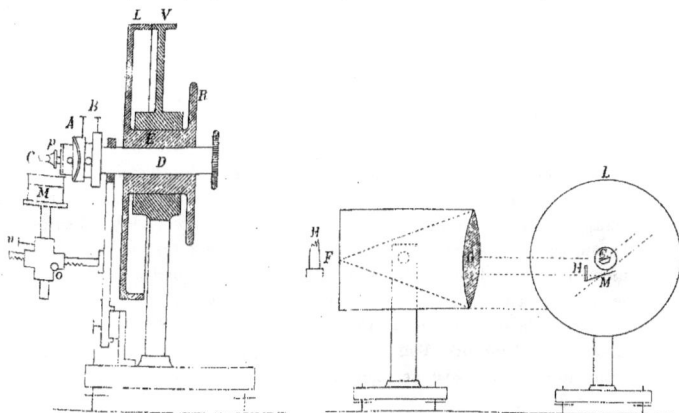

C, cristal fixé sur le plateau *p* par de la cire à modeler.

A, système de deux mouvements circulaires autour de deux normales à l'axe perpendiculaires entre elles.

B, système de deux mouvements rectilignes rectangulaires normaux à l'axe.

D, axe pouvant tourner librement pour le réglage, ou être fixé au manchon E par une vis de pression pour les mesures.

E, manchon portant le limbe gradué L, solidaire de l'axe pour les mesures, mû au moyen de la molette R, ou, pour les petits déplacements, au moyen d'une vis fixée au bâti et qu'une vis de pression relie à volonté au manchon E.

V, vernier donnant la minute dans les petits instruments, le 1/3 de minute en général dans les grands.

M, miroir plan fixé au bâti, donnant l'image fixe repère, et que l'on peut déplacer au moyen de deux crémaillères *n* et *o*.

H, lampe. G, lentille du collimateur.

F, fente du collimateur, placée au foyer de la lentille G, et ayant la forme d'une croix.

H, verre coloré teintant l'image repère afin qu'elle ne puisse être confondue avec l'image vue dans la face du cristal.

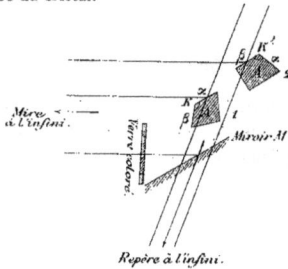

Repère à l'infini.

L'emploi d'un collimateur, c'est-à-dire d'une mire à l'infini, et d'un miroir donnant pour repère un point également situé à l'infini, supprime les erreurs pouvant provenir du déplacement de l'œil pendant la mesure et du défaut de centrage de l'arête des deux faces dont on mesure l'angle. Il suffit de centrer l'arête grossièrement au moyen des deux mouvements rectilignes B, et le placement du cristal devient aisé au moyen des deux mouvements circulaires A : On le dispose, en agissant sur ces deux mouvements, de manière que les deux images de la fente du collimateur, vues successivement dans les deux faces α β dont on veut mesurer l'angle, viennent, lorsqu'on fait tourner l'axe D, coïncider l'une après l'autre avec le repère, constitué par l'image de la fente vue dans le miroir fixe M.

On voit que, grâce à la position à l'infini de la mire et du repère, si même l'arête n'est pas centrée (c'est-à-dire ne coïncide pas avec l'axe de rotation), et vient par exemple de K en K', la face β dans la position 1 est exactement parallèle à la face β dans la position 2. L'angle dont a tourné l'axe (et le limbe qui en est solidaire) de la position 1 à la position 2 est donc exactement égal au supplément de l'angle A des faces, ou encore à l'angle que font entre elles les normales aux deux faces.

Avoir soin, en mesurant un cristal :

1° De ne pas prendre pour des images réfléchies les images ayant subi des réfractions à l'intérieur du cristal. On les reconnaît à ce qu'elles sont plus ou moins dispersées en spectre, tandis que les images réfléchies sont blanches et nettes.

2° De mesurer, quand une arête est placée, les angles de toutes les faces de la zone.

3° De faire un croquis du cristal en donnant des noms provisoires aux faces, afin de ne pas confondre les angles mesurés.

4° De choisir de petits cristaux et des faces nettes, en négligeant, sauf nécessité, les mauvaises mesures fournies par les faces imparfaitement planes, lesquelles sont très fréquentes.

Choix de la forme primitive et calculs.

Indispensables pour l'étude scientifique des cristaux, en ce qui concerne les formes ou les espèces nouvelles, les calculs cristallographiques sont inutiles pour reconnaître les formes et les espèces déjà décrites. Nous n'en indiquerons que le principe.

La symétrie d'un cristal, ou tout au moins sa symétrie géométrique, se reconnaît le plus souvent au premier coup d'œil. Les formes étudiées ci-dessus ont chacune leurs caractères propres, et leur connaissance donne une première idée des modes de symétrie possibles. Les mesures d'angle viennent ensuite préciser ce diagnostic, en permettant de constater l'égalité ou l'inégalité de certains angles, entraînant l'existence ou l'absence de tel ou tel élément de symétrie dans les formes extérieures.

Par exemple, dans un prisme d'apparence carrée surmonté d'un octaèdre, si les angles A, B, C, D sont tous égaux à 90° et les angles E, F, G, H égaux entre eux, la symétrie quadratique s'impose (pour la forme extérieure). Si A et B diffèrent de C et D de quantités supérieures aux erreurs de mesure admissibles en raison de la perfection plus ou moins grande des images goniométriques fournies par les faces, la symétrie ne peut être que tout au plus orthorhombique. Si, dans ce cas, les quatre dièdres E, F, G, H sont égaux, la symétrie est orthorhombique. Si E et F, égaux entre eux, diffèrent de G et H, égaux entre eux, la symétrie est clinorhombique. Si E, F, G, H sont tous quatre différents,

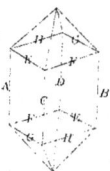

la symétrie est anorthique. On reconnaît ainsi à quel système appartient le cristal, c'est-à-dire la symétrie de son réseau. Pour sa symétrie réelle, elle ne peut être révélée que par l'étude des propriétés physiques, et même en toute rigueur par l'étude de *toutes* les propriétés physiques, car une dissymétrie constatée dans une seule propriété suffit à montrer que la symétrie que semblaient indiquer les autres propriétés n'appartient pas au milieu cristallin. L'une des plus frappantes de ces propriétés physiques est la facilité plus ou moins grande avec laquelle se produisent les faces de telle ou telle forme simple. Le développement différent, l'existence ou l'absence de telles ou telles faces géométriquement symétriques (c'est-à-dire appartenant à une même forme holoèdre) révèle souvent une différence entre ces faces, et par suite une mériédrie. En l'absence de faces pouvant être affectées par la mériédrie, celle-ci ne peut plus être révélée que par l'étude des autres propriétés, par exemple propriétés optiques, corrosion, etc. En tous cas, l'examen des propriétés physiques est nécessaire pour confirmer les conclusions tirées de la mesure des angles des faces. (Voir plus loin.)

Connaissant le mode de symétrie du cristal, ou tout au moins le système auquel il appartient, il s'agit de choisir sa forme primitive. Ce choix reste assez arbitraire si l'on se borne aux considérations géométriques. Il suffit que la forme primitive adoptée fournisse pour les faces connues des caractéristiques simples. De même, en chimie, les notions tirées de l'analyse pondérale seule laissent hésiter entre plusieurs valeurs pour le poids atomique. Et de même qu'en chimie le choix entre plusieurs poids atomiques ne peut être déterminé que par des considérations étrangères à l'analyse, de même aussi, pour choisir entre les formes primitives géométriquement admissibles, il faut recourir à autre chose qu'à des mesures d'angles.

La forme primitive adoptée devrait, en principe, se confondre avec la maille du réseau. Mais nous avons vu que cette maille n'a pas toujours, à elle seule, toute la symétrie du réseau. Par exemple, dans le système sénaire, le réseau a un axe d'ordre 6, mais il n'existe pas de parallélipipède ayant un tel axe, et la maille la plus symétrique que l'on puisse choisir n'a, à elle seule, que la symétrie orthorhombique. Pour que la forme primitive possède, isolée, toute la symétrie du réseau, et que, par suite, les faces d'une même forme simple aient toutes la même notation, on est conduit à adopter en pratique pour forme primitive un prisme hexagonal, qui comprend en réalité le volume de trois mailles et qui comporte un nœud au centre de chacune de ses bases. Le même fait se retrouve dans les systèmes cubique, quadratique, orthorhombique et clinorhombique, où il existe plusieurs modes possibles de disposition des nœuds ; un seul de ces modes, dans chaque système, permet de choisir une maille ayant, isolée, toute la symétrie du réseau. Les autres comportent cette même maille, mais avec des nœuds supplémentaires au centre, ou au centre des faces. Il faut alors, quel que soit le mode du réseau, adopter pour forme primitive cette maille la plus symétrique, sauf à indiquer, pour faire connaître entièrement le réseau, en quels points de cette maille il faut imaginer ces nœuds supplémentaires.

Exemple dans le système cubique : on démontre aisément qu'il n'y a que trois modes possibles de distribution des nœuds. 1°) Le mode *cubique simple*, dans lequel les nœuds sont répartis aux sommets de mailles cubiques. La véritable maille est un cube. 2°) Le mode *octaédral*, où les nœuds sont répartis aux sommets de cubes contigus et en outre aux centres des faces. La véritable maille est un rhomboèdre $abcdefgh$ qui, isolé, n'a pas la symétrie cubique. 3°) Le mode *dodécaédral*, où les nœuds sont répartis aux sommets de cubes contigus et en outre aux centres de ces cubes. La véritable maille est un rhomboèdre $mnpqrstu$, ne possédant pas, à lui seul, la symétrie cubique.

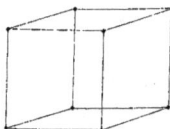

Mode cubique simple.

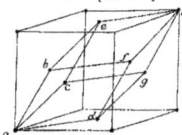

Mode octaédral

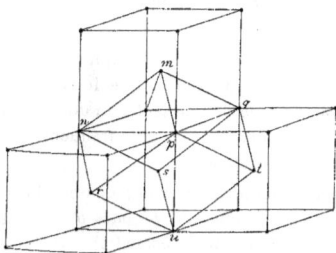

Mode dodécaédral

Si, dans les deux derniers cas, on prenait pour forme primitive la vraie maille, les faces d'une même forme simple seraient notées de manières différentes et la symétrie cubique serait masquée. On est donc obligé d'adopter pour forme primitive le cube, sauf à indiquer auquel des trois modes appartient le vrai réseau, si l'on parvient à le connaître.

Ainsi, le solide choisi pour forme primitive doit avant tout présenter, à lui seul, tous les éléments de symétrie du réseau. Il devra toujours se confondre avec la maille lorsqu'on peut en choisir une qui, isolée, ait la même symétrie que le réseau tout entier.

On n'a, pour connaître la véritable répartition des nœuds, que des notions tirées d'idées théoriques toujours contestables et réformables (comme pour le poids atomique en chimie). Celle qui cadre le mieux avec les faits est l'idée de

12

Bravais, reprise par Mallard, sur *l'importance relative* des diverses formes simples.

Les faces les plus « importantes » d'un cristal sont celles qui s'y présentent le plus constamment, s'y développent le plus largement, sont parallèles à des plans de clivage ou à des plans de macle. On peut présumer que ces faces sont celles qui présentent la plus grande densité réticulaire, la maille plane la plus petite, et pour lesquelles, par conséquent aussi, l'écartement des plans réticulaires contigus est le plus grand. Cela est très probable pour les plans de clivage, caractérisés par une cohésion maximum dans leur direction et minimum suivant la direction normale. On verra que ce l'est aussi pour les plans de macle.

Cela est probable aussi pour les faces extérieures les plus fréquentes, car les plans que nous avons appelés plans réticulaires *simples* du réseau ne sont autres que les plans de grande densité réticulaire. Si la loi des troncatures rationnelles *simples* se vérifie constamment, cela ne peut tenir qu'à ce que les faces dont la production est le plus facile sont aussi des plans à grande densité réticulaire, seuls capables, combinés entre eux, de former des angles satisfaisant à la loi des troncatures simples. Il y a donc lieu de croire que plus la densité réticulaire est grande, plus la face a de chances de se produire. On doit s'attendre aussi, il est vrai, à ce que la forme du réseau n'intervienne pas seule, et à ce que les propriétés du motif interviennent dans la détermination de l'importance des faces. Cela est vrai surtout pour les formes extérieures.

Sous la réserve de cette dernière remarque, qui explique les anomalies observées assez souvent dans le détail, on peut dire que les faces principales d'un cristal, rangées par ordre d'importance décroissante, en donnant le pas aux clivages, puis aux plans de macle, enfin aux faces les plus fréquentes, se rangent aussi par ordre de densité réticulaire décroissante.

C'est ainsi, par exemple, qu'un minerai cubique, comme la *fluorine*, à clivages octaédriques, avec pour faces dominantes p, puis b^1 plus rare, a les plus grandes chances d'avoir un réseau du mode octaédral, car dans ce mode l'ordre des densités réticulaires décroissantes est précisément $a^1, p, b^1...$ De même, un minéral cubique comme la *sodalite*, toujours en dodécaèdre b^1, avec ensuite, dans l'ordre d'importance décroissante, p puis a^2, a sans doute un réseau du mode dodécaédral, car dans ce mode l'ordre des faces, par densités réticulaires décroissantes, est $b^1, p, a^2...$ De même encore, un minéral comme la *galène*, à clivages faciles cubiques, avec pour faces principales, par ordre d'importance décroissante, p, puis b^1, puis a^1, a sans doute un réseau du mode cubique simple, dans lequel précisément l'ordre des densités réticulaires décroissantes est $p, b^1, a^1...$

On peut ainsi se rendre compte de la disposition la plus probable du réseau, et choisir la forme primitive en connaissance de cause.

Il va sans dire que, le réseau étant connu, il peut rester une indétermination entre plusieurs formes possibles de la maille. Car le nombre des mailles au moyen desquelles on peut définir un réseau *connu* est théoriquement infini et, même parmi celles qui possèdent toute la symétrie du réseau, il peut y en avoir plusieurs également admissibles. Par exemple, un réseau clinorhombique dont le plan de symétrie est $a\,b\,g$ peut être indifféremment défini au moyen de la maille $a\,b\,c\,d\,e\,f\,g\,h$, ou de la maille $a\,d\,g\,h\,e\,f\,i\,k$, ou de la maille $a\,d\,l\,m\,b\,c\,e\,f$, etc... On se décide alors d'après diverses considérations, dont la principale est celle de la *pseudosymétrie*. Si, par exemple, le plan $a\,b\,c\,d$ est presque normal au plan $a\,d\,e\,f$, et est par suite presque un plan de symétrie pour la maille $a\,b\,c\,d\,e\,f\,g\,h$, donc aussi pour le réseau, ce plan est dit « plan de pseudosymétrie ». On verra plus loin que ces éléments de pseudosymétrie jouent un rôle particulier dans les macles. Il est intéressant de les mettre en évidence. On choisirait ici pour forme primitive la maille $a\,b\,c\,d\,e\,f\,g\,h$, qui, ayant presque la forme d'un parallélipipède rectangle, met en évidence la « pseudosymétrie » orthorhombique du réseau.

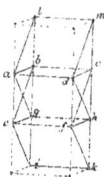

Dans le *système cubique*, on prend uniformément pour primitif le cube. Les formes simples de même notation ont toujours les mêmes angles, que l'on trouve dans tous les traités de cristallographie. Etant données les caractéristiques d'une face, inverses des longueurs interceptées sur les axes quaternaires, il est aisé de calculer les angles qu'elle fait avec les autres faces de la même forme simple ou des autres formes. Inversement, ces angles étant mesurés, on calcule les longueurs que la face intercepte sur les axes quaternaires, ou, ce qui revient au même ici, les coordonnées de son pôle, et l'on connaît par suite ses caractéristiques.

Dans le *système sénaire*, on choisit pour primitif celui des deux prismes hexagonaux qui est le plus important. Cela ne définit pas encore la forme primitive. Il faut en plus, en tenant compte des observations ci-dessus, choisir arbitrairement la notation d'une face inclinée par rapport à l'axe sénaire. Par exemple, on notera $(01\bar{1}1)$, ou b^1, un isocéloèdre de première espèce, ou b^2 $(01\bar{1}2)$ s'il y a des raisons pour cela, ou encore $(11\bar{2}1)$, soit a^1, un isocéloèdre de seconde espèce, dont on a mesuré l'angle avec la base ou avec la face adjacente du prisme. Cet angle mesuré permet de calculer le rapport des longueurs interceptées par la face en question sur les axes de coordonnées. Le rapport de ces longueurs donne le rapport du paramètre vertical au paramètre horizontal, et fixe par conséquent la forme primitive.

Une face étant alors donnée, dont la position est définie par les angles qu'elle fait avec les autres faces connues, on calcule les longueurs qu'elle intercepte sur les axes ; les paramètres étant connus, on déduit de là les longueurs numériques, dont les inverses sont les caractéristiques de la face.

Dans le *système ternaire*, on choisit pour primitif le rhomboèdre le plus important, par exemple un rhomboèdre de clivage. Son angle dièdre suffit à le définir et permet de calculer le rapport du paramètre de l'axe ternaire à celui des axes binaires. Les caractéristiques des autres formes s'obtiennent en calculant, soit les longueurs vraies interceptées sur les arêtes du primitif (Lévy), soit les longueurs numériques interceptées sur les axes de symétrie (système à 4 caractéristiques de Bravais).

Dans le *système quadratique*, on doit choisir le plus important des deux prismes quadratiques, tantôt pour m, tantôt pour h^1, selon le mode du réseau. Pour achever de définir la forme primitive, il faut choisir, comme dans le système sénaire, un octaèdre de première espèce pour b^1 par exemple, ou un octaèdre de seconde espèce pour a^1, ou encore arbitrairement toute autre face, la notation choisie étant astreinte seulement à rester compatible avec la position de cette face par rapport au primitif. Le problème est le même que pour le système sénaire. (Voir p. 16 l'exemple de l'idocrase.)

Dans le système *orthorhombique*, on choisit pour prisme m le prisme le plus important. Il faut ici deux données pour définir la forme primitive. On doit donc choisir arbitrairement soit les notations de deux faces parallèles chacune à un axe binaire et coupant les deux autres, par exemple le primitif m et un dôme a^1 ou e^1, soit la notation d'une face coupant les trois axes, par exemple $b^{\frac{1}{2}}$ (111). La position de ces faces par rapport aux axes binaires étant définie par des mesures d'angles, il est aisé de calculer les longueurs qu'elles interceptent sur ces axes, et par suite les paramètres de ces axes. Le principe reste toujours le même.

Dans le *système clinorhombique*, il faut trois données pour définir la forme primitive. On choisira par exemple un prisme important pour primitif, une face importante normale au plan de symétrie pour base p, ce qui définit la direction des axes ox et oz, ainsi que le rapport $\dfrac{a}{b}$ des paramètres ox et oy, et enfin une face coupant oy et oz, par exemple une face parallèle à ox pour e^1, ce qui définit le rapport $\dfrac{c}{b}$ des paramètres oz et oy.

Enfin, dans le *système anorthique*, ce sont 5 données qu'il faut choisir arbitrairement. On prend pour faces du primitif les trois faces les plus importantes. Les angles dièdres qu'elles font entre elles permettent de calculer les angles plans des arêtes du primitif, c'est-à-dire les angles

xoy, yoz, zox des axes. Restent à prendre arbitrairement les notations de deux faces coupant chacune deux des axes, ou d'une face coupant les trois axes, pour calculer les paramètres $\dfrac{c}{b}$, $\dfrac{a}{b}$. La complication des calculs devient plus grande à cause des axes obliques, mais le principe reste aussi simple. Il revient toujours à ceci : une face étant repérée par des mesures d'angles, déterminer, par des calculs de triangles sphériques, les angles qu'elle fait avec les faces du primitif, si ces angles n'ont pas été mesurés directement. Puis calculer, au moyen de ces données, les rapports des longueurs qu'elle intercepte sur les arêtes du primitif. Si la notation de la face est choisie arbitrairement pour déterminer la forme primitive, ces longueurs sont les paramètres ou des multiples connus des paramètres du primitif. Si la forme primitive est déjà déterminée, ces longueurs, divisées par les paramètres correspondants, sont les inverses des caractéristiques de la face.

PROPRIÉTÉS PHYSIQUES DES CRISTAUX

Nous n'examinerons que celles que l'on étudie couramment pour la reconnaissance des espèces ou la détermination de la symétrie cristalline.

Croissance des cristaux.

Si pour chaque espèce cristalline la connaissance de la forme primitive permet de prévoir les directions de toutes les faces possibles du cristal, on sait très peu de chose sur les causes en vertu desquelles telle face existe ou fait défaut dans telles conditions de cristallisation, ou sur ce qui détermine le développement plus ou moins grand de chacune des faces dans les divers cas. Selon les conditions de cristallisation, nature du dissolvant, présence de substances étrangères, température, etc., les formes simples qui se produisent peuvent varier dans une même espèce. Exemples :

L'alun (cubique) en solution acide ou neutre cristallise en octaèdres; en solution légèrement alcaline, il donne des cubes. Le sel gemme (cubique) en solution acide ou neutre donne des cubes, en solution alcaline des octaèdres.

Un cubo-octaèdre d'alun mis dans une solution saturée alcaline d'alun, solution capable de déposer des cubes, reçoit un dépôt *sur les faces de l'octaèdre*, et non sur celles du cube. En d'autres termes, la solution est saturée pour les faces octaédriques, non pour les faces du cube. Il peut même arriver que la solution dissolve les faces du cube et dépose sur les faces octaédriques. Le résultat final est de transformer le cubo-octaèdre en un cube, en comblant et faisant disparaître les troncatures octaédriques. Ainsi, pour chaque nature de solution et pour chaque température, les formes simples qui limitent le cristal sont celles pour lesquelles *la solubilité est la plus grande*. On voit que la formation de faces cristallines planes est en rapport avec ce fait que la solubilité varie, dans le cristal, selon les directions. L'existence de faces planes de directions déterminées démontre d'ailleurs que la solubilité est une fonction essentiellement discontinue de la direction.

Cette discontinuité est cause que si AB est une direction de plan pour laquelle la solubilité est maxima, une surface courbe voisine de cette direction ne reçoit aucun dépôt en a, point pour lequel la saturation n'est pas atteinte, tandis qu'aux points voisins a', où la solubilité est subitement beaucoup moindre, le dépôt se produit rapidement, jusqu'à ce qu'en chacun de ces points la surface ait atteint le plan AB.

On voit que les variations discontinues de la solubilité avec la direction expliquent parfaitement la formation de faces planes. Le fait que les faces ne sont pas toujours planes, et aussi que plusieurs formes simples peuvent se former simultanément, montre que ces variations de la solubilité ne sont pas très grandes en général.

Quand la cristallisation est rapide, le voisinage des arêtes a une tendance à croître plus vite que le centre des faces, parce qu'un point de la surface voisin d'une arête a autour de lui un champ plus large où il puise la matière dissoute, et aussi parce que les courants de convection, qui contribuent avec la diffusion à renouveler la solution épuisée par le dépôt, circulent plus librement au voisinage des arêtes. De même, les sommets croissent plus vite que les arêtes. D'où les cristaux en « arborescences », en « squelettes », en « chapelets » (neige, métaux natifs, etc.). Quand la cristallisation est assez lente pour que les courants de convection ou la diffusion renouvellent la solution sans retard sensible d'un point par rapport à l'autre, les différences ci-dessus s'atténuent et disparaissent.

Cicatrisation (Pasteur). — On peut obtenir parfois une face qui ne se produirait pas spontanément en taillant grossièrement une surface se rapprochant de la face en question, et plaçant le cristal dans une solution saturée ; il se fait alors dans quelques cas une cicatrisation qui remplace la surface artificielle inégale par une véritable face cristalline unie, exactement parallèle à une forme simple du cristal.

Figures de corrosion. — Au point de vue de la recherche de la symétrie, les observations relatives à la *décroissance* des cristaux dans un liquide qui les dissout ou les attaque sont de grande importance.

Lorsqu'un cristal est placé dans une solution capable de l'attaquer ou de le dissoudre, ses faces ne se corrodent pas en général uniformément. Elles ne restent pas planes, mais se parsèment au début de petites corrosions distribuées au hasard. Si l'attaque est prolongée, les formes s'arrondissent et les faces disparaissent complètement. Mais si l'on arrête l'attaque à temps, on constate que les petites corrosions initiales dessinent des figures plus ou moins régulières, de forme variable selon la nature du dissolvant et les conditions de l'opération. La forme de ces figures, bien que variable, est toujours régie par la symétrie de la face attaquée, et peut par suite donner d'utiles indications sur celle du cristal. Les petits polyèdres creux ainsi gravés dans le cristal sont quelquefois limités par des faces planes ou à peu près planes; beaucoup plus souvent ces surfaces sont courbes. Dans les formes *convexes* du cristal, les faces qui tendent à s'élargir dans la cristallisation sont, on l'a vu, celles pour lesquelles la solubilité est maxima. La solution, saturée pour d'autres faces voisines, B, C, ne dépose rien sur A, qui s'étend ainsi aux dépens des faces voisines moins solubles et les faits disparaître. Ici, dans des formes *concaves*, si de plusieurs faces A′B′C′, c'est A′ qui présente la solubilité maxima, la dissolution de matière sur A′ tend au contraire à augmenter B′ et C′ aux dépens de A′. Les surfaces B′C′ de corrosion sont donc des surfaces de *solubilité minima*. Et puisque la condition de solubilité maxima est réalisée par les plans de grande densité réticulaire (loi des troncatures rationnelles simples), la solubilité minima ne peut appartenir qu'à des surfaces s'écartant de ces faces simples, c'est-à-dire soit à des surfaces courbes, soit à des plans n'ayant point de caractéristiques simples. On conçoit aussi que la plupart du temps ces surfaces, qui s'écartent le plus possible des faces simples du cristal, sont affectées par la mériédrie, alors que beaucoup de faces simples ne le sont pas. Les figures de corrosion sont donc un indice très sensible de l'existence des mériédries.

Les figures de corrosion ont servi dans beaucoup de cas à mettre en évidence des dissymétries mériédriques que la forme extérieure ne suffisait pas à révéler, par exemple dans le cas d'absence de toute face pouvant être affectée par la mériédrie. On doit cependant accepter avec plus de réserve qu'il n'est de mode de le faire aujourd'hui les résultats de cette méthode d'investigation. Il est facile de s'assurer, en polissant une face d'un cristal de manière à la

remplacer par une surface très légèrement différente, que cette opératic
change parfois beaucoup la forme et la symétrie des figures de corrosion qu
l'on peut faire apparaître sur cette face. En d'autres termes, les figures c
corrosion sont un réactif très sensible non pas tant de la symétrie du crist
que de celle de la face corrodée, laquelle ne possède un plan de symétrie qu
si elle est *rigoureusement* normale à un plan de symétrie du cristal, ou un ax
de symétrie que si elle est *rigoureusement* normale à un axe du cristal. Si l
face soumise à la corrosion n'est pas exactement plane et par suite ne coïncic
pas rigoureusement avec le plan réticulaire normal à un élément de symétri
la discontinuité des variations de la solubilité en fonction de la direction fa
prévoir que les figures qui apparaîtront sur cette face pourront être tr
éloignées d'avoir la même forme que celles que l'on obtiendrait sur la face bi
plane et normale à l'élément de symétrie, et pourront n'avoir pas même
plan ou cet axe pour éléments de symétrie approchés. De la dissymétrie de c
figures, on conclurait à tort à l'existence d'une mériédrie. On doit donc, po
tirer des conclusions sérieuses de l'examen des figures de corrosion, opér
sur des échantillons divers dans des conditions variées, en examinant uniqu
ment des faces *naturelles* et *bien planes*, et ne conclure à une dissymétrie qu
si elle se manifeste d'une manière évidente et constante.

Exemples : *quartz droit et quartz gauche* attaqués par HF l (attaque tr
lente à froid).

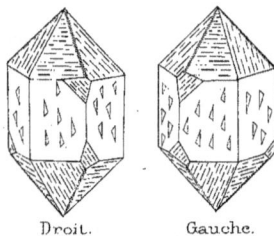

Droit.   Gauche.

Calcite attaquée un instant par HC l, faces p et a^1.

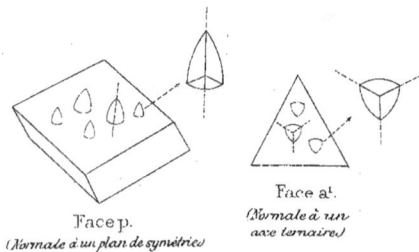

Face p.
(*Normale à un plan de symétrie*)

Face a^1.
(*Normale à un axe ternaire*)

Mica muscovite, face *p*. Ici, les corrosions prouvent qu'il n'y a qu'un plan de symétrie AB normal à la face *p*, et se montrent ainsi plus sensibles que les propriétés optiques elles-mêmes, car celles-ci sont presque rigoureusement orthorhombiques, ainsi que la forme extérieure.

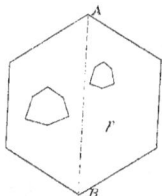

Calamine : figures mettant en évidence l'antihémiédrie du système orthorhombique.

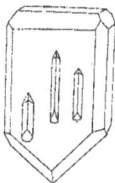

Cohésion.

La cohésion varie avec la direction d'une manière essentiellement discontinue ; cette discontinuité se manifeste surtout par le *clivage*. Ce caractère des milieux cristallins est très important et beaucoup plus constant que l'existence des faces planes extérieures, car il se manifeste aussi bien sur un fragment quelconque que sur un cristal entier et ne dépend point des conditions de la cristallisation.

Un *plan de clivage* est une direction de plan que la cassure du cristal suit de préférence à toute autre direction voisine. Ne pas confondre le clivage (bien que parfois la distinction soit assez difficile à faire en pratique) avec les *plans de séparation* de position définie que détermine quelquefois l'existence de matières interposées, par exemple de poussières déposées sur les faces à un moment déterminé de la croissance du cristal. L'essence du clivage est de

13

pouvoir continuer à se produire dans la même direction quelque petit que soit le fragment que l'on brise. Il peut y avoir doute lorsqu'il existe des plans de séparation très nombreux et rapprochés. Mais en général ce doute est levé par l'examen d'échantillons de diverses provenances, le clivage étant essentiellement constant dans une même espèce, et les plans de séparation au contraire accidentels. Il arrive souvent que la cassure ne se compose pas d'un seul plan, mais d'une surface irrégulière composée de facettes parallèles à la direction de clivage et de surfaces quelconques appartenant par exemple à un autre clivage. En ce cas, on reconnaît l'existence du clivage dans la cassure au miroitement de celle-ci dans certaines directions.

Une *ligne de clivage* est une direction de droite que la cassure suit de préférence à toute autre direction voisine, de telle sorte que la cassure prend en général la forme d'une surface cylindrique quelconque ayant pour génératrice cette direction. Il est assez rare qu'une seule ligne de clivage existe dans un cristal (exemple : anthophyllite). Deux lignes de clivage déterminent une cassure plane, donc un plan de clivage (gypse). Deux plans de clivage se coupent toujours suivant une ligne de clivage.

Loi. — Les plans de clivage sont toujours parallèles à des faces très simples de la forme extérieure. On a vu pourquoi il y a lieu de croire que ce sont les plans les plus importants du réseau, c'est-à-dire ceux dont la densité réticulaire est maximum.

De même, les lignes de clivage sont toujours des rangées simples, et vraisemblablement les rangées les plus importantes du réseau, celles dont le paramètre est le plus petit.

Un clivage peut être plus ou moins *facile*. On entend par clivage facile celui qui se produit même quand on brise le cristal au hasard, sans prendre la précaution d'exercer l'effort dans une direction déterminée (exemples : clivages p du mica, de la calcite, de la galène, etc.). Certains clivages très difficiles n'apparaissent que lorsque la cassure est faite dans des conditions tout à fait spéciales (exemples : quartz p, calcite b^1 et d^1). Un clivage peut, d'autre part, être plus ou moins *net* (ou *parfait*). On entend par clivage net ou parfait celui qui présente, par rapport aux directions voisines, un minimum de cohésion très accentué, de sorte que la cassure le suit en général très exactement et est bien plane et réfléchissante. Un clivage peut être difficile et parfait, facile et peu net (ainsi : calcite b^1, difficile et parfait ; gypse $b^{1/2}$, très facile et imparfait ; calcite p, mica p, très faciles et parfaits).

La planitude des clivages révèle souvent la parfaite régularité de la structure réticulaire dans des cristaux dont les faces extérieures ne sont pas planes (exemple : diamant). Elle montre ainsi que ce n'est pas le réseau qui, dans ces cristaux, est déformé, mais que c'est la surface externe qui suit mal les plans réticulaires.

Quand il existe un plan de clivage, toutes les faces de la même forme simple sont des plans de clivage identiques au premier (c'est la définition même de la forme simple), également nets et également faciles.

Exemples de clivages. Cristaux cubiques : blende, 6 clivages également parfaits et faciles suivant les faces b^1 du dodécaèdre rhomboïdal. Fluorine, 4 clivages également parfaits et faciles suivant les faces a^1 de l'octaèdre. Galène, 3 clivages également parfaits et faciles suivant les faces p du cube.

Cristaux sénaires : wurtzite, 3 clivages assez faciles m, un autre imparfait et difficile p.

Cristaux ternaires : calcite, 3 clivages également parfaits et faciles p, 3 autres parfaits et difficiles b^1, trois autres parfaits et encore plus difficiles d^1.

Cristaux quadratiques : apophyllite, un clivage parfait et facile p. Anatase, un clivage parfait et facile p, 4 autres parfaits et moins faciles suivant les faces de l'octaèdre b^1.

Cristaux orthorhombiques : anhydrite, 3 clivages trirectangulaires bien différents, p parfait, g^1 moins net, h^1 imparfait, tous trois faciles. Barytine, 3 clivages très faciles et parfaits dont l'un, plus facile, p, est normal sur les deux autres m, identiques entre eux et non rectangulaires. Topaze, un clivage parfait et facile p.

Cristaux clinorhombiques : amphibole, 2 clivages parfaits et faciles, identiques entre eux, suivant les faces du prisme m. Orthose, deux clivages rectangulaires différents, l'un p facile et parfait, l'autre g^1 un peu moins. Mica, un clivage unique extraordinairement facile et parfait p. Gypse, une ligne de clivage parfaite et facile suivant l'arête $g^1 a^1$, une autre moins parfaite et un peu moins facile suivant l'arête $g^1 o^1$; un plan de clivage extraordinairement parfait et facile g^1 déterminé par ces deux lignes, enfin deux clivages faciles et très imparfaits $b^{1/2}$ (se coupant suivant la première ligne $g^1 a^1$).

Cristaux anorthiques : albite, deux clivages $p\ g^1$ disposés comme ceux de l'orthose, mais non rectangulaires, etc.

Figures de choc ou de compression. — Les lignes et plans de clivage difficiles ne se manifestent parfois que dans des conditions d'expérience très particulières. Ainsi, lorsqu'on appuie avec un poinçon ou une pointe mousse sur une face cristalline, on y détermine souvent des fissures étoilées autour du point de contact, fissures tantôt planes, tantôt simplement astreintes à passer par une rangée de la face ; ce sont de véritables clivages, qui souvent diffèrent de ceux que l'on observe en brisant le cristal. Ils peuvent n'être pas les mêmes, selon que l'on procède par choc ou par pression lente, ou encore selon que l'on opère sur une lame cristalline mince et flexible posée sur un support élastique, ou sur un cristal épais ou une lame appuyée sur un support rigide. Aucune différence essentielle n'existe entre ces phénomènes et le clivage ordinaire par rupture. Ils révèlent, comme ce dernier, des rangées et des plans importants du réseau.

Exemples : le sel gemme, cubique avec clivages cubiques parfaits, se fissure suivant des plans b' quand on comprime une face taillée suivant b', ou quand on choque normalement une lame parallèle à p.

Sel gemme.

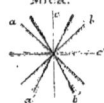

Le mica, clinorhombique avec clivage parfait p, placé sur un support rigide et frappé au moyen d'un poinçon sur la face p, montre un étoilement de 3 lignes abc, dont l'une c, parallèle à la trace du plan de symétrie g', correspond à une fissure nette normale à p, les deux autres a, b, symétriques par rapport à la première, à des fissures non planes obliques sur p. Sur un support élastique (lame de caoutchouc), on obtient trois fissures très imparfaitement rectilignes a', b', c', à peu près normales aux précédentes.

Mica.

Aspect de la cassure. — Caractère auquel il est impossible de trouver une définition précise et une mesure, mais qui n'en est pas moins utile à consulter en pratique. Il se rattache en partie à l'existence ou à l'absence de clivages. Principales dénominations :

Cassure lamelleuse, à larges clivages faciles : gypse, calcite, mica.
— lamellaire, dans les agglomérations de cristaux à clivages faciles, où la cassure se compose de clivages orientés en tous sens : marbre cristallin.
— laminaire, même cas, lames très petites.
— saccharoïde, dans les agglomérations de petits cristaux dont la cassure suit les contours : sucre en pains.
— fibreuse, même cas lorsque les cristaux sont allongés en fibres plus ou moins parallèles : asbeste, crocidolite.
— rayonnée, même cas lorsque les fibres divergent en rayons autour d'un point : gœthite, stalactites d'aragonite, de malachite.

Cassure inégale, quand elle suit une surface irrégulière et discontinue : grenat.
— esquilleuse, quand de petites esquilles se soulèvent dans la cassure, comme dans celle de la cire : jade, serpentine.
— conchoïdale, quand elle est lisse et formée de larges surfaces courbes avec souvent des stries et ondulations concentriques : verre, quartz.
— terreuse (craie), raboteuse, terne, etc.

L'aspect de la cassure dépend non seulement de sa forme, mais beaucoup de son *éclat* (voir plus loin).

Flexibilité, Plasticité. — Caractères distinctifs de certaines espèces quand ils sont particulièrement accentués.

Exemples de *flexibilité* : les lames de clivage de *mica* sont très flexibles et élastiques ; elles se plient et reprennent ensuite d'elles-mêmes la forme plane ; pliées sous une courbure trop forte, elles gardent un pli sans que les fragments se séparent. Celles du *gypse* sont également flexibles et élastiques, mais se brisent en deux par une flexion trop accentuée. Celles de la *chlorite* ou du *talc* sont très flexibles, mais sans élasticité : elles se plient et gardent la courbure qu'on leur donne.

Certaines flexions ou torsions ne s'obtiennent que dans des directions particulières. Exemple : la *stibine* (orthorhombique), qui peut être pliée seulement en lames parallèles à g' et autour de l'arête pg', ou tordue autour de l'arête mm du prisme ; en toute autre direction, elle se brise.

Exemples de *plasticité ou ductilité* (contraire : aigreur) : l'argyrose ($Ag'S$) se coupe au couteau en copeaux, sans faire de poussière, et est assez plastique pour qu'on ait pu, à froid, en frapper des médailles. De même, la Cérargyrite ($AgCl$) se coupe en copeaux ; la Chalcosine ($Cu'S$), moins facilement. La plupart des métaux natifs sont ductiles ($Cu, Ag, Au..$) ; l'antimoine, le bismuth, l'arsenic sont aigres ; ils s'écrasent en poussière sous le marteau.

Stibine

Dureté. — Propriété très importante en pratique pour la reconnaissance des espèces. Un minéral A est dit *plus dur* qu'un autre B lorsque, pris sous la forme d'une pointe aiguë, il est capable de *rayer* le minéral B.

Ne pas confondre dureté et ténacité (ténacité, résistance à la traction, à la compression ou au choc). Le diamant, excessivement dur, est fragile, il résiste mal au choc ou à la compression. Le jade, très tendre par rapport au diamant, est beaucoup plus tenace.

Précautions à prendre : 1° ne faire l'essai que sur une surface lisse et homogène, non sur une cassure raboteuse ou sur une agglomération de petits cristaux, afin de ne pas prendre pour une rayure un arrachement des parties saillantes de cette cassure ou une désagrégation des cristaux de cette agglomération.

2° Employer un angle aigu du minéral rayant.

3° Après l'essai, toujours nettoyer la rayure et l'examiner à la loupe pour s'assurer que le corps A a tracé un sillon dans le corps B et ne pas risquer de prendre pour une rayure une trace laissée par le cristal A, plus tendre, sur le cristal B.

On peut aussi essayer la dureté relative d'une poudre et d'un minéral en frottant la poudre sur celui-ci au moyen d'un morceau de bois, nettoyant la rayure et l'examinant à la loupe ou au microscope.

La dureté varie beaucoup d'une espèce à une autre. Elle varie aussi, en général, dans un même cristal selon les faces ; dans une même face, selon les directions ; et enfin, dans une même direction MN, selon que la pointe traçante va de M en N ou de N en M Ces différences, dans une même espèce, sont faibles pour les minéraux qui n'ont que des clivages difficiles ou pas de clivages. Elles peuvent être considérables pour ceux qui ont des clivages faciles. Néanmoins, au seul point de vue de la reconnaissance des espèces, on peut se contenter d'une approximation grossière qui fait abstraction des variations de la dureté selon les directions, quand elles ne sont pas trop grandes. On peut ainsi classer les minéraux par ordre de dureté en se servant d'une échelle type dite *échelle de Mohs*. Ce classement est rendu possible par l'observation suivante, constamment vérifiée : si A raie B, et si B raie C, A raie toujours C.

Echelle de Mohs :

Rayés par l'acier ordinaire (canif). / Rayés par le verre ordinaire. / Rayés à l'ongle..

1 Talc cristallisé.
2 Gypse »
3 Calcite »
4 Fluorine »
5 Apatite »
6 Orthose » — Rayé par les aciers très durs
7 Quartz »
8 Topaze »
9 Corindon »
10 Diamant »

Chacune de ces espèces raie toutes les précédentes et est rayée par toutes les suivantes. On convient de dire que la dureté d'un minéral est de 4, par exemple, s'il raie la calcite, est rayé par l'apatite et n'est nettement ni plus dur ni plus tendre que la fluorine. S'il raie la calcite et est rayé par la fluorine, on dit que sa dureté est de 3 1/2. Il va sans dire que ces chiffres mesurent très mal la dureté, ce ne sont que des repères commodes. On ne peut d'ailleurs pas augmenter beaucoup le nombre des degrés de l'échelle, car il faut maintenir assez d'espace entre eux pour que les variations de la dureté d'un même cristal selon les directions n'interviennent pas. Même avec cette échelle grossière, il y a quelques cas exceptionnels où la dureté d'un minéral s'exprime par des chiffres différents selon les faces. Exemple : disthène (anorthique), dureté 5 (rayé au couteau) sur h^1 dans le sens parallèle à l'arête $g^1 h^1$, dureté 7 sur g^1.

Pour étudier la dureté avec plus de détails, on la mesure par le poids dont il faut charger une pointe dure déterminée, de diamant, par exemple, pour que, promenée sur le minéral, elle commence à y produire une rayure.

Scléromètre : le minéral à rayer est placé sur un chariot mobile qui peut se déplacer horizontalement sur des rails dans une direction déterminée. Ce chariot porte un plateau gradué tournant à volonté dans tous les azimuths. Le minéral est placé sur ce plateau par l'intermédiaire de vis calantes permettant de régler l'horizontalité de la face à essayer. La pointe traçante, mobile dans le sens vertical seulement, est équilibrée par un contrepoids, ainsi que sa monture. Elle porte un plateau sur lequel on ajoute des poids, jusqu'à observer une rayure en déplaçant le chariot. Résultats principaux :

1° Comparaison de l'échelle de Mohs avec l'échelle sclérométrique (Franz) :

POIDS DONT IL FAUT CHARGER LA POINTE POUR RAYER

		Pointe d'acier rayée par le diamant sous la charge de 23 gr.	Pointe de diamant.
1	Talc	inappréciable.	inappréciable.
2	Gypse.	$1^{gr}.5$	»
3	Calcite.	9	"
4	Fluorine.	36	»
5	Apatite.	163	1^{2gr}
6	Orthose	260	20
7	Quartz.	"	34
8	Topaze	"	43
9	Corindon	"	51

La remarque que, dans les limites d'erreurs admissibles, $\frac{163}{260}$ est égal à $\frac{12}{20}$ tendrait à faire attribuer aux rapports des duretés ainsi mesurées une valeur absolue, indépendante de la nature de la pointe rayante, et à établir comme suit la valeur sclérométrique approximative des degrés de l'échelle de Mohs :

ECHELLE DE MOHS		DURETÉ SCLÉROMÉTRIQUE
1	....	Voisine de zéro
2	....	1
3	....	6
4	....	24
5	....	110
6	....	180
7	....	310
8	....	390
9	....	460
10	....	?

Ce ne peut être qu'une approximation grossière.

2° Variations de la dureté selon les directions. Lois :

1 Cette variation est *continue*.

2 La dureté est la même pour les faces et les directions symétriques.

3 Elle varie peu d'une direction à l'autre pour les minéraux qui n'ont pas de clivage ou qui n'ont que des clivages difficiles ; elle varie beaucoup, au contraire, pour ceux qui ont des clivages faciles.

4 Elle est *minima sur les faces de clivage* les plus faciles.

5 Quand il n'y a qu'un clivage facile, la dureté varie peu ou pas dans ce plan, selon les directions.

6 Dans le même cas, sur un plan normal au clivage, la dureté est minima parallèlement à la trace du clivage, maxima normalement à cette direction.

7 Sur une face quelconque, une direction coupant la trace d'un clivage oblique sur le plan de la face présente une dureté plus grande quand la pointe va vers l'angle obtus (de a en b) que lorsqu'elle va vers l'angle aigu (de b en a), en *rebroussant* pour ainsi dire les clivages. Cela est assez marqué, par exemple, sur la face p de la calcite, pour être très sensible à la main lorsqu'on promène une lame de canif suivant la petite diagonale de cette face.

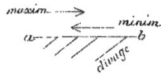

On voit, en résumé, que les variations de la dureté paraissent dépendre de la même cause que l'existence des clivages ; il y a une relation évidente entre ces deux phénomènes. Et les variations de dureté ne révèlent la symétrie du milieu qu'autant qu'il existe des clivages faciles qui la révèlent aussi bien. Elles ne sont donc pas un indice bien utile de la symétrie.

Exemples : sur chaque face, on porte, à partir d'un point, des vecteurs égaux aux duretés sclérométriques dans chaque direction. D'où une *courbe des duretés* qui présente la même symétrie que la face. On remarquera, dans l'exemple suivant, que la dureté n'est pas la même pour une même droite, selon qu'elle est mesurée dans l'un ou l'autre des plans contenant cette droite.

Calcite :

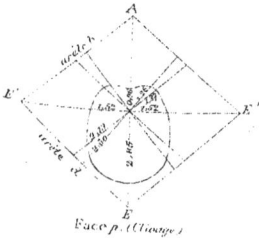

Face p. (Clivage)

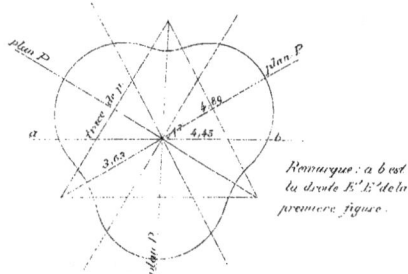

Remarque : a b est la droite E'E' de la première figure.

Face e¹ (Essais faits avec la même pointe. Même échelle)

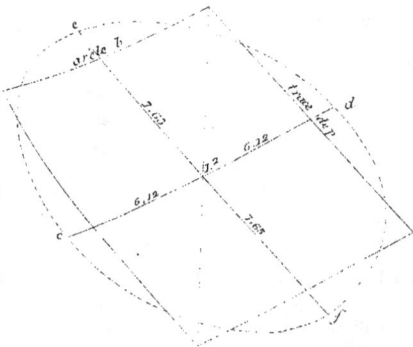

Face d¹ (même échelle.)
c d est AE' de la première figure et e f est AE'

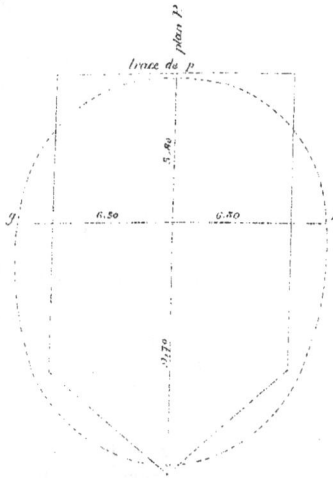

Face e² (même échelle.)
g h est E'E' de la première figure et a b de la seconde.

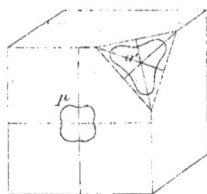

Sel gemme. *Cubique avec clivages p.*

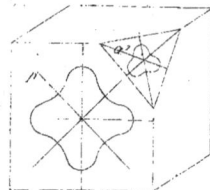

Fluorine. *Cubique avec clivages o.*

Dilatation thermique.

La dilatation varie, dans les cristaux, selon les directions (Mitscherlich). Cette variation est continue et telle qu'une sphère taillée dans le cristal à une température déterminée se transforme, à toute autre température, en un *ellipsoïde* dont la forme et l'orientation sont naturellement régies par la symétrie du cristal. La connaissance des coefficients de dilatation dans les 3 directions des axes de cet ellipsoïde suffit donc à déterminer le coefficient de dilatation dans une direction quelconque. Dans le système cubique, l'ellipsoïde, astreint à avoir plusieurs axes d'ordre supérieur à 2, est donc une sphère, et par suite la dilatation est isotrope comme dans les substances amorphes. Dans les systèmes à axe principal (sénaire, ternaire, quaternaire), l'ellipsoïde est de révolution autour de l'axe principal, et il n'y a que deux coefficients de dilatation principaux différents : l'un suivant l'axe, l'autre dans la direction normale. Dans les trois derniers systèmes, l'ellipsoïde est à trois axes inégaux et il y a trois coefficients de dilatation à mesurer. Dans le système orthorhombique, les trois axes de l'ellipsoïde coïncident avec les axes binaires ; dans le système clinorhombique, un seul d'entre eux est astreint à coïncider avec l'axe binaire, les autres sont dans un azimuth quelconque du plan g^1 ; dans le système anorthique, leur orientation est quelconque.

Remarque 1. — De l'inégalité des dilatations dans les différentes directions résulte que les angles dièdres des cristaux (sauf dans le système cubique) varient en général avec la température. Ces variations sont souvent mesurables, mais assez faibles pour être négligées en pratique quand la température s'écarte peu de la température ordinaire.

Remarque 2. — Il résulte aussi de l'inégale dilatation des différentes rangées que les rapports des paramètres de la forme primitive varient d'une manière continue avec la température, et ne peuvent par suite être rationnels.

Il y a des cristaux pour lesquels l'un des trois coefficients de dilatation principaux est négatif (Fizeau). Ils se contractent dans une direction pendant qu'ils se dilatent dans une autre. Il en est même pour lesquels deux des coefficients principaux sont négatifs. Exemples :

		Coefficients de dilatation linéaire.	Coefficients de dilatation cubique $\alpha + \alpha' + \alpha''$
Un coefficient principal négatif :		—	—
Calcite. (rhomboédrique)	α (axe ternaire) $= + 0,00.00.26.21$		$+ 0,00.00.15.40$
	α' (normal) $= - 0,00.00.05.40$		
Iodure d'argent. (sénaire)	α (axe sénaire) $= - 0,00.00.03.97$		$- 0,00.00.02.67$
	α' (normal) $= + 0,00.00.00.65$		(contraction par échauffement)
Deux coefficients principaux négatifs :			
Orthose. (clinorhombique)	α (axe binaire) $= - 0,00.00.02.00$		$+ 0,00.00.15.59$
	α' (dans g') $= + 0,00.00.19.07$		
	α'' (dans g') $= - 0,00.00.01.48$		

Conductibilité thermique. — En ce qui concerne la conductibilité thermique, nous signalerons seulement qu'elle varie aussi selon les directions, et d'une manière continue. On s'en assure (De Sénarmont) en enduisant d'une mince couche de cire une lame taillée dans un cristal, puis en appliquant au milieu de la lame une tige métallique chauffée, ou en introduisant cette tige dans un trou percé au milieu de cette lame. La cire fond autour du point de contact, et la limite de la partie fondue reste, après refroidissement, marquée par un bourrelet bien visible. Cette ligne d'égale température a toujours la forme d'une *ellipse,* dont la disposition est régie par la symétrie du cristal.

En général, la conductibilité paraît surtout en rapport avec la position des clivages : elle est maxima parallèlement au clivage facile, minima dans le sens perpendiculaire. Mais il y a d'assez nombreuses exceptions, et il est impossible de formuler à ce sujet des lois aussi précises que pour la dureté.

La *conductibilité électrique,* les *propriétés magnétiques* dépendent aussi de la direction, et varient d'une manière continue. Nous les laissons de côté.

Pyroélectricité et piézoélectricité.

Phénomènes spéciaux aux cristaux, et même exclusivement aux cristaux dépourvus de centre.

Pyroélectricité. — Certains cristaux mauvais conducteurs de l'électricité présentent une direction particulière, dite *axe de pyroélectricité*, dont les deux extrémités opposées a et *b* se chargent d'électricités de signes contraires quand on échauffe le cristal. Le pôle a, dit analogue, se charge d'électricité positive, le pôle *b*, dit antilogue, d'électricité négative. Si, le cristal étant chauffé, on le ramène à l'état neutre, puis le laisse refroidir, le pôle analogue se charge d'électricité négative, le pôle antilogue d'électricité positive.

Un tel phénomène exige que les directions *ab* et *ba* ne soient pas physiquement identiques. Il exige donc que le cristal soit dépourvu de centre. De plus, si l'on suppose que l'échauffement ou le refroidissement du cristal s'effectuent assez lentement pour que la température reste uniforme, ou bien si l'on opère sur une sphère taillée dans le cristal, en un mot si l'échauffement ou le refroidissement sont *isotropes, une seule direction* pourra présenter la pyroélectricité. (Se rappeler qu'il ne peut être question ici que de *directions*, non d'axes définis en *position*. Cette notion fondamentale a été souvent méconnue dans l'étude de la pyroélectricité.) Sur une sphère taillée, un hémisphère est analogue, l'autre antilogue, et il y a un grand cercle neutre normal à l'axe de pyroélectricité. Si le cristal possède un axe de symétrie, l'axe de pyroélectricité devra coïncider avec cet axe de symétrie, et aucun autre axe de symétrie ne pourra exister dans le cristal. La pyroélectricité par échauffement ou refroidissement isotropes ne peut donc exister que dans les cristaux dépourvus de centre *et ayant un seul axe de symétrie*, sans plan de symétrie normal à l'axe. Ces types de symétrie, que l'on réunit parfois sous le nom d'*hémimorphie*, sont les suivants : dans les systèmes à axe principal, les 3 antihémiédries Λ^6, 3 P, 3 P' ; Λ^3, 3 P ; Λ^4, 2 P, 2 P', et les 3 tétartoédries correspondantes $\Lambda^6, \Lambda^3, \Lambda^4$. (Dans les cristaux naturels, seuls Λ^6, 3 P, 3 P' (iodargyrite) et Λ^3, 3 P (tourmaline) sont connus.) Puis dans le système orthorhombique, l'antihémiédrie L^2, P', P'' (calamine, topaze) ; dans le système clinorhombique, l'holoaxie L^2 (inconnue dans les minéraux) ; dans le système anorthique, l'hémiédrie O C (idem). Ce sont tous les types dans lesquels les deux extrémités de l'axe unique portent en général des formes simples différentes.

Remarque. — Le pôle analogue coïncide toujours avec l'extrémité qui porte les faces les plus aplaties, le pôle antilogue avec l'extrémité aiguë. Exemples : tourmaline (FIG., p. 68), pôle analogue B, portant p et b^1, pôle antilogue A, portant e^1. Calamine (FIG., p. 79), pôle analogue portant la base p, pôle antilogue portant e_3.

Un échauffement *anisotrope* obtenu en plaçant une petite demi-sphère métallique chaude sur une lame mince *plus large* taillée dans un cristal normalement à certaines directions permet d'observer la pyroélectricité dans des cristaux qui, ayant plusieurs axes de symétrie, ne peuvent posséder la polarité électrique par échauffement isotrope. L'échauffement, sans être isotrope, est de révolution autour de la normale à la lame, et affecte donc d'une manière particulière cette direction; elle peut alors se révéler axe de pyroélectricité, les autres axes identiques du cristal étant affectés par l'échauffement d'une manière différente. Il est toujours nécessaire que le cristal ne possède pas de centre, et que les deux extrémités de l'axe exploré soient *d'espèces différentes* (ni superposables ni symétriques). Cela implique, soit l'antihémiédrie, soit l'holoaxie. Exemples : axes ternaires d'un cristal cubique antihémièdre (blende). Ou bien, quartz : les deux extrémités de l'axe ternaire sont superposables; une lame normale à cet axe ne montre aucune pyroélectricité. Mais les deux extrémités d'un axe binaire (arêtes opposées du prisme e') ne sont ni superposables ni symétriques; une lame normale à un axe binaire A B développe des électricités de noms contraires sur ses deux faces. Un échauffement isotrope ne développe pas d'électricité. Si la demi-sphère est plus large que la lame, il ne se produit rien non plus.

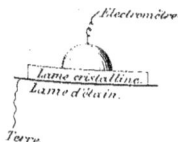

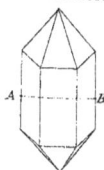

Remarque : l'échauffement ou le refroidissement rapides d'un cristal anguleux développent souvent de l'électricité sur certaines arêtes ou faces, même dans les cristaux ayant plusieurs axes de symétrie, en raison de l'anisotropie des variations de température. Mais la pyroélectricité ainsi manifestée dépend de la forme extérieure de l'échantillon et ne peut donner lieu à aucune conclusion nette relativement à la symétrie structurale de l'espèce.

Dans les cristaux bons conducteurs dépourvus de centre (cuivre gris, chalcopyrite) l'échauffement et le refroidissement produits au moyen de la demi-sphère déterminent un courant électrique.

Piézoélectricité (Curie). Dans les cristaux pyroélectriques, la compression de lames taillées dans certaines directions détermine aussi le développement d'électricités de signes contraires aux extrémités des axes de pyroélectricité. La loi constante qui relie les deux phénomènes est la suivante : le pôle analogue se charge d'électricité négative par compression et d'électricité positive par décompression ; l'inverse a lieu pour le pôle antilogue. En d'autres termes, la compression agit comme le refroidissement (contraction) et la décompression comme l'échauffement (dilatation); il semble que les modifications de la température n'agissent qu'en faisant varier la distance des molécules.

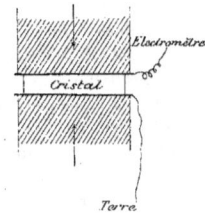

Réciproquement, si l'on charge d'électricité positive la face d'une lame correspondant au pôle analogue et d'électricité négative celle qui correspond au pôle antilogue, la lame cristalline se contracte dans le sens de l'axe de pyroélectricité; elle se dilate si l'on charge en sens inverse.

Propriétés optiques.

Les propriétés optiques sont parmi les plus importantes et les plus faciles à constater. Elles rendent de grands services non seulement dans l'étude des minéraux, mais aussi dans celle des roches dont elles permettent de déterminer rapidement les éléments cristallins. C'est pourquoi nous les étudierons avec quelque détail.

1. — *Transmission de la lumière par les milieux cristallins.* — Nous ignorons ce que c'est que la lumière. Mais nous savons sur elle des choses très importantes; en particulier, nous savons que c'est une perturbation périodique qui se propage de proche en proche, et que cette perturbation a une direction, en sorte qu'on peut la représenter par un vecteur. Elle est ainsi comparable à une vibration. Ce n'est sans doute qu'une image grossière, mais qui suffit pour pousser très loin l'étude des phénomènes lumineux, et dont nous pouvons nous contenter. Nous nous représenterons conventionnellement la perturbation d'un corps qui transmet de la lumière comme une vibration transversale, analogue à celles d'une corde tendue. Peu importe, pour le but que nous nous proposons, de savoir si c'est le corps pondérable lui-même qui vibre ou non; nous imaginons quelque chose qui vibre dans le milieu; inutile de préciser quoi.

Pour que cette image conventionnelle soit acceptable, il faut admettre, sauf à vérifier les conséquences, que la transmission de la perturbation lumineuse se fait, comme celle d'une vibration mécanique, de proche en proche. L'énoncé de cette propriété constitue le *principe d'Huyghens.* Tous les points atteints simultanément par une même perturbation lumineuse issue d'une source O, et qui sont ainsi dans une même période de leur perturbation, sont dits être sur une même *onde* lumineuse A B. Pour savoir ce que sera la perturbation des points situés au delà, on peut raisonner comme si la perturbation partait. non de la source O, mais de l'une quelconque des ondes A B dont chaque élément agirait sur les points extérieurs C comme s'il était lui-même une source lumineuse.

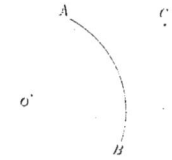

En particulier, si une onde plane, issue de n'importe où, se propage dans un milieu *isotrope*, prenons une de ses positions A B; chacun des points du plan A B peut être considéré comme une petite source lumineuse qui envoie dans toutes les directions de la lumière avec une égale vitesse, en sorte que, s'il était seul, il fournirait au bout du temps 1 une *onde élémentaire* sphérique. En réalité, deux points très voisins a b n'envoient de lumière que dans les directions très voisines a c, a b, parce que dans les autres directions, les vibrations issues de ces deux sources discordent et s'annulent réciproquement. De sorte qu'à la limite, a et b étant infiniment voisins, il n'y a de lumière transmise que dans la direction a N, N étant la limite de c, c'est-à-dire le point de contact de l'onde élémentaire issue de a avec le plan A'B', enveloppe de toutes les ondes élémentaires issues des points de A B. Au bout du temps 1, toute la perturbation de l'onde A B s'est transportée sur l'onde parallèle A'B', restée plane, et semble s'être propagée suivant a N, normale à A B. Abstraction faite de la diffraction, un écran placé en avant de A B, et percé d'un trou en face de a, ne laisse passer qu'un pinceau de lumière cylindrique et dirigé suivant a N.

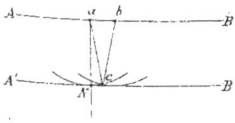

Nous savons que dans les cristaux les propriétés varient en général selon les directions. Il n'y a donc plus de raison pour que la vibration issue d'un point pris dans un milieu cristallin s'y propage avec la même vitesse dans toutes les directions. Dans le cas général, *l'onde élémentaire issue d'un point ne sera plus sphérique.* Le principe d'Huyghens continuant à s'appliquer quelle que soit la forme de cette onde, qu'en résultera-t-il d'abord?

Soit A B une onde plane se transmettant dans un cristal. Les ondes élémentaires issues de deux points a b ne sont pas sphériques, mais elles sont identiques en vertu de l'homogénéité cristalline. Les perturbations périodiques issues de ces deux points concordent en c. A la limite, le mouvement issu du point a se transmet tout entier au bout du temps 1 en M, limite de c, c'est-à-dire point de contact

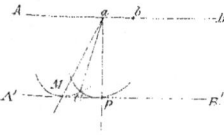

de l'onde élémentaire issue de *a* avec le plan A′ B′ qui enveloppe toutes les ondes élémentaires semblables issues de tous les points de A B. L'onde plane A B reste plane, et se transmet parallèlement à elle-même en A′B′. Mais le mouvement issu de *a* semble se propager suivant *a* M, qui en général n'est plus normal à A B. Un écran placé comme tout à l'heure laisse passer un pinceau de lumière *a* M qui n'est plus normal à l'onde plane A B. On appelle donc *a* M *direction du rayon* lumineux, ou *direction de propagation effective*, en général non perpendiculaire à l'onde. La direction *a* P, normale à l'onde plane, et sur laquelle se mesure le trajet minimum de l'onde, est dite *direction de propagation normale*. *a* M mesure la vitesse effective ou vitesse du rayon, v_e, *a* P la vitesse de propagation normale, v_n.

Ainsi, la connaissance de la forme de l'onde élémentaire particulière à chaque cristal, et qui est la même pour tous les points du cristal, donne par une construction très simple la direction de propagation effective correspondant à une onde plane donnée ou, ce qui revient au même, à une direction de propagation normale. Et de plus, connaissant l'une des deux vitesses v_n ou v_e, la construction donne l'autre. $v_n = v_e \cos u$.

Voyons ce que devient alors une onde plane issue d'un milieu quelconque et qui pénètre dans le cristal par une face plane.

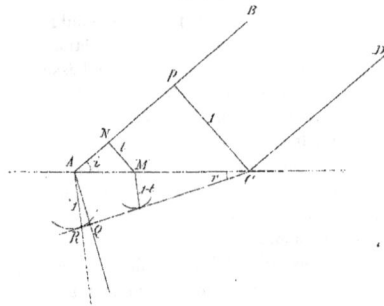

Au bout du temps 1, l'onde plane, dans le milieu isotrope extérieur, est venue de A B en C D. Qu'est-elle devenue dans le cristal ? Appliquons le principe d'Huyghens. Au bout du temps 1, la perturbation issue du point A est sur l'onde élémentaire de centre A. Au bout du temps $t < 1$, la perturbation issue d'un point N est sur la surface, en M. Au bout du temps 1, elle est sur l'onde élémentaire de centre M, semblable à celle du point A, mais réduite dans le rapport de similitude $\frac{1-t}{1}$. Comme $\frac{\text{N M}}{\text{P C}} = \frac{t}{1}$ et $\frac{\text{A M}}{\text{A C}} = \frac{\text{N M}}{\text{P C}}$, on voit que $\frac{\text{M C}}{\text{A C}} = \frac{1-t}{1}$ = rapport de similitude des deux ondes élémentaires.

Donc l'enveloppe de toutes les ondes élémentaires issues des points de la surface entre A et C est le plan R C passant par la droite C et tangent à l'onde élémentaire issue de A. En d'autres termes, l'onde reste plane dans le cristal et la construction d'Huyghens s'applique comme dans le cas des milieux isotropes. Seulement, A R n'est plus normal à l'onde plane, et la vitesse normale A Q n'est plus constante.

Dans les milieux isotropes, V étant la vitesse de la lumière dans le milieu extérieur, on a $\dfrac{\sin i}{\sin r} = \dfrac{PC}{AR} = \dfrac{V}{v}$ (v, vitesse de la lumière dans second milieu).

Ce rapport $\dfrac{\sin i}{\sin r}$, appelé *indice* de réfraction, est donc constant et égal au rapport des inverses des vitesses de la lumière dans les deux milieux. Dans les cristaux, on continue d'appeler indice le rapport $\dfrac{\sin i}{\sin r}$, i étant l'angle d'incidence et r l'angle réfraction de *l'onde plane*. Mais ce rapport n'est plus constant ; l'indice varie avec l'incidence. On voit qu'ici $n = \dfrac{\sin i}{\sin r} = \dfrac{PC}{AQ}$, et non $\dfrac{PC}{AR}$. C'est-à-dire que l'indice est inversement proportionel, non à la vitesse effective, mais à la *vitesse normale*.

Ainsi : l'onde plane pénétrant dans un cristal reste plane ; chaque direction d'onde plane a, en général, son indice spécial (l'indice restant défini par $n = \dfrac{\sin i}{\sin r}$) ; et cet indice est inversement proportionnel à la *vitesse normale* de l'onde plane.

On voit aussi que si de la lumière parallèle (faisceau d'ondes planes) traverse une lame à faces parallèles taillée dans un cristal, comme la même construction s'appliquera en sens inverse au sortir de la lame, la lumière ressortira du cristal sans déviation, comme s'il s'agissait d'un milieu isotrope. En particulier, si l'onde est parallèle à la lame, elle lui reste parallèle dans la traversée du cristal, mais le rayon est déplacé sur le côté d'une quantité proportionnelle à l'épaisseur de la lame et variable selon la direction de celle-ci.

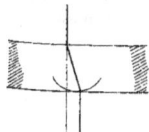

Voilà ce qu'on peut déduire à priori du principe d'Huyghens, appliqué dans un milieu homogène et anisotrope ; nous allons voir que cela se vérifie, mais qu'il s'introduit dans le phénomène quelque chose de plus, et qui est essentiel.

Double réfraction. — Prenons par exemple un cristal de *spath* ou calcite. Il se brise suivant des clivages rhomboédriques. Taillons une lame qui ne soit ni parallèle ni perpendiculaire à l'axe ternaire, par exemple une lame de clivage (faisant 45° 23′ avec l'axe). Regardons directement un point lumineux A. Puis introduisons la lame de façon qu'elle soit perpendiculaire à O A (O, œil). Nous devons, si ce qui vient d'être dit est exact, voir le point A déplacé en O′ A′ d'une longueur A A′ proportionnelle à l'épaisseur de la lame. C'est ce qui a lieu en effet. Seulement, il se produit ce phénomène, observé dès 1669 par Erasme Bartholin, qu'une partie seulement de la lumière issue du point A suit ce trajet particulier. Il se fait en réalité non plus un seul, mais deux rayons réfractés. A l'entrée dans le cristal, le rayon A C se dédouble : une partie suit un trajet tel que A C B O′, comme nous l'avions prévu ; l'autre se comporte comme le ferait un rayon quelconque pénétrant dans une matière isotrope, et suit le trajet rectiligne A C O. Si l'on incline la lame de manière à modifier l'angle d'incidence, ce second rayon suit en toutes circonstances la loi des sinus. On l'appelle pour cette raison *rayon ordinaire*.

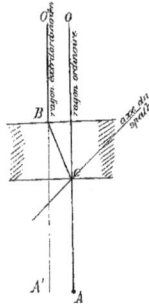

L'autre ne suit pas la loi des sinus, c'est le *rayon extra-ordinaire*. Ainsi, un point lumineux vu à travers une lame de spath paraît en général double ; on en voit deux images.

En chaque point du spath passe un axe ternaire. On appelle *plan principal* de la lame cristalline la direction de plan passant par l'axe ternaire et normale à la lame. Dans une lame de spath recevant de la lumière sous forme d'ondes planes parallèles à sa surface, le rayon extraordinaire est toujours dans le plan principal, et disposé de manière à faire avec l'axe un angle plus grand que le rayon ordinaire. En sorte que les deux images d'un point P, vues à travers une lame de spath, sont disposées comme l'indique la figure, l'image extraordinaire E située, par rapport à l'ordinaire O, sur une parallèle à la projection de l'axe sur le plan de la lame, et plus loin du sommet ternaire A.

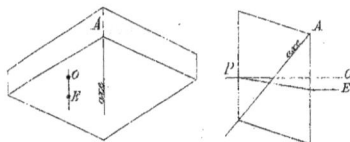

Que le rayon ordinaire suive toujours la loi des sinus, cela signifie, nous l'avons vu, que l'onde élémentaire correspondant à la portion de la lumière qui suit ce trajet est sphérique. Et que le rayon extraordinaire ne suive pas cette loi, cela signifie que l'onde élémentaire correspondant à cette autre portion n'est pas sphérique. A l'entrée du cristal, la lumière se divise en deux parties : l'une se propage par ondes sphériques, c'est-à-dire avec la même vitesse dans toutes les directions, comme si elle était dans un milieu isotrope ; l'autre se propage par ondes non sphériques, c'est-à-dire avec des vitesses variables selon les directions.

A quoi peut correspondre cette séparation ? Et, si nous avons prévu l'existence d'un rayon extraordinaire, comment peut-il exister dans un milieu anisotrope un rayon ordinaire ?

Examinons ces deux rayons au moyen d'un analyseur. Nous constaterons que tous deux sont *totalement polarisés*, et que leurs plans de polarisation sont *rectangulaires*. Les deux vibrations sont donc rectilignes et rectangulaires. Le rayon ordinaire a pour plan de polarisation le plan principal, c'est-à-dire que, selon la convention habituelle (celle de Fresnel), la vibration est perpendiculaire au plan principal, donc *normale à l'axe ternaire* (1). Le rayon extraordinaire a au contraire sa vibration dans le plan principal. Si l'on a reçu sur le cristal de la lumière naturelle, l'intensité de l'image ordinaire O est égale à celle de l'image extraordinaire E. Si l'on a reçu de la lumière totalement polarisée vibrant suivant O x, cette lumière passe tout entière dans le rayon ordinaire, et il n'y a pas de rayon extraordinaire. L'inverse a lieu si la lumière incidente vibre suivant E y, dans le plan principal. Si la lumière incidente d'intensité I vibre suivant O z, faisant un angle α avec O x, le rayon ordinaire a pour intensité I cos² α et le rayon extraordinaire I sin² α, conformément à la loi de Malus. Ces deux intensités sont complémentaires : tout ce qui, dans l'intensité de la lumière incidente, ne passe pas dans le rayon ordinaire, passe dans le rayon extraordinaire, et la somme de ces intensités, sauf les pertes par réflexion ou absorption, est égale à l'intensité incidente.

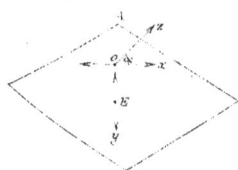

On peut vérifier ces faits, par exemple, en superposant deux spaths sur le trajet d'un rayon de lumière naturelle d'intensité I. Le premier spath dédouble ce rayon en deux rayons O et E d'égale intensité $\frac{I}{2}$. Si le second spath est orienté de façon que son plan principal fasse un angle α avec celui du premier, chacun des deux rayons totalement polarisés O et E fournira deux rayons dont les intensités seront :

$$O'_o = \frac{I}{2} \cos^2 \alpha$$

$$O'_e = \frac{I}{2} \sin^2 \alpha$$

$$E'_o = \frac{I}{2} \sin^2 \alpha$$

$$E'_e = \frac{I}{2} \cos^2 \alpha$$

(1) Nous adopterons la convention de Fresnel et conviendrons d'appeler vibration de la lumière polarisée le vecteur normal au plan polarisation.

D'où $O'_o = E'_e$, complémentaires de $O'_e = E'_o$. En particulier, pour

$$\alpha = 0, \quad \left\{ \begin{array}{l} O'_o = E'_e = \dfrac{1}{2} \\[2mm] O'_e = E'_o = 0 \end{array} \right.$$

$$\alpha = 90° \quad \left\{ \begin{array}{l} O'_o = E'_e = 0 \\[2mm] O'_e = E'_o = \dfrac{1}{2} \end{array} \right.$$

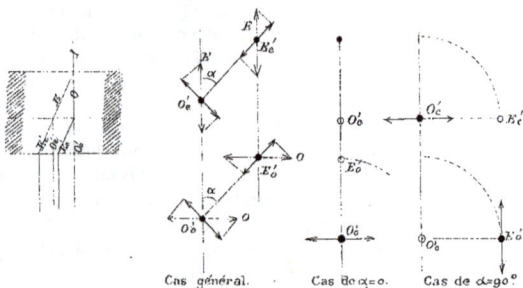

Cas général. Cas de $\alpha = 0$. Cas de $\alpha = 90°$.

Ainsi, une vibration quelconque incidente se décompose, en pénétrant dans le cristal, en deux *composantes* rectilignes rectangulaires, et ces deux composantes, qui ont des directions différentes, ne se transmettent pas de la même manière dans le cristal : elles se séparent. L'une, toujours normale à l'axe ternaire, a une vitesse constante quelle que soit la direction de propagation, et suit par conséquent la loi des sinus. L'autre, qui est dans le plan principal, perpendiculaire à la première, a une vitesse variable selon les directions. La séparation du rayon incident en deux rayons dans le spath n'est autre chose, en résumé, que la séparation du mouvement vibratoire en deux composantes vibrant dans des directions différentes (rectangulaires), et qui pour cette raison (en vertu de l'anisotropie cristalline) n'ont pas même vitesse, et par suite ne se réfractent pas de même.

Il n'y a qu'une direction, dans le spath, qui ne donne pas lieu à la double réfraction. C'est celle de l'axe ternaire. Une lame normale à l'axe, recevant normalement de la lumière parallèle naturelle, la transmet sans dédoublement ni polarisation dans cette direction particulière, comme le ferait une lame de verre. C'est-à-dire que toutes les vibrations qui se propagent suivant l'axe ternaire ont même vitesse. En d'autres termes, la surface d'onde élémentaire du rayon ordinaire, qui est une sphère, et celle du rayon extraordinaire, que nous ne connaissons pas encore, se confondent sur l'axe ternaire.

Les cristaux ne se comportent pas tous comme le spath. Il y en a assez peu qui écartent les deux rayons autant que le fait le spath, c'est-à-dire dont la surface d'onde ordinaire diffère autant de la surface d'onde extraordinaire. Mais en outre tous ne montrent pas, même qualitativement, des propriétés semblables à celles du spath. On peut les diviser en trois groupes :

1° Cristaux ayant plusieurs axes de symétrie d'ordre supérieur à 2. Ils sont isotropes comme la matière amorphe.

2° Cristaux ayant un seul axe d'ordre supérieur à 2, ou encore un axe d'ordre 2 par où passent deux plans de symétrie de même espèce. — Cristaux dits *uniaxes*. — Ils se comportent comme le spath, à cela près que le rayon extraordinaire est tantôt plus écarté de l'axe que le rayon ordinaire, comme dans le spath, tantôt moins écarté. Les premiers sont dits *négatifs*, les seconds *positifs* (quartz).

3° Cristaux n'ayant pas d'axe d'ordre supérieur à 2. — Cristaux dits *biaxes*. Ils divisent encore la lumière en deux composantes rectilignes rectangulaires, mais aucune des deux ne suit la loi des sinus. Il n'y a pas de rayon ordinaire, mais deux rayons extraordinaires.

Avant d'aller plus loin, nous allons chercher la cause de la double réfraction. Cela nous conduira à comprendre les propriétés des cristaux des deux premiers groupes. Nous généraliserons ensuite ces résultats et pourrons ainsi prévoir les propriétés des cristaux biaxes, moyennant des hypothèses simples et quitte à vérifier les résultats. Il ne s'agit pas ici de faire une théorie rationnelle, mais de bien comprendre et grouper les faits.

Cause de la double réfraction. Nous savons qu'une vibration lumineuse de forme quelconque tombant sur un cristal ne peut pas en général s'y propager telle quelle. Elle se dédouble en deux composantes rectilignes d'orientation déterminée. Ainsi un rayon ou une direction de propagation normale ne peuvent pas transmettre indifféremment toutes les vibrations qui leur sont perpendiculaires, comme peut le faire une droite quelconque d'un milieu isotrope. Nous ne savons même pas si une direction donnée peut toujours, comme rayon ou comme direction de propagation normale, transmettre des vibrations polarisées rectilignes. Mais je dis qu'étant donnée une direction (rayon ou propagation normale) dans un cristal, cette direction *ne peut transmettre plus de deux* vibrations polarisées rectilignes différemment orientées et *de vitesses différentes.*

Supposons que la direction O puisse transmettre les vibrations O A, O B ; c'est-à-dire que si ces vibrations existent, à un moment donné elles se transmettent sans changer de forme et d'orientation, avec O pour direction de propagation (effective ou normale, peu importe). En général, O A et O B, différemment orientées, auront des vitesses différentes suivant O, puisque dans le milieu cristallin les propriétés varient selon les directions. Une troisième vibration O C pourra-t-elle se transmettre aussi sans changement suivant O ? Evidemment non, car une vibration O C qui se transmettrait sans changer de forme ni d'orientation serait équivalente à deux composantes O A, O B *de même vitesse* et sans différence de phase. Or ces deux composantes, en lesquelles on peut toujours imaginer que l'on décompose l'amplitude O C d'une vibration, ont par hypothèse des vitesses différentes. Donc O C ne peut se transmettre telle quelle, et se dédouble forcément en deux composantes O A, O B, de vitesses différentes.

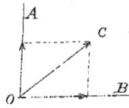

Par contre, si O A, O B ont même vitesse, toute vibration telle que O C sera stable et se propagera aussi suivant O avec la même vitesse. En sorte que dans ce cas particulier la direction O pourra transmettre, et cela *avec la même vitesse,* toutes les vibrations de forme quelconque qui lui sont perpendiculaires, comme le font toutes les directions dans les milieux isotropes. Il n'y a donc que trois cas possibles. Dans un milieu cristallin, une direction peut :

1° Ne transmettre que deux vibrations polarisées rectilignes, avec des vitesses différentes. C'est le cas général, car l'expérience montre que la plupart du temps la transmission de vibrations rectilignes est possible, et d'autre part l'anisotropie cristalline détermine en général des vitesses différentes pour des vibrations de directions différentes.

2° Transmettre avec même vitesse toutes les vibrations de forme quelconque qui lui sont normales. C'est le cas particulier de l'axe du spath et en général de l'axe des cristaux uniaxes. Dans ces directions, le cristal se comporte comme un milieu isotrope.

3° Cas exceptionnel : la direction ne peut transmettre aucune vibration rectiligne (exemple : axe du quartz ou du cinabre).

Telle est la cause de la double réfraction : c'est qu'en général, et à part les cas particuliers (3°), une direction peut transmettre des vibrations rectilignes, ce que nous admettons comme fait d'expérience ; que ces vibrations étant de directions différentes, n'ont pas en général même vitesse, sauf les cas particuliers (2°), puisque les propriétés des cristaux varient d'une direction à une autre, et qu'alors il n'est pas possible qu'il en existe plus de deux pour une même direction de rayon ou de propagation normale.

On conçoit d'ailleurs que ces deux vibrations rectilignes que peut en général transmettre une direction quelconque d'un cristal doivent être rectangulaires. Une vibration polarisée a en effet deux plans de symétrie rectangulaires O A, O B.

Ces deux plans sont d'espèces différentes, ils ne jouent pas le même rôle, mais enfin nous n'avons aucune raison décisive pour porter le vecteur qui représente l'amplitude de la vibration sur O A plutôt que sur O B. Si nous comparons la lumière à la vibration d'un corps élastique, il est clair que, pour que cette vibration puisse rester dirigée suivant O A en se propageant, il faut que la résultante des réactions élastiques du milieu soit dirigée suivant O A : il faut qu'au point de vue de la lumière, le milieu se comporte comme s'il était symétrique par rapport à O A. Mais ce que nous disons de O A, nous pouvons le dire avec autant de raison de O B, qui est aussi bien plan de symétrie de la vibration. De sorte que si le milieu est capable de transmettre la vibration O A, ce qui exige qu'il réagisse symétriquement par rapport à O A et O B, il pourra transmettre aussi la vibration O B, perpendiculaire, qui a les mêmes plans de symétrie. Inutile d'ajouter que ceci n'est pas une *démonstration*.

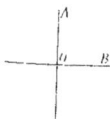

La surface d'onde élémentaire, étant le lieu des points où parvient, au bout du temps 1, la perturbation lumineuse issue d'un point, s'obtient en portant sur tous les vecteurs issus de ce point des longueurs proportionnelles à la vitesse effective des vibrations se propageant avec chaque vecteur pour rayon. Ou encore, en portant sur chaque vecteur les vitesses normales des vibrations qui ont ce vecteur pour direction de propagation normale, et cherchant l'enveloppe des ondes planes ainsi obtenues. Comme il y a en général deux vibrations de vitesses différentes pour chaque direction de propagation, cette surface est à deux nappes ; elle est rencontrée 4 fois par une même droite, et est donc au moins du quatrième degré. L'hypothèse la plus simple comme première approximation est de la supposer du quatrième degré. L'une des nappes correspond à la composante dite ordinaire, l'autre à la composante rectangulaire, dite composante extraordinaire.

Voyons d'abord le cas des cristaux uniaxes :

Soit un cristal ayant, dans ses propriétés physiques, un axe de symétrie d'ordre *n* supérieur à 2. Supposons que cet axe puisse transmettre une vibration rectiligne qui lui soit normale. Le milieu étant symétrique par rapport à l'axe, celui-ci pourra transmettre également, et *avec la même vitesse*, la vibration obtenue en faisant tourner la première de $\dfrac{2\,\pi}{n}$ autour de l'axe. Donc l'axe d'un cristal uniaxe, s'il peut transmettre une vibration rectiligne, ce qui est le cas général en fait, transmet avec la même vitesse toutes les vibrations qui lui sont normales. Il leur sert en même temps de direction de propagation normale et de rayon. Une telle direction s'appelle un *axe optique*. Elle transmet la lumière naturelle sans modification. Les cristaux qui ont un tel axe sont dits *uniaxes*.

Considérons maintenant, toujours dans un cristal uniaxe, un rayon R situé dans un des plans de symétrie P passant par l'axe, mais oblique sur l'axe principal. Le milieu étant symétrique par rapport au plan P, le rayon R devra transmettre les deux vibrations O C et O B qui sont symétriques par rapport à ce plan, l'une O C perpendiculaire à ce plan, l'autre O B dans ce plan. C'est, nous le savons, ce que confirme l'expérience. O C, c'est la composante ordinaire, O B la composante extraordinaire.

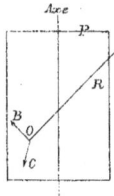

Faisons varier R dans le plan. La vibration O C a ceci de remarquable qu'elle conserve toujours la même direction. Pour cette vibration, la réaction élastique du milieu, de quelque nature qu'elle soit, reste donc la même quelle que soit l'inclinaison du rayon R par rapport à l'axe. Si nous admettons, par analogie avec les vibrations matérielles, que c'est cette réaction qui détermine la vitesse de propagation, il est tout naturel que la vitesse de cette vibration O C, quand elle se transmet suivant une droite quelconque du plan P, reste constante. La nappe correspondante de la surface d'onde sera donc coupée par le plan P suivant un cercle, et il en est de même pour les 2, 3, 4 ou 6 plans de symétrie passant par l'axe. D'ailleurs, toutes les vibrations normales à l'axe se transmettent avec la même vitesse dans la direction de cet axe. Celles qui sont en dehors des plans de symétrie P déterminent donc la même réaction élastique que celles qui sont dans ces plans. Si, comme nous en faisons l'hypothèse, c'est cette réaction élastique seule qui détermine la vitesse de propagation, on voit que toutes les vibrations normales à l'axe, c'est-à-dire toutes les vibrations ordinaires, auront même vitesse. Chacune d'elles peut se transmettre, et toujours avec même vitesse, suivant toutes les droites qui lui sont perpendiculaires, comme le font toutes les vibrations dans les milieux isotropes. La nappe correspondante de la surface d'onde est une sphère. C'est bien, nous le savons, ce qui a lieu : toute vibration tombant sur un cristal uniaxe se décompose en deux vibrations rectilignes dont l'une, dite ordinaire, vibre normalement à l'axe et suit la loi des sinus.

Mais alors, si la surface d'onde est du quatrième degré, au moins dans une première approximation, la nappe correspondant à la composante extraordinaire est un *ellipsoïde*. Cet ellipsoïde est d'ailleurs de révolution, car il doit avoir un axe d'ordre supérieur à 2. De plus, comme nous l'avons vu, il est tangent à la sphère aux points de rencontre de l'axe. Car pour les rayons transmis suivant l'axe, la composante extraordinaire devient normale à l'axe, donc devient ordinaire (1).

En résumé, dans les cristaux uniaxes, la surface d'onde se compose d'une

sphère et d'un ellipsoïde de révolution tangents sur l'axe. L'axe optique, qui n'est qu'un axe d'ordre 6, 4, 3 ou 2 (hémiédrie sphénoédrique) pour les propriétés géométriques du cristal, est un axe de révolution pour les propriétés optiques. La nappe sphérique correspond aux vibrations *ordinaires*, c'est-à-dire normales à l'axe. La nappe ellipsoïdale correspond aux vibrations *extraordinaires*, c'est-à-dire non normales à l'axe. Et toute vibration pénétrant dans le cristal se décompose en ces deux composantes.

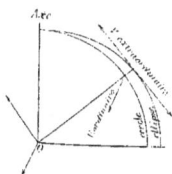

Dans le spath, l'ellipsoïde est extérieur à la sphère, c'est-à-dire que les vibrations ordinaires ont une vitesse moindre, ou encore un indice plus grand que les vibrations extraordinaires. Un tel cristal est dit *négatif*. Dans d'autres (quartz), l'ellipsoïde est intérieur à la sphère ; l'indice ordinaire est plus petit que tous les indices extraordinaires. Le cristal est dit *positif*.

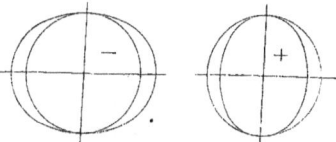

---

(1) Nous avons supposé, cas le plus fréquent, qu'il y a des plans de symétrie passant par l'axe principal. S'il n'y en a pas, il se peut :

1° Ou bien qu'il y ait un plan de symétrie normal à l'axe. Dans ce cas, on doit modifier

le raisonnement en l'appliquant à un rayon R situé dans ce plan Π, et en considérant la section équatoriale de la surface d'onde. Le rayon R transmet, par symétrie, les vibrations O C et O B, parallèle et normale au plan Π. Pour tous les rayons R du plan Π, O B garde la même direction : la section équatoriale de la nappe correspondante est un cercle. Celle qui correspond à O C est donc une ellipse, mais qui, devant avoir un axe d'ordre supérieur à 2, est un cercle.

Les vibrations ordinaires O C déterminent donc toutes la même réaction élastique. La surface d'onde ordinaire est donc une sphère et par suite l'autre un ellipsoïde. Le résultat est le même que lorsqu'il y a des plans de symétrie passant par l'axe.

2° Ou bien il se peut qu'il n'y ait aucun plan de symétrie. C'est le cas de l'*holoaxie*. Dans ce cas, l'axe ne peut transmettre aucune vibration rectiligne. Nous écartons ce cas pour le moment (voir *pouvoir rotatoire*).

Tout ceci, on l'a vu, contient une bonne part d'hypothèse. Le résultat est-il vérifié par l'expérience ?

1° Taillons des prismes de spath de divers angles ayant leur arête parallèle à l'axe. Faisons tomber sur ces prismes de la lumière parallèle, normalement à l'arête. La construction d'Huyghens montre que dans ce cas particulier les deux rayons suivent la loi des sinus, s'il est vrai que la surface d'onde soit de révolution. L'indice mesuré au moyen de la déviation minimum, comme d'ordinaire, doit être constant quel que soit l'angle du prisme, aussi bien pour le rayon extraordinaire que pour l'ordinaire. C'est ce qui a lieu, et l'on mesure ainsi :

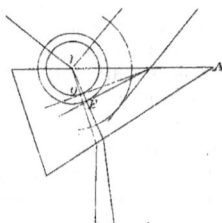

$$n_o = \frac{1}{v_o} = \frac{1}{OI} = 1.65850 \text{ (raie D)}, \text{ et } n_e = \frac{1}{v_e} = \frac{1}{EI} = 1.48635.$$

La différence $n_o - n_e = 0.17215$ s'appelle la *biréfringence* du spath. Elle est énorme dans ce minéral, bien moindre dans la plupart des cristaux (ainsi dans le quartz $n_e - n_o = 0.0091$).

Ceci vérifie que la surface d'onde est de révolution, et nous fait connaître sa forme si nous admettons que la nappe extraordinaire est un ellipsoïde. Reste à vérifier ce point.

2° Taillons des prismes dont l'arête soit normale à l'axe optique, les faces faisant des angles quelconques, connus, avec l'axe du spath.

Nous faisons toujours tomber la lumière normalement à l'arête. Connaissant l'angle α de l'axe avec la face d'entrée, on calcule aisément, sur la figure ci-contre, la direction de l'onde réfractée A E pour chaque direction d'onde plane incidente, en supposant la nappe extraordinaire ellipsoïdale. De même pour la face de sortie. On calcule ainsi la déviation du rayon extraordinaire, ou encore l'angle qu'il fait à l'émergence avec le rayon ordinaire. Les nombreuses vérifications faites, notamment par Malus, montrent que la déviation ainsi calculée concorde avec celle que l'on mesure. L'approximation obtenue en supposant la surface d'onde extraordinaire ellipsoïdale dépasse la précision, très grande cependant, des mesures actuelles. La forme de la surface d'onde des cristaux

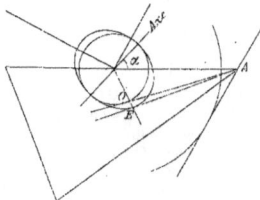

uniaxes est donc bien celle à laquelle nous sommes arrivés en supposant la surface d'onde du 4ᵉ degré.

Nous aurons surtout à considérer le cas simple d'ondes planes tombant parallèlement à une lame cristalline à faces parallèles. Selon la position de la lame par rapport à l'axe optique, les rayons réfractés se comportent comme l'indiquent les figures suivantes ; les ondes restent parallèles à la lame.

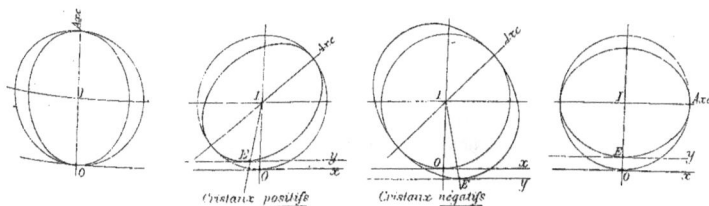

Cristaux positifs   Cristaux négatifs

L'onde Ox vibre normalement à la projection de l'axe sur la lame.
  »   Ey »   parallèlement   »   »   »

Dans le dernier cas, les deux rayons ne se séparent pas en direction. Les deux vibrations cheminent cependant avec des vitesses différentes ; l'œil ne peut les distinguer, mais elles se séparent néanmoins. Nous verrons comment on peut percevoir la double réfraction dans ce cas, au moyen de la polarisation chromatique ; et de même, comment on perçoit et mesure la double réfraction dans les cas, les plus fréquents en fait, où la biréfringence est assez petite pour que l'angle E1O des deux rayons reste imperceptible. Il y a en effet une foule de cristaux uniaxes dans lesquels la division des deux rayons, dans une lame à faces parallèles, ne se voit pratiquement pas, à moins de pouvoir observer des épaisseurs énormes. Cette division existe néanmoins, comme dans le spath. On le voit nettement en employant, non une lame à faces parallèles, qui ne fait que déplacer l'un des rayons sur le côté sans changer sa direction, mais un prisme qui fait diverger les deux rayons. Dans le quartz par exemple, $n_o =$ 1,54423 (raie D), et $n_e = 1,55338$, $n_e — n_o = 0,00915$ (spath : 0,17215). Les deux surfaces d'onde sont très voisines, les deux rayons pratiquement confondus à la sortie d'une lame à faces parallèles, à moins qu'elle ne soit excessivement épaisse. Si l'on taille ensemble deux prismes de même angle de quartz et de spath dont l'arête soit parallèle à l'axe optique, et si l'on en constitue un prisme unique, on verra dans le spectroscope une même raie, D par exemple, donner dans chacun des deux minéraux deux images polarisées disposées comme l'indique la figure suivante :

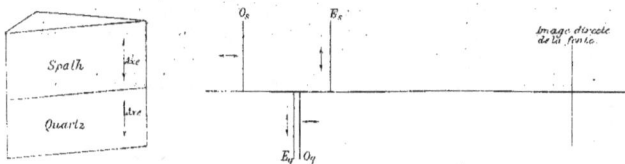

Ainsi les phénomènes sont les mêmes dans tous les cristaux uniaxes, au signe près. Mais la biréfringence est souvent assez faible pour que l'on ne distingue pas les deux images sans précautions spéciales comme on les distingue dans le spath.

Application à la construction de *polariseurs*.

Prisme biréfringent. — Prisme de spath. Le rayon extraordinaire étant le moins dévié, on l'emploie de préférence, en l'achromatisant au moyen d'un prisme de verre. On garde l'autre rayon pour repérer la direction de la vibration totalement polarisée ainsi obtenue, direction qui est E o si l'arête du prisme est normale à l'axe. On préfère en général ne garder qu'un rayon, et surtout éviter toute déviation ou coloration en employant, par exemple, le prisme de *nicol*.

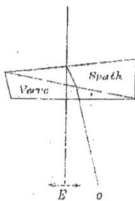

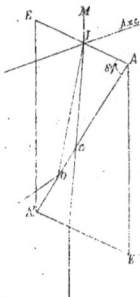

Un fragment de spath est scié suivant un plan A A' normal au plan de symétrie et faisant avec la face p un angle de 87°, puis recollé, sans changer l'orientation des deux parties, au moyen de baume du Canada. L'indice du baume, qui est de 1,53, est intermédiaire entre les indices maximum et minimum du spath. Un rayon incident M I se dédouble en I ; le rayon extraordinaire traverse le baume, puis ressort du nicol en reprenant sa direction initiale, sans coloration ; le rayon ordinaire, pour lequel le spath a un indice plus grand que le baume, tombe sur la surface de séparation sous un angle tel qu'il se réfléchit totalement ; il est éteint par la monture du nicol, enduite de noir de fumée. Le nicol fournit ainsi une vibration totalement polarisée, qui n'est ni déviée ni colorée. C'est le plus commode des polariseurs ou analyseurs. La vibration que laisse passer cet appareil est la vibration extraordinaire, c'est-à-dire qu'elle est parallèle à la petite diagonale de la face d'entrée.

Cristaux ayant plusieurs axes d'ordre supérieur à 2. — (Cubiques holoèdres et premières mériédries du système cubique.) Nous venons de voir qu'un axe d'ordre supérieur à 2 est un axe de révolution pour les propriétés optiques, et que les deux nappes de la surface d'onde sont tangentes entre elles au point où cet axe les coupe. Dans les cristaux ayant plusieurs axes de ce genre, les propriétés optiques sont ainsi de révolution autour de plusieurs axes. Les deux nappes de la surface d'onde se confondent donc en une sphère unique. Ces cristaux ont par suite les propriétés optiques de la matière amorphe ; ils sont isotropes. Ils ne sont pas isotropes pour d'autres propriétés, par exemple la cohésion ou les formes géométriques, mais ils le sont pour la lumière.

Cristaux biaxes. — Restent les cristaux sans axe principal, c'est-à-dire ceux dont la symétrie ne dépasse pas celle du système orthorhombique.

Ces cristaux divisent encore le rayon incident en deux composantes vibrant rectilignement dans des azimuths rectangulaires. Mais il est facile de voir, en taillant des prismes et mesurant les indices, qu'aucun des deux indices n'est constant. Donc, la surface d'onde, qui est toujours à deux nappes, n'a plus de nappe sphérique. Elle n'est d'ailleurs plus de révolution, il n'y a plus d'axe optique au sens que nous avons donné à ce mot. La surface d'onde ne se compose plus de deux surfaces du second degré : c'est une surface unique du 4e degré à deux nappes. La surface d'onde des cristaux uniaxes n'en est qu'un cas particulier où il y a dédoublement en deux surfaces du second degré. Comment connaître cette surface ?

Nous aurons intérêt, pour simplifier les choses, à considérer au lieu de la surface d'onde une autre surface qui résume encore plus simplement tout ce qui concerne la transmission de la lumière dans le cristal. C'est l'*ellipsoïde inverse*, ou ellipsoïde des indices.

Considérons la section de la surface d'onde d'un cristal *uniaxe* par un plan méridien. Soit $o r_1$ un rayon extraordinaire issu du point o et qui, au bout du temps 1, atteint le point r_1. Menons le plan tangent en r_1 à la surface d'onde extraordinaire. C'est l'onde plane dont $o r_1$ est la direction de propagation effective et $o f_1$ la direction de propagation normale. La vibration correspondante est, d'après la convention de Fresnel, située dans le plan de l'onde et dans le plan principal, c'est-à-dire suivant $o R_1$, perpendiculaire à $o f_1$. $o r_1$ et $o R_1$ sont des diamètres conjugués de l'ellipse. Menons la normale à l'ellipsoïde en R_1. Comme le plan tangent en R_1 est parallèle à or_1, cette normale $R_1 N_1$ est perpendiculaire à or_1.

L'aire du parallélogramme $oR_1 vr_1$, construit sur deux diamètres conjugués, est constante et égale à $oA \times oC$. Donc

$$oR_1 \times of_1 = oA \times oC = \text{constante } k.$$

Ou $oR_1 = \dfrac{k}{v_n} = kn\,(n, \text{indice}).$ Réduisons dans le rapport k tous les rayons vecteurs de l'ellipsoïde surface d'onde extraordinaire ; nous aurons un nouvel ellipsoïde qui lui est semblable et qui jouit des propriétés suivantes : étant donnée une vibration quelconque oR_1, menons la normale à l'ellipsoïde en R_1, puis par le centre o, dans le plan oR_1N_1, les perpen-diculaires of_1 à oR_1 et or_1 à R_1N_1, or_1 sera la direction du rayon capable de propager la vibration oR_1 ; of_1 sera la direction de propagation normale et le plan f_1r_1 sera le plan de l'onde. Enfin, ce qui est remarquablement commode, oR_1 sera en grandeur l'indice de la vibration (inverse de la vitesse *normale*).

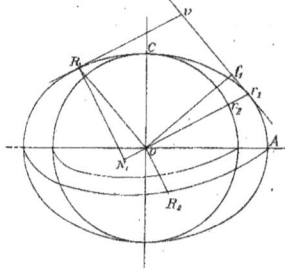

Ce même ellipsoïde représente aussi bien les vibrations ordinaires. En effet, considérons la vibration ordinaire que peut transmettre le même rayon or_1. C'est oR_2, qui est normale à l'axe en même temps qu'à or_1. Sa vitesse est $or_2 = oC$, ou $\dfrac{oA \times oC}{oA}$, ou $\dfrac{k}{oR_2}$, et ici la vitesse normale ne diffère pas de la vitesse effective. Donc, dans le nouvel ellipsoïde, semblable à la surface d'onde extraordinaire, soit une vibration ordinaire oR_2, normale à l'axe. Menons comme tout à l'heure la normale à l'ellipsoïde en R_2. Elle se confond avec oR_2. De o, menons une perpendiculaire sur cette normale. Ce sera une droite quelconque du plan perpendiculaire à oR_2. Toutes ces droites, nous le savons, peuvent également servir de direction de propagation effective et normale à la vibration ordinaire oR_2, qui se comporte comme les vibrations dans les milieux isotropes. Et enfin oR_2 représente en grandeur l'inverse de la vitesse, c'est-à-dire l'indice de la vibration qui s'effectue suivant cette direction. Le rayon équatorial de l'ellipsoïde représente ainsi l'indice de la vibration ordinaire.

Cet ellipsoïde, dont la principale propriété est que *chacun de ses rayons vecteurs mesure en grandeur l'indice de la vibration qu'il représente en direction,* est appelé *ellipsoïde inverse,* ou ellipsoïde des indices. Il dispense de considérer la surface d'onde, plus compliquée, et se trouve d'ailleurs, dans les cristaux uniaxes, être semblable à l'ellipsoïde surface d'onde extraordinaire.

La mesure des indices principaux donne immédiatement la forme de l'ellipsoïde inverse. Nous avons vu comment un prisme parallèle à l'axe optique donne la mesure de l'indice n_o des vibrations normales à l'axe et de l'indice n_e de la vibration parallèle à l'axe. n_o est le rayon équatorial, n_e le rayon suivant l'axe de l'ellipsoïde inverse. Connaissant l'ellipsoïde inverse, on retrouve aisément la surface d'onde : oR, vibration quelconque, RN, normale à l'ellipsoïde. of, perpendiculaire à oR dans le plan RoN, est la direction de propagation normale de la vibration oR.

Porter $of = \dfrac{1}{o\text{R}}$, mener le plan perpendiculaire à of en f, et chercher son enveloppe, ou plus simplement mener or normale à RN, porter sur or une longueur $or = \dfrac{1}{\text{RN}}$, et chercher le lieu de r.

Quand on passe des cristaux uniaxes aux cristaux sans axe principal, que devient cet ellipsoïde inverse? La généralisation la plus naturelle est de supposer que cet ellipsoïde continue d'exister, mais qu'il n'est plus de révolution, qu'il a trois axes inégaux. C'est ainsi que Fresnel a été conduit à découvrir la forme de la surface d'onde des cristaux biaxes. Il a supposé que ces cristaux possèdent un ellipsoïde inverse jouissant des mêmes propriétés que celui des cristaux biaxes, mais à trois axes inégaux. On déduit aisément de là, par l'un ou l'autre des procédés (enveloppe des ondes planes fr, ou lieu des points r), la forme de la surface d'onde. Fresnel, pour présenter ensuite sa découverte à la mode du temps, l'a donnée comme résultat d'une théorie rationnelle déduite d'hypothèses sur la constitution de l'éther. En réalité, il y était parvenu par cette extrapolation de l'ellipsoïde inverse, c'est-à-dire par la véritable méthode physique (1). Contentons-nous de cette méthode, qui est la bonne : l'existence de

---

(1) Il y a, dans l'histoire des sciences, peu d'exemples aussi frappants du rôle tout à fait accessoire des théories mécaniques. Ces théories, qui peuvent varier à l'infini pour l'explication d'un même phénomène, ont leur utilité quand elles servent à guider l'extrapolation à partir des faits déjà connus. Elles sont un instrument parfois utile et que l'on ne doit pas repousser. Mais toutes, sans exception, sont destinées à se montrer un jour insuffisantes et à disparaître, comme celle de Fresnel. Seuls les faits qu'elles ont pu conduire à découvrir restent. C'est donc un non-sens que d'assigner pour but à la physique, comme on le faisait jadis et comme on le fait trop souvent encore, de réduire tous les phénomènes à des explications mécaniques. Le but ne peut être que ce qui subsiste, c'est-à-dire la connaissance des faits. Certains faits étant connus, les théories mécaniques ne sont qu'un des moyens (toujours un peu enfantin et tournant facilement au trompe-l'œil), dont nous disposons pour pousser plus loin, vers d'autres faits expérimentaux. Dans le cas qui nous occupe, la théorie mécanique n'a pas même été un instrument de recherche. Elle n'a rien ajouté à la découverte de Fresnel.

l'ellipsoïde inverse étant un fait acquis pour les cristaux uniaxes, admettons que pour les autres cet ellipsoïde existe aussi, avec les mêmes propriétés, mais que c'est un ellipsoïde à axes inégaux (c'est-à-dire n'ayant que des axes binaires). Toutes les conséquences seront à vérifier par l'expérience. En fait, elles se vérifient rigoureusement dans les limites de précision des mesures actuellement possibles.

L'ellipsoïde inverse a trois plans de symétrie, que l'on appelle *plans principaux* du cristal. D'après la construction, la surface d'onde qui s'en déduit a aussi ces plans pour plans de symétrie. Les trois vibrations dirigées suivant les axes de l'ellipsoïde sont dites *vibrations principales*. Soient $a > b > c$ leurs vitesses ; les axes de l'ellipsoïde inverse sont $\frac{1}{a}$, $\frac{1}{b}$, $\frac{1}{c}$, que l'on appelle les *indices principaux* du cristal, $n_p = \frac{1}{a}$, $n_m = \frac{1}{b}$, $n_g = \frac{1}{c}$. En appliquant analytiquement l'une ou l'autre des constructions de la surface d'onde en partant de cet ellipsoïde inverse, on trouve aisément l'équation de la surface d'onde rapportée aux trois vibrations principales prises pour axes de coordonnées. C'est :

$$\frac{a^2 x^2}{x^2 + y^2 + z^2 - a^2} + \frac{b^2 y^2}{x^2 + y^2 + z^2 - b^2} + \frac{c^2 z^2}{x^2 + y^2 + z^2 - c^2} = 0$$

ou encore :

$$\frac{x^2}{x^2 + y^2 + z^2 - a^2} + \frac{y^2}{x^2 + y^2 + z^2 - b^2} + \frac{z^2}{x^2 + y^2 + z^2 - c^2} = 1$$

Cette surface est du 4e degré ; il est facile de voir que si deux des vitesses a, b, c sont égales, elle se dédouble en une sphère et un ellipsoïde de révolution ; c'est le cas particulier des cristaux uniaxes.

Sans la discuter en détail, on voit facilement quelle est la forme de la section de cette surface par les plans principaux. La vibration OB étant normale à l'ellipsoïde, peut donc se transmettre dans toutes les directions du plan AOC, et cela avec une vitesse constante b. Donc, le cercle de rayon b dans le plan AOC est sur la surface d'onde. En second lieu, considérons la vibration OR, dans le plan AOC. Faisons la construction ordinaire : RN, normale, située dans le plan AOC ; or, perpendiculaire à RN, est le rayon. Portons $or = \frac{1}{RN}$, r est sur la surface d'onde. Or, on a : aire $ORSR' = OA \times OC$. Donc, $OR' \times RN = \frac{1}{ac}$, ou $OR' = \frac{Or}{ac}$. OR' est donc pro-

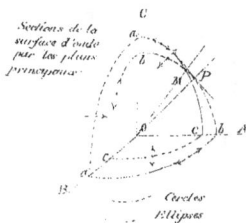

Sections de la surface d'onde par les plans principaux

Cercles
Ellipses

portionnel à Or. Donc, le lieu de r est une ellipse semblable à l'ellipse section de l'ellipsoïde inverse par le même plan A O C, et ayant pour axes a suivant O C et c suivant O A. Il en est de même pour les autres plans principaux. Donc la surface d'onde est coupée par les trois plans principaux suivant chaque fois un cercle et une ellipse, qui ne se coupent que dans le plan A O C.

Par analogie avec les cristaux uniaxes, on appelle encore vibrations ordinaires les trois vibrations O A, O B, O C, qui peuvent se transmettre, avec même vitesse, suivant toutes les droites qui leur sont perpendiculaires. Tant que la lumière se propage ainsi dans un des plans principaux, il y a un des deux rayons qui suit la loi des sinus. En dehors des plans principaux, il n'y a plus de rayon suivant la loi des sinus.

On voit que trois prismes taillés parallèlement aux trois vibrations principales donneront les trois indices de ces vibrations, et par suite feront connaître l'ellipsoïde inverse ou la surface d'onde, c'est-à-dire tout ce qu'il faut pour résoudre tous les problèmes relatifs à la transmission de la lumière dans le cristal.

Les vérifications les plus curieuses de la forme de la surface d'onde résident dans les propriétés singulières de quatre directions, identiques deux à deux, que l'on appelle axes de réfraction conique. Il y a, dans le plan AOC (contenant la vibration d'indice maximum et celle d'indice minimum), quatre points M où se coupent les deux nappes de la surface d'onde. Ce sont les ombilics, points où la surface admet une infinité de plans tangents enveloppant un cône. Les deux droites OM qui les joignent sont dites *axes de réfraction conique extérieure.* D'autre part, autour de chaque ombilic existe un plan tangent particulier qui touche la surface suivant un cercle au lieu de la toucher en un seul point. Les droites OP, normales à ces plans, sont dites *axes de réfraction conique intérieure, ou* **axes optiques.**

En M, il y a une infinité d'ondes planes tangentes à la surface d'onde. OM

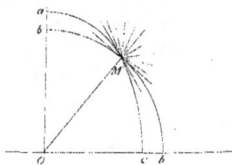

est le rayon commun à toutes ces ondes planes. Ainsi, une infinité de vibrations rectilignes, génératrices du cône tangent à la surface d'onde en M, et dont les ondes planes sont les plans tangents à ce cône, ont toutes une même direction de rayon.

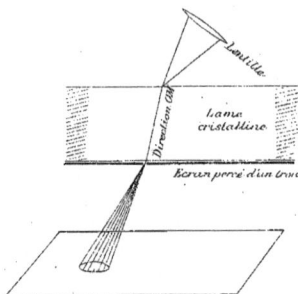

Si donc on s'arrange pour faire passer de la lumière dans un cristal biaxe de façon qu'un rayon suive la direction OM, ce rayon se divisera à la sortie du cristal, d'après la construction d'Huyghens, en une infinité de rayons formant un cône creux, et dessinant sur un écran une petite tache circulaire. C'est ce qui a lieu en effet. D'où le nom d'axes de réfraction conique extérieure donné aux directions OM.

Les directions OP sont beaucoup plus importantes. Tous les rayons correspondant aux vibrations contenues dans le plan d'onde PR, tangent à la surface suivant un cercle, forment un cône POR, à base circulaire dans le plan PR, et n'ont qu'une seule direction de propagation normale OP. Si un rayon tombe sur une face d'un cristal biaxe de façon que la construction d'Huyghens donne pour onde plane réfractée ce plan tangent particulier, alors le rayon incident unique (de lumière naturelle) donnera une infinité de rayons réfractés polarisés, formant un cône creux et ayant tous la même direction de propagation normale OP et la même vitesse normale OP, donc le même indice. Une lame à faces parallèles, éclairée par un rayon de lumière naturelle de direction convenable OA, fournira à la sortie un cylindre creux de rayons, venant dessiner sur un écran un petit cercle lumineux dont le diamètre est proportionnel à l'épaisseur de la lame et indépendant de la distance de l'écran. Les rayons émergents sont en effet tous parallèles, puisque dans

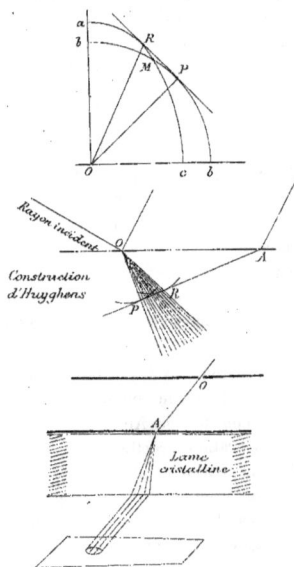

la construction d'Huyghens c'est l'onde plane seule qui intervient pour déterminer la direction du rayon après réfraction. Les directions OP sont appelées axes de réfraction conique intérieure, ou *axes optiques* du cristal. Dans les cristaux uniaxes, ces deux directions viennent se confondre en une seule avec les axes de réfraction conique extérieure, et cette direction unique est l'axe optique.

Ainsi, les vérifications expérimentales confirment la forme trouvée pour la surface d'onde. Elles confirment donc aussi l'existence de l'ellipsoïde inverse d'où nous avons déduit cette surface d'onde. Désormais, nous ne nous servirons que de l'ellipsoïde inverse.

Dispersion. — L'ellipsoïde inverse n'est pas en général le même pour les différentes couleurs. Ses dimensions, et même l'orientation de ses axes, peuvent varier d'une couleur à une autre pour un même minéral. Dans les cristaux uniaxes, l'axe optique, qui forcément coïncide avec l'axe principal du cristal, est le même pour toutes les couleurs. Mais la biréfringence (différence des longueurs des axes de l'ellipsoïde) varie plus ou moins du rouge au violet. Dans les cristaux à symétrie orthorhombique, qui ont trois plans de symétrie et trois axes binaires trirectangulaires (ou au moins trois axes binaires, ou un axe binaire et deux plans de symétrie, dans les hémiédries), l'ellipsoïde, bien qu'à trois axes inégaux, est encore déterminé en position. Ses trois axes coïncident avec les axes binaires du réseau, et cela pour toutes les couleurs. Mais dans les cristaux à symétrie clinorhombique, qui n'ont qu'un plan et un axe de symétrie (ou au moins l'un des deux), l'un seul des indices principaux est astreint à coïncider avec l'axe binaire pour toutes les couleurs (ou à être normal au plan de symétrie). Les deux autres varient d'une couleur à l'autre, non seulement en grandeur, mais en direction dans le plan g^1. Enfin, dans les cristaux anorthiques, les trois axes de l'ellipsoïde inverse peuvent varier en grandeur et en direction d'une couleur à l'autre. La *dispersion*, dans les deux derniers cas, porte donc non seulement sur la grandeur, mais sur la direction des indices principaux.

On remarquera que la symétrie du réseau n'intervient pas dans la détermination de celle des propriétés optiques. Un cristal à réseau cubique, du système cubique par conséquent, mais dont la symétrie physique n'est qu'anorthique par mériédrie, a les propriétés optiques et la dispersion d'un cristal anorthique.

Sections principales d'une lame à faces parallèles. — Considérons l'ellipsoïde inverse du cristal. Soit OR une vibration, T le plan tangent à l'ellipsoïde en R, RN la normale, Or le rayon, Of la direction de propagation normale qui correspondent à la vibration OR, enfin P l'onde plane. Le plan P' parallèle à cette onde plane, mené par le centre de l'ellipsoïde, coupe l'ellipsoïde suivant une ellipse : OR est un axe de cette ellipse. En effet, les quatre droites RN, OR, Or, Of sont par construction dans un même plan. Ce plan ROf, passant par les normales R N et Of aux plans T et P', est perpendiculaire à ces deux plans, donc aussi à leur intersection, qui est la tangente en R à l'ellipse section de l'ellipsoïde par le plan P' parallèle à P. Donc, O R, qui est dans le plan Rof, est perpendiculaire à cette tangente. R est donc un sommet et OR un axe de l'ellipse. Donc, étant donné un plan d'onde P, l'une des vibrations OR qu'il est capable de transmettre est un axe de l'ellipse section de l'ellipsoïde inverse par le plan d'onde lui-même, supposé mené par le centre de l'ellipsoïde.

L'autre vibration du même plan d'onde, perpendiculaire à la première, est donc l'autre axe de l'ellipse. Ainsi nous arrivons à cette règle très simple, nouvelle propriété remarquable de l'ellipsoïde inverse : une onde plane (ou une direction de propagation normale) ne peut transmettre dans le cristal que deux vibrations rectangulaires situées dans son plan, et ces deux vibrations sont dirigées suivant les deux axes de l'ellipse section de l'ellipsoïde inverse par le plan de l'onde. Ces deux axes sont, en d'autres termes, les *sections principales* d'une lame à faces parallèles taillée parallèlement à l'onde plane considérée. Nous savons, d'autre part, que la longueur de chacun de ces axes représente l'*indice* de la vibration parallèle à cet axe.

Si donc on fait tomber normalement sur une lame à faces parallèles un faisceau de lumière parallèle, l'onde réfractée, qui reste plane et parallèle à la surface, se divise en deux ondes correspondant à deux vibrations rectilignes rectangulaires qui sont les axes de la section de l'ellipsoïde inverse *par le plan de la lame*. Ces deux ondes prennent en général des vitesses différentes dont les inverses, indices des deux vibrations, sont les longueurs n et n' des deux axes de cette ellipse. La différence $n - n'$ est appelée *biréfringence de la lame* cristalline. Elle est maximum pour une lame parallèle au plan n_g n_p qui contient l'indice maximum et l'indice minimum du minéral, et est égale alors à $n_g - n_p$, que l'on appelle la *biréfringence du minéral*.

La biréfringence, qui varie ainsi selon la direction et est maximum pour le plan n_g n_p, est nulle pour deux directions spéciales. Ce sont les plans perpendiculaires aux *axes optiques*. Ces axes ne sont plus, comme dans les cristaux uniaxes, axes de révolution des propriétés optiques, mais ils jouissent de cette

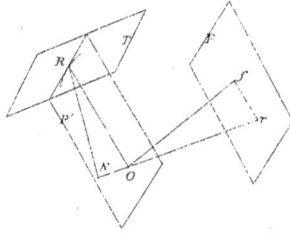

propriété que, comme l'axe des cristaux uniaxes, ils peuvent servir de direction de propagation *normale* à toutes les vibrations qui leur sont perpendiculaires. Toutes ces vibrations ont même vitesse normale, même indice, et cet indice est l'indice médian du cristal n_m. Cela se voit aisément sur la surface d'onde. Raisonnons sur l'ellipsoïde inverse :

L'ellipsoïde, à trois axes inégaux, a deux sections circulaires O C, O C' qui passent par l'axe moyen n_m et ont pour rayon n_m. Les normales à ces deux plans sont dans le plan $n_g n_p$ et font entre elles un angle 2 V tel que

$$tg\ V = \sqrt{\dfrac{\dfrac{1}{n_m^2} - \dfrac{1}{n_g^2}}{\dfrac{1}{n_p^2} - \dfrac{1}{n_m^2}}}$$

ou approximativement, si la biréfringence est faible,

$$tg\ V = \sqrt{\dfrac{n_g - n_m}{n_m - n_p}}$$

Ce sont les axes optiques, car toute direction d'une section circulaire est un axe de cette section, et tous les vecteurs de cette section sont égaux. Toutes les vibrations contenues dans la section circulaire O C sont donc susceptibles de se propager avec O P pour direction de propagation normale, et avec même vitesse normale, c'est-à-dire même indice n_m. Une onde plane parallèle à ces sections se transmet donc dans le cristal sans modification; pour ces directions particulières, la biréfringence est nulle, comme elle l'est pour l'axe des cristaux uniaxes. Tous les cristaux qui ne sont ni isotropes ni uniaxes sont dits *biaxes* à cause de cette propriété.

Par analogie avec les cristaux uniaxes, on dit qu'un cristal biaxe est *positif* quand la bissectrice de l'angle aigu des axes optiques est n_g, et *négatif* si cette bissectrice est n_p. Pour que le signe ne fût pas défini, il faudrait que l'angle des axes fût exactement de 90°. On voit que lorsque l'angle des axes est très petit, c'est-à-dire lorsque le cristal tend vers les propriétés uniaxes, cette définition arbitraire concorde bien avec celle adoptée pour les cristaux uniaxes. Car si par exemple le cristal est positif, les axes optiques étant rapprochés, ces axes sont voisins de n_g; les sections circulaires sont donc voisines du plan $n_p n_m$; en d'autres termes. n_m est plus voisin de n_p que de n_g, l'ellipsoïde est allongé. Si le cristal est négatif, avec des axes rapprochés, l'ellipsoïde est aplati.

Le signe optique est un des caractères importants des minéraux cristallisés. Il est en général bien défini, mais comme l'angle des axes optiques n'est pas le même pour les différentes couleurs, il peut arriver, si cet angle est voisin de

'90°, que le cristal soit positif pour une couleur et négatif pour une autre. C'est un cas très exceptionnel.

Etude d'une lame cristalline en lumière parallèle. — Quand on fait tomber sur une lame cristalline à faces parallèles un faisceau de lumière qui soit composé d'ondes planes parallèles à cette lame, et quand on observe ce que devient ce faisceau après la traversée de la lame, on dit qu'on observe cette lame *en lumière parallèle.* Nous savons que dans ces conditions, que le cristal soit uniaxe ou biaxe, l'onde plane incidente se dédouble en deux ondes qui restent parallèles au plan de la lame et qui correspondent à deux vibrations rectilignes rectangulaires. Ces deux vibrations sont dirigées suivant les axes de la section de l'ellipsoïde inverse par le plan de la lame. Dans les cristaux uniaxes, ces deux *sections principales* d'une lame donnée sont l'une parallèle, l'autre perpendiculaire à la projection de l'axe optique sur le plan de la lame. Il suffit de connaître la position de l'axe optique pour qu'elles se trouvent déterminées. Dans les cristaux biaxes, il suffit aussi de connaître les axes optiques pour déterminer les sections principales d'une lame quelconque. En effet, considérons la section de l'ellipsoïde inverse par le plan de la lame. Les sections

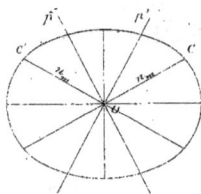

circulaires de l'ellipsoïde sont coupées par la lame suivant deux droites O C, O C' qui, étant des rayons vecteurs égaux de l'ellipse, sont également inclinées sur ses axes, c'est-à-dire sur les sections principales de la lame. Mais ces droites O C, O C' sont perpendiculaires aux projections sur le plan de la lame, O p, O p', des normales aux sections circulaires, c'est-à-dire des axes optiques. Donc, *les sections principales d'une lame quelconque sont les bissectrices des projections des axes optiques sur le plan de la lame.* Le cas des cristaux uniaxes en résulte à la limite, quand les deux axes se confondent en un seul.

Polarisation elliptique (Fresnel). L'onde incidente, en pénétrant dans la lame cristalline, reste parallèle à la lame et se divise en deux vibrations de vitesses normales différentes v et v'. Soit e l'épaisseur de la lame. A la sortie, les deux ondes polarisées reprennent la même vitesse dans l'air. Mais dans le trajet à travers la lame, elles ont acquis une différence de phase φ aisée à calculer. La première vibration met à traverser la lame un temps $t = \dfrac{e}{v}$, l'autre $t' = \dfrac{e}{v'}$. La différence est $t - t' = e \left(\dfrac{1}{v} - \dfrac{1}{v'}\right)$, ou $t - t' = \dfrac{e}{V} (n - n')$, si V est la vitesse de la lumière dans l'air et n, n' les indices des deux vibrations. La différence de phase acquise est donc $\varphi = \dfrac{t - t'}{T} = \dfrac{e}{VT}(n - n') = \dfrac{e}{\lambda}(n - n')$ pour une couleur dont la longueur d'onde *dans l'air* est λ. n et n' sont les longueurs des axes de l'ellipse section de l'ellipsoïde inverse par le plan de la lame.

On voit que φ dépend essentiellement de λ, c'est-à-dire de la couleur. $n - n'$, qui est la biréfringence de la lame, varie un peu, mais en général très peu, d'une couleur à une autre. Dans les cas ordinaires, lorsque la dispersion n'est pas excessive, φ est presque inversement proportionnel à λ.

Cette différence de phase $\varphi = \dfrac{e}{\lambda}(n - n')$ est celle qu'acquerraient deux ondes se mouvant dans l'air et qui, parties d'une même source, auraient une différence de marche géométrique, ou différence de chemins parcourus, de $\varphi\,\lambda = e\,(n - n')$. On appelle $e\,(n - n')$ la *différence de marche* dans l'air ou le *retard* introduit entre les deux vibrations par la traversée de la lame, ou simplement le *retard* de la lame cristalline. C'est le produit de l'épaisseur par la biréfringence.

Si l'épaisseur ou la biréfringence ne sont pas excessives, les deux rayons correspondant aux deux ondes planes restées parallèles ne se séparent pas assez pour qu'on distingue deux images d'un point à travers la lame. Les deux ondes ayant traversé la lame, et reprenant à la sortie la même vitesse, se recomposent donc à ce moment en un mouvement vibratoire nouveau.

Voyons d'abord ce qui se produit si la lumière incidente est *monochromatique*. Si l'on a reçu sur la lame cristalline de la lumière naturelle, on peut considérer celle-ci comme résultant de la composition de deux vibrations rectilignes rectangulaires, orientées arbitrairement, par exemple suivant les sections principales de la lame, et ayant entre elles une différence de phase constamment variable. La traversée de la lame ajoute à cette différence de phase une constante φ. Rien n'est donc changé, et la lumière reste naturelle à la sortie.

Il en est autrement si l'on reçoit sur le cristal de la lumière polarisée rectiligne. Soit O V cette vibration incidente, O A, O B les sections principales de la lame. La vibration O V se décompose, à l'entrée, en deux vibrations O A, O B, dont la différence de phase est nulle au début. A la sortie de la lame, ces deux vibrations ont acquis une différence de phase $\varphi = (n - n')\dfrac{e}{\lambda}$. Elles reprennent alors la même vitesse dans l'air, et par suite se recomposent. C'est le cas de l'expérience de Lissajous, avec vibrations de même période et différence de phase constante. Le mouvement résultant n'est plus une vibration rectiligne, mais une vibration *elliptique* inscrite dans le rectangle construit sur O A B et dont la forme, constante, dépend de γ. La lumière est dite *polarisée elliptiquement*. L'intensité de cette lumière, qui est la somme des intensités des deux composantes, est donc, d'après la loi de Malus.

$$(o\,v\ \cos \alpha)^2 + (o\,v \sin \alpha)^2 = o\,v^2.$$

Elle est égale, sauf les pertes par réflexion ou absorption, à l'intensité de la vibration rectiligne incidente.

Quelles sont les propriétés de cette lumière polarisée elliptique ?

Si on la reçoit sur un analyseur, elle n'est jamais complètement éteinte. Mais si l'on fait tourner l'analyseur, elle fournit des intensités variables, maxima quand la vibration de l'analyseur est parallèle au grand axe *o a* de l'ellipse, minima quand il est parallèle à *o b*. A ce point de vue, la lumière polarisée elliptique ne diffère donc pas de la lumière *partiellement polarisée*. Pour les distinguer, on a recours à une *lame quart d'onde*. On appelle ainsi une lame cristalline biréfringente dont l'épaisseur est telle que, pour une vibration de longueur d'onde λ, elle introduit entre les deux vibrations rectangulaires qu'elle transmet un retard $\frac{1}{4}$ en phase, ou $\frac{\lambda}{4}$ en différence de marche.

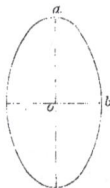

On fait généralement ces lames en mica blanc, parce que ce minéral se clive aisément en feuilles aussi minces qu'on le veut et fournit ainsi des lames limpides, à faces rigoureusement parallèles, sans taille ni polissage. Pour ce minéral, et dans la direction des lames de clivage, la biréfringence $n - n'$ est de 0,0045 pour la raie D du sodium. L'épaisseur convenable au quart d'onde pour cette radiation est donc donnée par la formule :

$$\frac{\lambda}{4} = (n - n')\,e,\ \text{ou encore,}\ \lambda\ \text{étant égal à}\ 0^{mm},000589,\ e = \frac{1}{4}\,\frac{0.000589}{0,0045} = 0^{mm},033.$$

Bien entendu, une lame n'est rigoureusement « quart d'onde » que pour une lumière monochromatique donnée.

Soient alors O *a*, O *b* les sections principales d'une lame quart d'onde. Une vibration polarisée O V tombant sur cette lame se divise en deux vibrations O *a*, O *b*, qui acquièrent, après la traversée de la lame, une différence de phase de $\frac{1}{4}$

si la vibration incidente est de la couleur pour laquelle a été choisi le quart-d'onde. Donc, au sortir de la lame elles se recomposent en une vibration elliptique dont les axes sont Oa, Ob. En faisant varier l'angle α que fait la vibration incidente avec l'une des sections principales, nous pouvons obtenir ainsi des vibrations elliptiques de toutes formes, le rapport des axes de l'ellipse étant $\dfrac{Oa}{Ob} = tg\,\alpha$. Nous pouvons même, en faisant $\alpha = 45°$, produire une vibration *circulaire*, cas particulier de la vibration elliptique. Cette *lumière polarisée circulaire*, non seulement n'est jamais éteinte par un analyseur, mais conserve une intensité constante quand on fait tourner l'analyseur. Elle ne diffère pas, en apparence, de la lumière naturelle.

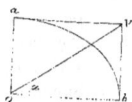

Le quart-d'onde qui permet ainsi de produire des vibrations elliptiques ou circulaires de toutes formes, permet aussi de les analyser, c'est-à-dire de distinguer la lumière elliptique de la lumière partiellement polarisée, et la lumière circulaire de la lumière naturelle.

Au moyen d'un analyseur, nous déterminons la position des axes de la vibration, en supposant qu'elle soit elliptique. Elles sont parallèles aux deux positions de la vibration de l'analyseur pour lesquelles il y a maximum et minimum d'intensité. Nous introduisons ensuite le quart-d'onde sur le trajet du rayon, de façon que ses sections principales, connues, coïncident avec les deux directions ainsi déterminées. Si la lumière incidente était partiellement polarisée, elle le reste sans modification après la traversée du quart-d'onde, et un analyseur ne peut l'éteindre. Si elle était elliptique, on peut la considérer comme résultant de la composition de deux vibrations rectilignes dirigées suivant ses axes et ayant entre elles une différence de phase de 1/4. Le quart-d'onde, placé comme nous l'avons dit, vient introduire entre ces composantes une nouvelle différence de phase de 1/4 en plus ou en moins. Finalement, la différence de phase devient donc 0 ou 1/2, et par suite la vibration émergente est rectiligne et dirigée suivant l'une des diagonales du rectangle circonscrit à la vibration incidente. Un analyseur convenablement orienté éteindra alors complètement cette vibration.

S'il s'agit de lumière non affectée par la rotation du polariseur, c'est-à-dire pouvant être polarisée circulaire ou naturelle, le quart-d'onde peut être introduit dans un azimuth quelconque. Si la lumière est naturelle, elle reste naturelle après le quart-d'onde, et un analyseur placé sur son trajet peut être tourné d'une manière quelconque sans que l'intensité varie. Si la lumière incidente est circulaire, elle devient, à la sortie du quart-d'onde, rectiligne et dirigée à 45° des sections principales du quart-d'onde. Un analyseur l'éteint entièrement.

18

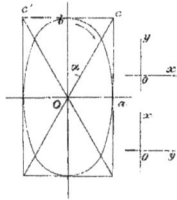

Ce procédé donne en outre la forme de l'ellipse, dans le cas de la lumière elliptique, et permet de savoir dans quel sens est décrite la vibration elliptique ou circulaire. Supposons une vibration elliptique dextrorsum (décrite dans le sens de rotation des aiguilles d'une montre). La composante Ob est *en avance* de 1/4 de période sur Oa. Supposons que Ox soit la section principale du quart-d'onde correspondant dans le mica au plus petit indice, c'est-à-dire à la plus grande vitesse. Dans la traversée du quart-d'onde, la vibration Ox prend une *avance* de 1/4 de période sur Oy. Si donc nous orientons Ox parallèlement à Oa, en introduisant le quart-d'onde sur le trajet du rayon, le retard deviendra nul à la sortie. La vibration deviendra rectiligne et dirigée suivant OC. Si, au contraire nous superposons Ox à Ob, le retard des deux composantes deviendra 1/2, la vibration deviendra rectiligne et dirigée suivant OC'. L'inverse aurait lieu si la vibration donnée était sinistrorsum. De plus, en produisant successivement les deux vibrations OC, OC', l'angle dont il faut tourner l'analyseur pour éteindre successivement ces deux vibrations est 2α, tel que $tg\alpha = \dfrac{Oa}{Ob}$, d'où le rapport des axes de la vibration elliptique. On distingue de même une vibration circulaire dextrorsum d'une vibration sinistrorsum.

Tel est le phénomène élémentaire qui se produit lorsque de la lumière *monochromatique polarisée* traverse une lame cristalline ; il se fait de la lumière elliptique, ou, dans certains cas particuliers, de la lumière circulaire. Qu'arrive-t-il avec de la lumière blanche ?

Polarisation chromatique. (Découverte par Arago, expliquée par Fresnel.) — Le fait découvert par Arago est le suivant :

Une lame cristalline examinée en lumière parallèle entre deux nicols (ou polariseurs quelconques) apparaît en général colorée de teintes vives et brillantes analogues à celles des lames minces. L'explication, qui résulte immédiatement de la polarisation elliptique, est due à Fresnel.

Lame cristalline.

Nicol polariseur.		Nicol analyseur.	
Lumière naturelle blanche.	Lumière polarisée rectiligne blanche.	Lumière polarisée elliptique blanche.	Lumière polarisée rectiligne colorée.

Un premier nicol, polariseur, reçoit de la lumière naturelle blanche. Il laisse passer de la lumière blanche totalement polarisée. La lame cristalline reçoit cette lumière et transforme chaque radiation de longueur d'onde λ en une vibration elliptique inscrite dans le rectangle dont les côtés sont parallèles aux sections principales de la lame, et dont la diagonale est la vibration incidente. Mais comme la forme et l'orientation de ces ellipses dépendent du retard

$$\varphi = (n - n') \frac{e}{\lambda} \text{ , qui est fonction de la longueur d'onde } \lambda, \text{ la forme de la vibration}$$

elliptique de chacune des couleurs constituant le blanc varie d'une manière continue d'un bout à l'autre du spectre. La lumière sortant de la lame reste blanche, puisque nous avons vu que la lumière elliptique conserve l'intensité de la lumière polarisée rectiligne qui lui a donné naissance, et elle se compose de vibrations elliptiques de formes et d'orientations diverses pour les différentes couleurs. Un second nicol, analyseur, laissera donc passer des proportions variables de chacune de ces couleurs : la lumière définitivement obtenue sera colorée.

On voit immédiatement que si, sans changer rien d'autre, l'on place successivement le nicol analyseur dans deux azimuths rectangulaires, les deux couleurs obtenues seront complémentaires, car toute composante interceptée dans le premier cas se retrouvera intégralement dans le second, et inversement.

Nous nous en tiendrons au cas simple, le seul à considérer en pratique, où la lame est placée entre les *nicols croisés* à angle droit, c'est-à-dire au cas où les deux nicols ont leurs plans principaux rectangulaires. Le cas des nicols parallèles s'en déduira immédiatement, puisque les résultats doivent être complémentaires.

Quand donc les nicols sont croisés à angle droit, le champ, vu en dehors de la lame cristalline, est noir. Celle-ci rétablit sur ce champ noir le passage de la lumière, avec des colorations d'autant plus nettes et vives que le fond est obscur. Soient OA, OB les sections principales rectangulaires des nicols, supposés fixes. OS_1, OS_2, celles de la lame cristalline, que nous pourrons faire tourner dans son plan. OS_1, par exemple, fait un angle α avec OA. Soit par exemple $OA = l_\lambda$ l'amplitude de la vibration incidente, d'une couleur de longueur d'onde λ dans l'air, vibration qui est issue du polariseur. Elle se décompose en pénétrant dans la lame cristalline, en deux vibrations OP_1, OP_2, dont les amplitudes sont :

$$O P_1 = I_\lambda \cos \alpha$$
$$O P_2 = I_\lambda \sin \alpha$$

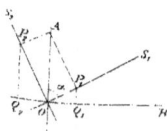

Supposons la dispersion assez faible pour que les sections principales $OS_1 \, OS_2$ soient sensiblement les mêmes pour toutes les couleurs (ce qui est de beaucoup le cas le plus ordinaire). Alors α étant le même pour toutes les couleurs, les vibrations elliptiques émergentes seront toutes inscrites dans le rectangle construit sur OP_1, OP_2. A la sortie de la lame, les deux vibrations OP_1, OP_2, ayant acquis une différence de phase $\varphi = (n - n') \dfrac{e}{\lambda}$, reprennent la même vitesse et se recomposent en une vibration elliptique ; celle-ci tombe sur le nicol analyseur, qui ne laisse passer que la composante de cette vibration elliptique parallèle à OB. Cette composante résulte de l'addition des deux composantes OQ_1, OQ_2, parallèles et ayant entre elles une différence de phase φ. On a

$$OQ_1 = OP_1 \sin \alpha = I_\lambda \sin \alpha \cos \alpha$$
$$OQ_2 = -OP_2 \cos \alpha = -I_\lambda \sin \alpha \cos \alpha.$$

L'intensité A_λ^2 de la lumière émergente pour la couleur λ sera, d'après la règle connue :

$$A_\lambda^2 = OQ_1^2 + OQ_2^2 + 2 . OQ_1 . OQ_2 \cos 2\pi\varphi.$$

Ou encore :

$$A_\lambda^2 = 2 I_\lambda^2 \sin^2 \alpha \cos^2 \alpha (1 - \cos 2\pi\varphi) = I_\lambda^2 \sin^2 2\alpha \sin^2 \pi\varphi.$$

Si les nicols sont parallèles, on a $B_\lambda^2 = I_\lambda^2 (1 - \sin^2 2\alpha \sin^2 \pi\varphi)$.

On voit que $A_\lambda^2 + B_\lambda^2 = I_\lambda^2$; les intensités émergentes sont complémentaires ; leur somme restitue l'intensité incidente.

Pour l'ensemble des couleurs de la lumière blanche incidente, l'intensité émergente sera :

$$A^2 = \Sigma A_\lambda^2 = \sin^2 2\alpha \Sigma I_\lambda^2 \sin^2 \pi\varphi.$$

Quand on fait tourner la lame dans son plan, les nicols restant fixes, α varie, et l'on voit que A^2 s'annule pour $\alpha = o$ et $\alpha = \dfrac{\pi}{2}$. Il y a donc *extinction* complète de la lumière, comme si la lame cristalline n'existait pas, pour quatre positions par tour complet de la lame. Ces positions sont celles pour lesquelles les sections principales de la lame sont parallèles aux sections principales des nicols.

Lorsque, au contraire, $\alpha = 45°$ ou $\alpha = \dfrac{\pi}{2} + 45°$, A^2 est maximum.

(Dans le cas des nicols parallèles, $B^2 = \Sigma I_\lambda^2 - \sin^2 2\alpha \Sigma I_\lambda^2 \sin^2 \pi\varphi.$

La lumière est blanche et l'intensité égale à l'intensité incidente quand $\alpha = 0$ ou $\frac{\pi}{2}$; et il y a intensité minimum, avec coloration maximum complémentaire de celle que donnent les nicols croisés, quand $\alpha = 45°$ ou $\frac{\pi}{2} + 45°$.)

On remarquera que la variation de α affecte proportionnellement toutes les couleurs. Donc la rotation de la lame ne change pas la nature de la teinte fournie par celle-ci. Cette teinte reste la même, mais avec un maximum d'intensité pour $\alpha = 45°$ ou $\frac{\pi}{2} + 45°$, et un minimum nul pour $\alpha = 0$ ou $\frac{\pi}{2}$. La teinte dépend uniquement de $\varphi = (n - n') \frac{e}{\lambda}$, c'est-à-dire de l'épaisseur et de la biréfringence de la lame.

On sait que $n - n'$ varie un peu d'une couleur à l'autre. Cette variation, qui constitue la dispersion propre du minéral, est généralement faible. Afin d'étudier la série des couleurs que donnent habituellement les lames cristallines, nous supposerons cette dispersion nulle, et $n - n'$ constant pour une même lame, quelle que soit la couleur de la vibration. Nous arriverons ainsi à des résultats applicables, à très peu de chose près, à la grande majorité des cristaux ; ceux qui s'en écartent notablement ont une dispersion exceptionnelle.

Si donc $n - n'$ est supposé constant (pour une lame donnée seulement, car nous savons que $n - n'$ varie dans un même minéral selon les directions), le retard géométrique dans l'air produit par la traversée de la lame, $(n - n') e$, est proportionnel à l'épaisseur de la lame et à sa biréfringence. Il est le même pour toutes les couleurs. Le retard en phase $\varphi = (n - n') \frac{e}{\lambda}$ est inversement proportionnel à λ.

Quelle sera la série des teintes données, entre les nicols croisés, par des lames pour lesquelles $(n - n') e$ va en croissant depuis zéro ? En d'autres termes, quelle sera la série des teintes données, entre les nicols croisés, par des lames d'épaisseurs croissantes taillées dans un même minéral et dans la même direction ?

Faisons $\alpha = 45°$, pour observer la teinte avec son maximum d'intensité.

Alors $\Lambda_\lambda^2 = I_\lambda^2 \sin^2 \pi \frac{(n - n')}{\lambda} e$. C'est précisément l'équation des intensités d'une même couleur λ dans les franges d'interférence ou dans les anneaux colorés à centre noir. La série des teintes obtenues en observant les lames d'épaisseurs croissantes est donc la même que celle des anneaux à centre noir : c'est la *gamme de Newton*. En portant en abscisses les épaisseurs e, l'intensité de chaque couleur est représentée par une sinusoïde dont la période est

$$e = \frac{\lambda}{n - n'}.$$

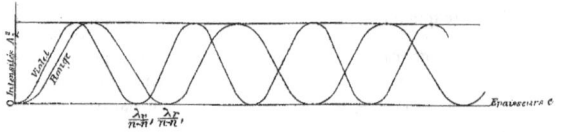

On observe cette série de teintes dans une lame cristalline, de quartz par exemple, taillée en biseau très aigu, dite *compensateur*. On taille cette lame parallèlement à l'axe du quartz, afin que la valeur de $n - n'$ soit bien déterminée et connue. En l'observant entre les nicols croisés, d'abord en lumière monochromatique, on y observe des bandes alternativement noires pour les épaisseurs

$$0, \quad \frac{\lambda}{n-n'}, \quad \frac{2\,\lambda}{n-n'}, \ldots$$ et claires pour les épaisseurs $$\frac{1}{2}\frac{\lambda}{n-n'}, \quad \frac{3}{2}\frac{\lambda}{n-n'}, \ldots$$

Ces bandes sont plus espacées pour les plus grandes longueurs d'onde que pour les plus petites.

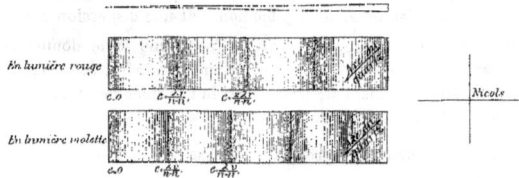

En lumière blanche, on aperçoit la série des couleurs des anneaux à centre noir, ou gamme de Newton, ou échelle des teintes de polarisation.

Premier ordre						Second ordre						Troisième ordre					Quatrième ordre		
Noir	Gris de fer	Gris bleuâtre	Blanc presque pur	Jaune	Orangé	Rouge	Teinte sensible 1er ordre	Violet	Bleu	Vert	Jaune	Orangé	Rouge	Teinte sensible 2e ordre	Bleu	Vert	Jaune verdâtre	Rose carmin	Teinte sensible 3e ordre	Violet	Vert	Gris presque blanc
	100	200	300	400	500	600		700	800	900	1000	1100		1200	1300	1400	1500	1600		1700	1800	1900	2000

0 Retards e (n-n') en millionièmes de millimètre.

La teinte *sensible* correspondant à la bande noire du jaune $\lambda = 0^{mm},000575$ environ, qui est pour notre œil la partie la plus lumineuse du spectre, est un violet lavande qui passe, pour la moindre diminution du retard, au rouge, et pour la moindre augmentation, au bleu. Il y en a surtout deux très nettes pour $e\,(n - n') = 0,000575$ et pour $e\,(n - n') = 0,001115$. Les ordres supérieurs de teintes sont de plus en plus lavés de blanc ; ce sont des successions de roses et de verts pâles, qui disparaissent enfin dans le blanc pour les retards trop grands, comme dans les anneaux colorés pour les trop grandes épaisseurs. On n'observe donc nettement les couleurs de la polarisation chromatique que pour des épaisseurs moyennes, ni trop grandes ni trop faibles, dépendant naturellement de la valeur de la biréfringence $n - n'$ pour le minéral et pour la direction de la lame dans ce minéral.

Exemples : minéral peu biréfringent, *quartz*. Pour une lame parallèle à l'axe, $n - n' = 0,0091$. Une épaisseur de $\dfrac{0,000200}{0,0091} = 0^{mm},02$ ne donne encore que des gris du premier ordre. La première teinte sensible s'obtient pour $e = \dfrac{0,000575}{0,0091}$ $= 0^{mm},063$, la seconde pour $e = \dfrac{0,001115}{0,0091} = 0^{mm},122$. Une épaisseur de 1^{mm} ne donne déjà plus que du blanc.

Minéral fortement biréfringent, *calcite* ou *spath*. Pour une lame parallèle à l'axe, $n - n' = 0,1721$. Les gris du premier ordre ne s'obtiennent que pour des épaisseurs inférieures à $0^{mm},001$. Les deux premières teintes sensibles se produisent pour $e = \dfrac{0,000575}{0,1721} = 0^{mm},0033$ et $e = \dfrac{0,001115}{0,1721} = 0^{mm},0065$. Une épaisseur de $0^{mm},05$ ne donne déjà plus que du blanc.

De la même manière, les nicols parallèles fournissent une gamme de teintes complémentaires des précédentes : c'est celle des anneaux à centre blanc.

Se rappeler que la gamme de Newton ne s'applique qu'au cas habituel où la dispersion (variation de $n - n'$ avec λ) est négligeable. Dans les minéraux à forte dispersion, la série normale des teintes peut être parfois fortement altérée, car alors le retard $e\,(n - n')$ n'est plus proportionnel à e que pour une même couleur, et peut varier d'une manière quelconque d'une couleur à l'autre.

Spectre cannelé. — (Fizeau et Foucault.) Pour vérifier la théorie qui précède, il suffit, au lieu d'observer la lumière émergente telle quelle, de l'analyser au moyen d'un prisme. En l'absence de nicol analyseur, le spectre a l'apparence d'un spectre ordinaire, mais chaque vibration a sa forme elliptique spéciale, variant d'une manière continue d'un bout à l'autre du spectre. On peut

Lame cristalline — *Polariseur* — *Analyseur* — *Prisme* — *O.A.Vibration du polariseur*

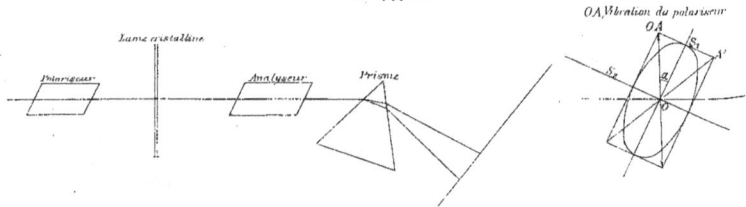

le vérifier, pour chaque raie spectrale, au moyen du quart d'onde, comme nous l'avons dit.

$(n - n')\, e$ étant supposé constant pour une lame donnée, le retard $\varphi = (n - n')\, \dfrac{e}{\lambda}$ varie en sens inverse de λ d'un bout à l'autre du spectre.

Pour $\varphi = k$ (k entier), soit $\lambda = (n - n')\, \dfrac{e}{k}$, la vibration est rectiligne et dirigée suivant $O\,A$. Pour $\varphi = k + \dfrac{1}{2}$, soit $\lambda = (n - n')\, \dfrac{e}{k + \dfrac{1}{2}}$, la vibration est rectiligne et dirigée suivant $O\,A'$. Entre deux, elle a des formes variables comme dans l'expérience de Lissajous. En particulier pour $\varphi = K \pm \dfrac{1}{4}$, c'est une ellipse ayant pour axes les sections principales de la lame $O\,S_1$, $O\,S_2$.

Si donc on interpose le nicol analyseur croisé avec le polariseur, il éteindra toutes les vibrations rectilignes dirigées suivant $O\,A$, et fournira par

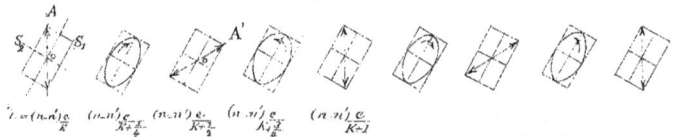

$\lambda = (n - n')\dfrac{e}{k}$ $(n - n')\dfrac{e}{k + \frac{1}{2}}$ $(n - n')\dfrac{e}{k + \frac{1}{4}}$ $(n - n')\dfrac{e}{k + \frac{3}{4}}$ $(n - n')\dfrac{e}{k + 1}$

suite, dans le spectre, une série de cannelures noires correspondant aux longueurs d'onde $(n - n')\, \dfrac{e}{k}$, $(n - n')\, \dfrac{e}{k + 1}$, $(n - n')\, \dfrac{e}{k + 2}$, etc.., à peu près équidistantes dans le spectre. Ce spectre cannelé n'est autre que celui de la lumière colorée étudié plus haut. Si l'on tourne l'analyseur de manière à éteindre les vibrations rectilignes $O\,A'$, ces cannelures noires sont remplacées par d'autres pour les longueurs d'ondes intermédiaires $(n - n')\, \dfrac{e}{k + \dfrac{1}{2}}$, $(n - n')\, \dfrac{e}{k + \dfrac{3}{2}}$ etc...

La distance de deux bandes noires successives dans le spectre de la lumière analysée est telle que dans les deux valeurs de $\lambda = \dfrac{(n-n')\,e}{k}$ qui correspondent à ces bandes, k diffère d'une unité. Cette distance est donc d'autant moindre que $(n-n')\,e$ est plus grand. Plus le retard de la lame est grand, plus les bandes noires sont nombreuses et serrées dans le spectre. Quand la biréfringence ou l'épaisseur sont assez grandes, il arrive qu'il y ait plusieurs bandes noires dans le rouge, plusieurs dans le jaune, etc... Si bien que les couleurs du spectre finissent par être affectées à peu près proportionnellement ; tout se passe alors comme si l'on couvrait un spectre complet de fines hachures noires, séparées par des intervalles égaux à leur largeur ; l'effet est de réduire de moitié l'intensité de la lumière, mais sans modifier la proportion existante de chaque couleur. La lumière non étalée en spectre reste blanche. C'est pourquoi les grandes épaisseurs (ou biréfringences) ne donnent plus de couleurs de polarisation distinctes.

Microscope polarisant. — Il ne diffère du microscope ordinaire que par l'interposition d'un nicol (polariseur) entre le miroir éclaireur et la platine, et d'un nicol (analyseur) entre la platine et l'œil, généralement entre l'objectif et l'oculaire. Il faut en outre que la platine, qui porte la lame cristalline à étudier, puisse tourner sur elle-même et porte un limbe gradué permettant de lire ses angles de rotation ; que l'oculaire contienne un réticule formé de deux fils croisés à angle droit et parallèles aux plans principaux des nicols ; enfin, il est utile que la platine porte la lame cristalline par l'intermédiaire d'un chariot mobile dans deux directions rectangulaires. Au moyen de cet appareil, on peut observer la polarisation chromatique dans les plus petits cristaux.

Détermination des sections principales d'une lame. — Les nicols étant placés à l'extinction, c'est-à-dire croisés à angle droit (voir p. 162 un procédé précis pour les disposer ainsi), les fils du réticule doivent être réglés une fois pour toutes parallèlement aux vibrations de ces nicols. Pour ce réglage, on emploie un cristal dont les sections principales sont connues, par exemple une aiguille de mésotype, minéral orthorhombique en longs prismes à arête bien rectiligne, donnant entre les nicols croisés des teintes vives et pures, et dont les sections principales sont rigoureusement parallèle et perpendiculaire à l'arête du prisme. Il suffit de placer sur la platine du microscope une lame de verre portant un prisme de mésotype, puis de faire tourner la platine avec le minéral jusqu'à observer l'extinction de sa couleur. A ce moment, l'arête du prisme est parallèle à la vibration de l'un des nicols $(\alpha = 0$ ou $\dfrac{\pi}{2})$. On règle un des fils du réticule de

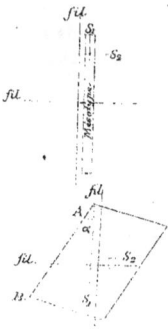

19

manière qu'il soit parallèle à cette arête. De même pour l'autre en faisant tourner la platine de 90°.

Ce réglage fait une fois pour toutes, et une lame cristalline quelconque étant placée sur la platine, il suffit de la faire tourner jusqu'à observer l'extinction pour que les fils du réticule tracent sur cette lame les directions de ses sections principales. Pour les repérer par rapport à une direction connue (bord de la lame, arête quelconque, trace de clivage..), on fait ensuite tourner la platine jusqu'à ce que cette direction coïncide avec l'un des fils du réticule, et on lit l'angle de rotation. Cet angle a repère l'une des sections principales, et par suite l'autre aussi, par rapport à la direction connue A B.

Détermination du signe des sections principales. — On appelle section principale positive d'une lame celle qui est dirigée suivant la vibration de plus grand indice ; c'est le grand axe de la section de l'ellipsoïde inverse par le plan de la lame. L'autre est dite négative.

Les sections principales étant connues, il s'agit de savoir laquelle est la section positive n, laquelle est la section négative n'. On place la lame dans la position d'éclairement maximum, c'est-à-dire qu'on fait tourner la platine de 45°

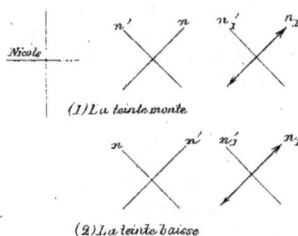

Nicole

(1) La teinte monte

(2) La teinte baisse

à partir de l'extinction. Puis, dans le même azimuth, on interpose une lame auxiliaire pour laquelle on connaît les positions de n_1 et n'_1. Si alors l'indice n de la lame coïncide avec n_1 de la lame auxiliaire, les retards des deux lames sont de même sens ; ils s'ajoutent ; la teinte *monte* dans l'échelle de Newton, comme si l'épaisseur de la lame cristalline était augmentée. Si au contraire n coïncide avec n'_1, les retards se retranchent, la teinte baisse. Pour savoir si la teinte monte ou baisse, opérer comme suit :

1°. — Si la lame étudiée donne des gris ou des jaunes du premier ordre, employer pour lame auxiliaire un *quart-d'onde* (mica), sur lequel une flèche indique la direction positive n_1. La teinte propre du quart-d'onde est un gris du premier ordre (en général 1/4 du retard correspondant à la teinte sensible, les quart-d'onde étant habituellement choisis pour $\lambda = 0,000575$ environ). Si la teinte du minéral, grise, devient plus claire ou jaune, ou passe du jaune au rouge, c'est qu'elle monte ; si elle devient plus noire ou passe du jaune au gris, elle baisse.

2°. — Si la lame cristalline donne une teinte plus élevée, dont on ne reconnaisse pas là place dans la gamme de Newton, employer le *quartz compensateur* comme lame auxiliaire, en l'introduisant graduellement vers les épaisseurs croissantes. Si la teinte monte, on voit aisément qu'elle va vers les roses et les verts des ordres supérieurs ; si elle baisse, elle passe par les teintes rouges, jaunes, puis grises du premier ordre, et arrive au noir quand l'épaisseur du compensateur est telle qu'il *compense* exactement le retard dû à la lame cristalline. n_1, parallèle à l'axe du quartz, est toujours marqué par une flèche sur les compensateurs, et placé, comme dans les quart-d'onde, à 45° du bord de la lame auxilliaire. L'emploi du compensateur est impossible pour les faibles retards, car pratiquement le biseau de quartz ne peut être poussé jusqu'à l'épaisseur nulle ; il est toujours cassé à l'extrémité.

3°. — Si la lame cristalline donne une teinte grise très foncée du premier ordre, c'est-à-dire si son retard ε est notablement moindre que celui d'un quart-d'onde, l'interposition du quart-d'onde dans la position (1) donnera un retard total $\varepsilon + \frac{\lambda}{4}$, et dans la position (2), un retard total $\varepsilon - \frac{\lambda}{4}$ qui, si ε est très petit, peut être négatif et en valeur absolue supérieur à ε. Dans ce cas, on verrait la teinte monter dans les deux positions, rendant ainsi la conclusion douteuse. Alors, employer la lame *teinte sensible*, lame de quartz ou de gypse ayant l'épaisseur voulue pour donner la teinte sensible du premier ou du second ordre. Si les retards s'ajoutent, la teinte devient bleue ; s'ils se retranchent, rouge. n_1 est toujours marqué sur la lame auxiliaire, et ses sections principales orientées à 45° des bords.

Détermination approximative de la biréfringence d'une lame. — Il suffit en pratique d'évaluer cette biréfringence au moyen de la teinte fournie par la lame entre les nicols croisés. On précise la position de la teinte dans l'échelle de Newton au moyen du compensateur superposé à la lame, les sections principales positives croisées, et introduit graduellement jusqu'à compensation. Il ne peut être question par ce moyen que d'une évaluation assez grossière, car la dispersion, même faible, empêche la compensation d'être parfaite. On connaît ainsi (voir le tableau de l'échelle des teintes) la valeur du retard $(n — n')\,e$. Il suffit de mesurer e pour connaître $n — n'$. Le procédé n'est pas applicable aux minéraux à forte dispersion, pour lesquels $n — n'$ doit être mesuré pour chaque lumière monochromatique ; mais c'est là un cas très exceptionnel.

L'épaisseur est mesurée soit au moyen du sphéromètre, soit plutôt en taillant avec la lame cristalline de petits prismes de quartz parallèles à l'axe,

dont l'égalité de teinte entre les nicols garantit l'uniformité d'épaisseur de la lame cristalline, et dont la teinte fait connaître $(n_g — n'_g)\, e$, donc e ; soit encore en munissant l'objectif du microscope d'une vis micrométrique dont le pas est de 1/3 à 1/4 de mm. et dont la tête est divisée en 100 parties. On met au point successivement sur les deux faces de la lame, et l'on mesure ainsi l'épaisseur apparente $\dfrac{e}{n}$ (procédé de Chaulnes) ; d'où e, si l'on connaît une valeur approchée de l'indice moyen n du minéral.

Une lame parallèle à l'axe d'un cristal uniaxe donne ainsi la valeur de la biréfringence $n_g — n_p$ *de ce minéral*, en même temps que son signe optique. Ses sections principales sont toujours parallèle et perpendiculaire à l'axe optique ; si la section n_g est parallèle à l'axe optique, le minéral est optiquement positif ; il est négatif dans le cas contraire.

Dans les cristaux biaxes, une lame parallèle au plan des axes optiques fait connaître la biréfringence $n_g — n_p$ *du minéral*. Une lame parallèle à l'un des plans $n_p\, n_m$ ou $n_p\, n_m$ fait connaître $n_g — n_m$, ou $n_m — n_p$, et permet par conséquent de calculer l'angle des axes optiques (voir p. 133). On sait alors si n_g est bissectrice de leur angle aigu ou de leur angle obtus, c'est-à-dire si le minéral est positif ou négatif.

En résumé, toute lame taillée dans un minéral fait connaître, par l'examen en lumière parallèle, la direction, la grandeur relative et la différence des deux axes de l'ellipse section de l'ellipsoïde inverse par le plan de la lame. Une seule lame convenablement choisie dans le cas des cristaux uniaxes, deux dans le cas des cristaux biaxes suffisent pour déterminer la forme de l'ellipsoïde inverse.

On pourrait, à la rigueur, se contenter de cet examen en lumière parallèle pour déterminer l'ellipsoïde inverse et en particulier pour reconnaître : 1° sa symétrie et son orientation, c'est-à-dire la symétrie optique du cristal ; 2° son signe optique, caractère très important en pratique ; 3° la biréfringence maximum $n_g — n_p$, et l'angle des axes optiques, autres caractères importants. Il existe un moyen plus expéditif et plus précis pour déterminer la symétrie optique, le signe et l'angle des axes : c'est l'examen en lumière convergente.

Examen d'une lame en lumière convergente. — La lame est placée entre les nicols croisés. Un système de lentilles, dit condenseur ou éclaireur, envoie sur elle des rayons aussi convergents que possible. Il se termine par une lentille hémisphérique mise à peu près au contact de la lame, avec de préférence

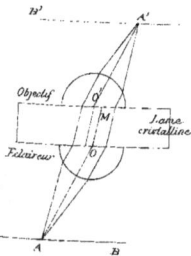

interposition d'un liquide pour faciliter l'émergence des rayons très obliques. Au-dessus, un objectif à grande convergence est placé de même. On peut considérer la lumière qui traverse la lame comme formée d'une infinité de faisceaux de lumière parallèle issus chacun d'un point d'une surface éclairante blanche située dans le plan focal de l'éclaireur. Chacun de ces faisceaux A O, après réfraction, traverse la lame dans une direction et sous une épaisseur particulière O M, puis vient former une image du point A en un point A' du plan focal de l'objectif. Le point A' se trouve donc illuminé d'une certaine teinte, avec une certaine intensité : ce sont celles que l'on observerait si la lumière parallèle traversait entre les nicols croisés une lame normale à O M et d'épaisseur O M. Chaque point de l'image focale A' B' est ainsi coloré d'une teinte spéciale, correspondant à un trajet spécial des rayons qui forment leur image en ce point. Cette image présente donc un dessin coloré que l'on appelle *figure de lumière convergente*. Ces dessins résument, en quelque sorte, en une seule image, toutes les teintes que l'on verrait successivement en examinant une même lame en lumière parallèle et en l'inclinant de toutes les manières possibles par rapport à l'axe du microscope. L'image réelle A' B' est très petite. On se contente le plus souvent, surtout pour les déterminations pétrographiques, de l'examiner à l'œil nu, en enlevant l'oculaire du microscope. Pour en mieux voir les détails, on ajoute au-dessus d'elle un objectif supplémentaire (lentille de E. Bertrand) qui, avec l'oculaire ordinaire, en donne une image agrandie.

La connaissance de l'ellipsoïde inverse permet de calculer aisément la forme et les couleurs de ces figures dans chaque cas. Il nous suffira de connaître les résultats principaux.

Il y a, dans les figures de lumière convergente, deux choses à distinguer ; comme pour toute lame examinée en lumière parallèle, chaque point A' de la figure correspond à une certaine biréfringence, déterminant une certaine couleur qui ne change pas quand l'azimuth de la lame change par rapport à ceux des nicols. D'autre part, en chacun de ces points l'intensité de cette teinte dépend de l'azimuth ; elle est nulle quand la lame est tournée de façon que les sections principales correspondant au rayon O M coïncident avec celles des nicols, et maximum à 45° de ces positions. On distingue donc : 1° des couleurs constantes affectant chaque point de l'image ; les lieux des points de même couleur (même retard) forment des *courbes d'égal retard* ou isochromatiques qui, lorsqu'on fait tourner la lame dans son plan, tournent invariablement liées à elles sans se déformer ; 2° des lignes noires reliant les points pour lesquels, à un moment donné, les sections principales sont parallèles à celles des nicols, et affectant, selon l'azimuth de la lame, telle ou telle partie de chaque courbe isochromatique. Ces lignes se déplacent en balayant successivement tous les points de l'image quand on fait tourner la lame dans son plan.

Cas principaux :

Lame normale à un axe d'un cristal uniaxe. — Le centre de l'image est noir. Il matérialise la trace de l'axe optique (biréfringence nulle). L'ellipsoïde inverse étant de révolution autour de l'axe, les courbes isochromatiques sont des cercles ayant ce point pour centre. Le retard va croissant du centre à la périphérie de l'image puisque, nul au centre, il correspond à des rayons ayant traversé la lame dans des directions de plus en plus obliques sur l'axe, et aussi sous des épaisseurs de plus en plus grandes. Les cercles isochromatiques sont donc, si la dispersion n'est pas anomale, colorés des teintes de la gamme de Newton, montantes vers l'extérieur. L'aspect est celui des anneaux colorés à centre noir, d'autant plus serrés que la biréfringence et l'épaisseur du minéral sont plus grandes.

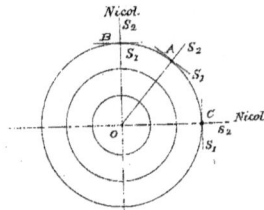

Pour un point A de l'image, les sections principales, c'est-à-dire les azimuths des vibrations en lesquelles s'est décomposé, dans le cristal, le faisceau de rayon qui fournit l'image A, sont AS_1 (vibration ordinaire) et AS_2 (vibration extraordinaire projetée sur le plan de la lame). Pour les points tels que B, C, situés dans les plans principaux des nicols, ces directions étant parallèles aux plans principaux des nicols, il y a extinction. Il y a au contraire éclairement maximum pour les points A situés sur les bissectrices de B O C. Les courbes noires forment donc ici une croix noire dont les branches sont parallèles aux vibrations des nicols et restent fixes quand la lame tourne dans son plan. Sur chaque anneau $a\,b\,c$ la teinte est constante, mais son intensité varie depuis zéro (en a et c) jusqu'à un maximum en b. Les nicols parallèles donneraient la figure complémentaire, avec une croix blanche au lieu de la croix noire, et les couleurs des anneaux à centre blanc.

Si la lame est taillée un peu obliquement sur l'axe, les courbes isochromatiques cessent d'être rigoureusement circulaires, mais elles gardent le même aspect et la même distribution des couleurs ; la croix noire subsiste aussi, son centre

Nicol

Nicol

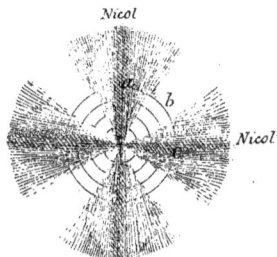

coïncidant avec celui des anneaux, mais plus ou moins excentré par rapport à l'axe du microscope. Ce centre de la croix matérialise toujours la trace de l'axe optique, c'est-à-dire que les rayons qui viennent former leur image en ce point sont ceux qui ont traversé le cristal parallèlement à l'axe optique. On reconnaît donc aisément un cristal uniaxe, pourvu que l'on dispose d'une lame qui ne soit pas trop éloignée d'être normale à l'axe optique, et que la trace de cet axe reste dans le champ du microscope. Si même cette trace est en dehors du champ, on voit, en faisant tourner la lame, les branches de croix, droites, passer dans le champ en restant parallèles aux fils du réticule.

On détermine aussi très simplement le *signe optique* du minéral de la manière suivante : on introduit un quart d'onde de manière que ses sections principales soient à 45° de celles des nicols. Supposons le cristal positif, par exemple. En un point A, la vibration ordinaire est suivant A S_1. Son indice est plus petit que celui de la vibration extraordinaire A S_2. Si donc le quart d'onde est placé de manière que son indice maximum n_1 soit suivant la bissectrice du quadrant contenant le point A, la teinte montera dans ce quadrant ; de même dans le quadrant A' opposé ; elle baissera dans les autres quadrants B et B' ; d'où il suit que, si le cristal est positif, les anneaux se resserrent dans les deux quadrants dont la bissectrice est parallèle au grand indice n_1 de la lame auxiliaire et s'écartent dans les deux quadrants qui sont en croix avec n_1.

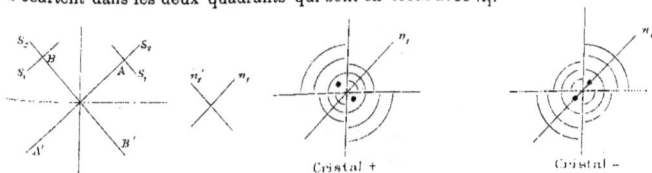

Cristal +

Cristal −

Cela se voit mieux encore en remplaçant le quart-d'onde par un compensateur introduit graduellement. Les anneaux se rétrécissent alors d'un mouvement continu dans deux quadrants, et s'élargissent dans les deux autres; si les premiers sont ceux dont la bissectrice est n_1 du compensateur, le cristal est positif; sinon, il est négatif.

Quand on introduit la lame auxiliaire, la croix cesse d'être noire et prend la teinte propre à la lame auxiliaire, par exemple le gris du quart d'onde. Par contre, il se fait deux taches noires dans les quadrants où les anneaux s'écartent (où la teinte baisse), aux points où le retard est compensé par la lame auxiliaire. Ces points noirs sont donc : en croix avec n_1 (se rappeler le signe $+$) si le cristal est positif, et alignés parallèlement à n_1 (se rappeler le signe $-$) si le cristal est négatif.

Lorsque l'épaisseur ou la biréfringence sont assez faibles pour que le premier anneau soit en dehors du champ et qu'on ne voit ainsi que la croix noire, cas fréquent dans les lames minces employées pour l'étude des roches, se servir comme lame auxiliaire de la teinte sensible; deux quadrants deviennent bleus, deux autres rouges; dans les premiers, la teinte monte, dans les seconds, elle baisse; les conclusions sont les mêmes.

Lame normale à la bissectrice de l'angle aigu des axes d'un cristal biaxe. Si les axes ne sont pas trop écartés, et si l'ouverture du champ de l'objectif est suffisante, les vibrations qui ont traversé la lame avec les axes optiques pour directions de propagation normale forment leur image en deux points du

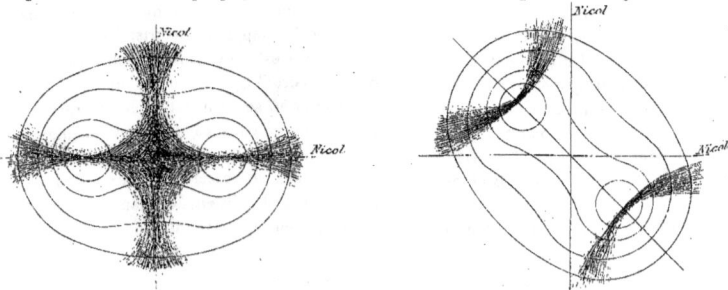

champ. Pour ces deux points, le retard est nul; ce sont donc, entre les nicols croisés, deux points noirs, qui matérialisent la trace des axes optiques. Autour de ces points, les courbes isochromatiques ont à peu près la forme de lemniscates, teintées, à partir de la trace des axes, des couleurs de la gamme de Newton. Ceci n'est vrai que si l'on suppose la dispersion nulle. En fait, la dispersion modifie toujours plus ou moins la distribution des couleurs; mais en lumière monochromatique, la forme des lemniscates est la même pour tous les cristaux.

Les courbes noires ont à peu près la forme de branches d'hyperbole qui, passant toujours par la trace des axes, et asymptotes aux plans principaux des nicols, se déforment quand on fait tourner la lame. Elles se réduisent en particulier à une croix lorsque les sections principales de la lame sont parallèles à celles des nicols, et à une hyperbole équilatère ayant pour sommets les traces des axes optiques lorsque les sections principales sont à 45° de celles des nicols.

Si la lame n'est pas exactement normale à la bissectrice des axes, les courbes se déforment un peu, mais l'aspect de la figure n'est pas changé si l'obliquité n'est pas trop grande. On voit toujours les lemniscates et des courbes noires qui balaient le champ en se déformant lorsqu'on fait tourner la lame, et qui passent par deux points fixes, traces des axes optiques. La même figure s'observerait si l'on disposait d'objectifs à champ suffisamment étendu, normalement à la bissectrice de l'angle obtus; en fait, on ne peut voir simultanément les deux traces des axes que du côté de l'angle aigu. Si la lame est normale à l'un des axes optiques, on voit les premiers anneaux des lemniscates entourant un point noir par lequel passe, tournant en sens inverse de la rotation de la lame, et se déformant dans ce mouvement, une branche de courbe noire qui devient droite lorsqu'elle est parallèle aux plans principaux des nicols.

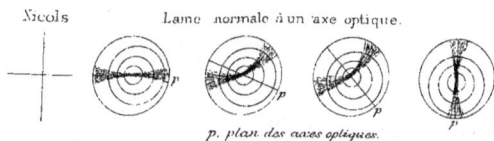

Nicols   Lame normale à un axe optique.

p. plan des axes optiques.

Si la lame est de direction quelconque, on voit les branches de courbes noires balayer le champ en se déformant; on distingue en général aisément à ce caractère un cristal biaxe d'un cristal uniaxe.

Lame quelconque.

Dans le cas où les axes sont très rapprochés, la distinction n'est certaine que si l'on dispose d'une lame permettant de voir la bissectrice aiguë. Les

20

hyperboles ressemblent alors à une croix et les lemniscates à des cercles ; mais en faisant tourner la lame, on voit la croix se disloquer en deux branches d'hyperbole très rapprochées.

Une lame à peu près normale à la bissectrice de l'angle aigu des axes, dans laquelle on peut apercevoir les traces des deux axes, permet de déterminer le signe optique du cristal. Tournons cette lame de façon que le plan des axes soit à 45° des plans principaux des nicols. Si la bissectrice aiguë perce le champ en O et les axes en A, A', n_m est dirigé normalement au plan des axes, c'est-à-dire suivant O B. Si l'introduction d'une lame auxiliaire (quart-d'onde ou compensateur) ayant son indice maximum n_i dirigé suivant O A fait monter la teinte en O, et par suite resserre les lemniscates entre les courbes noires, c'est donc que l'indice dirigé suivant O A est plus grand que n_m; cet indice est donc n_g, et par suite la bissectrice aiguë O est n_p; le cristal est négatif. L'inverse a lieu si le cristal est positif.

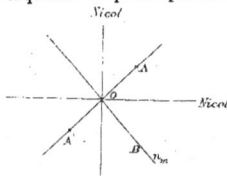

Angle des axes optiques. — C'est un caractère important des espèces. On peut le calculer connaissant $n_g - n_m$ et $n_m - n_p$ (voir p. 133). La mesure directe se fait comme suit :

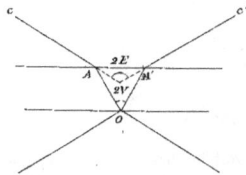

Soit une lame normale à la bissectrice de l'angle aigu des axes, O A, O A' les directions des axes, faisant entre elles l'angle 2 V. Les vibrations qui ont passé sous forme d'ondes planes normales à ces deux directions ont pour indice le rayon de la section circulaire de l'ellipsoïde inverse n_m. Elles se réfractent à la sortie de la lame suivant A C, A'C', faisant un angle 2 E, appelé *angle apparent des axes dans l'air.* Ce sont ces deux directions réfractées qui viennent donner dans l'image focale les deux points noirs que nous avons appelés « traces » des axes. V est lié à E par la relation $sin E = n_m sin V$. Nous supposons n_m connu. Il suffit de mesurer E, qui est d'ailleurs, si même on ne connaît pas n_m, un caractère spécifique du cristal. On dispose la lame sur une platine pouvant tourner autour d'un axe normal à celui du microscope et muni d'un limbe gradué, et l'on examine entre les nicols croisés en écartant assez l'éclaireur et l'objectif pour que la lame puisse tourner autour de l'axe (cela diminue beaucoup le champ, ce qui est sans importance pour la mesure). La lame est orientée de façon que le plan des axes soit normal à l'axe transversal de rotation, et les nicols sont orientés à 45° du plan des axes. On fait tourner de manière à voir successivement les deux sommets des hyperboles (traces des axes) coïncider avec le centre du champ, marqué par un réticule. L'angle ainsi mesuré est 2 E. Il va de soi que la mesure n'est précise que si elle est faite en lumière monochromatique, l'angle E n'étant pas le même pour les diverses couleurs. Quand l'indice n_m est grand et l'angle des axes aussi, il faut parfois faire la mesure dans l'eau ou dans l'huile pour que les rayons O A, O A' puissent émerger sans réflexion totale. Dans ce cas, on place la lame dans une cuve à faces parallèles dont les faces sont normales à l'axe du microscope, et l'indice n_m, employé pour calculer l'angle vrai V en partant de l'angle apparent E' dans l'eau ou dans l'huile, doit être l'indice médian du minéral par rapport au liquide.

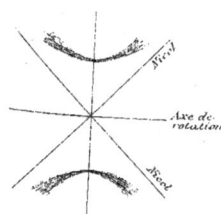

Dispersion des axes. — Dans les cristaux biaxes, la dispersion n'intervient pas seulement pour modifier, en lumière blanche, les teintes des courbes isochromatiques. D'une part, en effet, les variations de $n_g — n_m$ et de $n_m — n_p$ lorsqu'elles sont sensibles, font varier, d'une couleur à l'autre, l'angle des axes $\left(tg\,V = \sqrt{\dfrac{n_g — n_m}{n_m — n_p}} \right)$. D'autre part, sauf dans le cas de la symétrie orthorhombique, les directions mêmes des indices principaux peuvent varier d'une couleur à l'autre, et par suite aussi l'orientation du plan des axes optiques. Ces anomalies troublent la régularité des figures de lumière convergente en lumière blanche et la répartition de leurs couleurs. Elles sont fort utiles à consulter, car devant toujours être conformes à la symétrie du cristal, elles révèlent souvent avec beaucoup de délicatesse certaines dissymétries. On peut distinguer 5 cas :

1° Cristaux à symétrie orthorhombique. *Dispersion droite.* — n_g, n_m, n_p sont astreints à coïncider avec les trois axes binaires. Dans la figure de lumière convergente, tout est symétrique par rapport à la trace RR' du plan des axes, qui est le même pour toutes les couleurs, et en outre par rapport à la perpendiculaire. Tout point P coloré d'une certaine teinte a quatre symétriques : P P' P″ P‴ de même teinte. Deux cas : si l'angle des axes rouges est plus grand que l'angle des axes violets ($\rho > v$), les hyperboles sont teintées de rouge au voisinage des axes, sur le

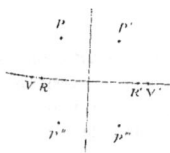

bord convexe, et de violet à l'extérieur. Car aux points RR′, traces des axes rouges, le rouge manque, la teinte est donc violette, et aux points VV′, traces des axes violets, la teinte est rouge. Si au contraire l'angle des axes rouges est plus petit que celui des axes violets ($\rho < v$), les hyperboles sont teintées de rouge à l'extérieur, de violet à l'intérieur.

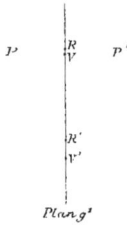

2° Symétrie clinorhombique. Un seul des indices principaux coïncide avec l'axe binaire.

A. *Dispersion inclinée.* — C'est le cas où n_m coïncide avec l'axe binaire. Le plan des axes est le plan de symétrie g^1. Tout est symétrique par rapport à la trace de ce plan. Une couleur P a un seul symétrique P′ par rapport à la trace du plan g^1. (Exemples : gypse, épidote, etc.)

B. *Dispersion horizontale.* — La bissectrice obtuse coïncide avec l'axe binaire. La bissectrice aiguë est dans g^1, ainsi que n_m. Le plan des axes est normal à g^1. Tout est symétrique par rapport à la trace de ce plan, c'est-à-dire par rapport à la perpendiculaire à la ligne RR′ joignant les traces des axes. Exemple : orthose ordinaire.

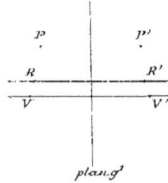

C. *Dispersion croisée.* — La bissectrice aiguë coïncide avec l'axe binaire. Le plan des axes est perpendiculaire à g^1. Une lame normale à la bissectrice aiguë est parallèle à g^1. La figure de lumière convergente n'est astreinte qu'à être symétrique par rapport à un point, trace de l'axe binaire. Exemple : borax.

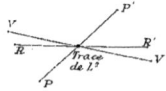

3° Symétrie anorthique. *Dispersion asymétrique.* — La dispersion peut supprimer toute symétrie de la figure de lumière convergente en lumière blanche.

Double réfraction dans les substances non cristallines. — La compression d'un solide amorphe (verre) dans une direction déterminée y occasionne une certaine biréfringence que l'on peut constater et mesurer au moyen de la polarisation chromatique. On constate que n_p est toujours parallèle à la direction de la pression, n_g perpendiculaire.

De même, des tensions internes peuvent déterminer dans un corps amorphe une biréfringence irrégulière (opale, verre trempé, etc.).

Enfin les fibres organiques (cheveux, fils de soie ou de textiles végétaux) présentent une biréfringence souvent assez forte. Il peut y avoir biréfringence, en résumé, chaque fois qu'il n'y a pas isotropie dans la distribution moyenne de la matière. Il n'est pas nécessaire pour cela que les particules constituantes seront orientées comme elles le sont dans les cristaux. Il suffit que leurs distances moyennes ne soient pas les mêmes dans toutes les directions.

On conçoit que la compression d'un cristal doit aussi faire varier ses propriétés optiques, et notamment sa biréfringence. C'est ce qui a lieu. De même pour les variations de température, qui affectent plus ou moins, selon les espèces, la biréfringence, l'angle des axes, etc.

Polarisation rotatoire. (Découverte par Arago, étudiée par Biot.)

Le quartz est un minéral uniaxe. Cependant une lame de quartz suffisamment épaisse, taillée normalement à l'axe et examinée en lumière parallèle entre les nicols croisés, ne reste pas éteinte ; elle se colore d'une teinte analogue à celles de la polarisation chromatique.

Mais les différences avec la polarisation chromatique sont grandes :

En lumière *monochromatique* si, laissant le polariseur immobile, on fait tourner l'analyseur, on obtient l'extinction complète lorsque l'analyseur a tourné d'un certain angle. La lumière émergente est donc polarisée rectiligne comme la lumière incidente, mais *la vibration a tourné d'un certain angle* autour de l'axe du quartz.

On voit immédiatement qu'une telle rotation est incompatible avec l'existence d'un plan de symétrie ; car s'il existait un plan de symétrie, la rotation devrait se faire aussi bien vers la gauche que vers la droite ; elle ne pourrait donc se produire. La polarisation rotatoire ne peut donc exister que dans les milieux à symétrie *holoaxe*. Dans les cristaux, elle caractérise les mériédries holoaxes.

Les cristaux de quartz naturels font tourner la vibration incidente les uns vers la droite, les autres vers la gauche. Les premiers sont les cristaux *droits*, que nous avons appris à distinguer des seconds, dits *gauches*, par leurs formes géométriques et leurs figures de corrosion. A égale épaisseur, les cristaux droits et les cristaux gauches d'une même espèce font tourner la vibration d'un même angle. Ils sont, au point de vue optique comme au point de vue géométrique, l'image l'un de l'autre dans un miroir plan.

Dans les cristaux biaxes, on ne connait rien qui corresponde à la polarisation rotatoire. Elle n'existe que :

1° Dans les cristaux uniaxes à mériédries holoaxes, et pour des directions très voisines de l'axe. (Quartz, cinabre.)

2° Dans les cristaux cubiques à mériédries holoaxes, et alors elle est la même dans toutes les directions. (Chlorate et bromate de sodium.)

3° Dans certains corps amorphes solides, liquides ou gazeux dont la molécule chimique ne possède pas de plan de symétrie ; ce sont surtout des substances organiques, dont la formule contient un atome de carbone asymétrique. Exemples : solutions des acides tartriques droit et gauche ou des tartrates droit et gauche, sucre, etc... Dans ces cas, la rotation est toujours beaucoup plus faible que dans le quartz à égale épaisseur et paraît tenir à des causes assez différentes, bien que liées toujours à l'absence de plan de symétrie. Nous ne nous occuperons que de la polarisation rotatoire cristalline.

L'angle de rotation est proportionnel à l'épaisseur de la lame, comme si, dans l'intérieur du cristal, la vibration tournait en hélice autour de l'axe, le pas de cette hélice étant constant pour un même minéral. Mais cet angle varie énormément d'une couleur à une autre, et est en général d'autant plus grand que la longueur d'onde est moindre. On appelle *pouvoir rotatoire* d'un cristal pour une couleur donnée l'angle R dont une lame de 1mm. d'épaisseur fait tourner le plan de polarisation de cette couleur. Exemples :

		λ	R	
Quartz : (ternaire)	Raie rouge B.	0,000687	15°,55	centièmes.
	Raie jaune D.	0,000589	21°,67	»
	Raie violette G.	0,000431	42°,37	»
Cinabre : (ternaire)	Raie jaune D.	0,000589	325°	soit 15 fois plus que le quartz.
Chlorate de Sodium : (cubique)	Raie jaune D.	0,000589	3°,67,	soit 6 fois moins que le quartz.

Si l'on observe maintenant en lumière *blanche*, soit OA la vibration incidente d'amplitude I ; les vibrations des diverses couleurs seront,

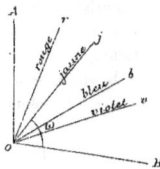

après la traversée de la lame, encore rectilignes, mais orientées suivant Or, Oj, Ob, Ov... L'analyseur, qui ne laisse passer par exemple que les composantes parallèles à OB, ne laissera dans la lumière émergente que la proportion $I_\lambda^2 \cos^2 \omega$ de la couleur de longueur d'onde λ, dont l'amplitude incidente est I_λ et dont la vibration fait avec OB, à la sortie de la lame, l'angle ω. Comme ω varie d'une couleur à l'autre, la lumière émergente sera colorée.

Si l'on disperse la lumière émergente au moyen d'un prisme, on obtiendra, sans nicol analyseur, un spectre dans lequel chaque couleur est polarisée rectilignement, mais dans des azimuths variant d'une manière continue d'un bout à l'autre. Si l'on introduit alors un analyseur, il éteindra toutes les vibrations parallèles à une même direction, d'où un spectre cannelé analogue à celui de la polarisation chromatique, mais dans lequel, si l'on fait tourner l'analyseur,

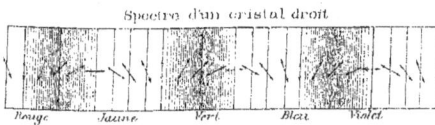

Spectre d'un cristal droit

on voit les bandes noires se déplacer toutes ensemble vers l'une des extrémités. Si le cristal est droit, les bandes se déplacent vers le violet quand on fait tourner l'analyseur vers la droite. L'inverse a lieu si le cristal est gauche.

Les bandes noires sont d'autant plus serrées que le pouvoir rotatoire et l'épaisseur de la lame sont plus grands. S'ils sont tels que le nombre des bandes noires soit assez petit, la lumière non dispersée sera colorée par la suppression d'une partie des couleurs essentielles du blanc. Si l'épaisseur ou le pouvoir rotatoire sont assez grands pour que les bandes noires soient nombreuses dans chacune des couleurs principales du spectre, la lumière émergente non dispersée sera blanche. Si enfin l'épaisseur ou le pouvoir rotatoire sont assez faibles pour que la rotation soit négligeable, la lame cristalline ne montrera plus aucune couleur (exemple : quartz dans les lames minces de $0^{mm},01$ à $0^{mm},03$ d'épaisseur employées pour l'étude des roches). Les couleurs dues au pouvoir rotatoire ne s'observent donc que pour des épaisseurs moyennes, par exemple dans le quartz pour les épaisseurs allant de quelques dixièmes de millimètre à 8 ou 10 millimètres.

On voit qu'en lumière blanche la rotation de l'analyseur ne peut jamais éteindre en même temps toutes les couleurs. Elle produit seulement des changements de coloration. D'autre part, la rotation de la lame cristalline ne produit aucun effet, toutes les propriétés étant de révolution autour de l'axe normal à la lame. Les couleurs de la polarisation rotatoire se distinguent aisément par là de celles de la polarisation chromatique.

En lumière convergente, les cristaux uniaxes à pouvoir rotatoire montrent autour de l'axe une plage circulaire, dont le diamètre dépend de l'épaisseur de la lame, colorée uniformément de la teinte que l'on observerait dans tout le champ en lumière parallèle. En dehors de cette plage centrale commencent les anneaux et la croix de la polarisation chromatique.

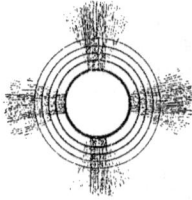

Fresnel a montré que le pouvoir rotatoire consiste en réalité en ceci que les directions dans lesquelles il se manifeste (axe du quartz, ou direction quelconque du chlorate de sodium) sont incapables de transmettre, sans la modifier, une vibration rectiligne ; elles ne la transmettent qu'on la divisant en deux vibrations circulaires de sens inverse.

Ces deux vibrations circulaires, dans un cristal ayant des plans de symétrie, ne peuvent qu'avoir la même vitesse. Elles ne peuvent donc se séparer. Mais dans un milieu holoaxe, la vibration droite peut avoir, et a généralement, une vitesse différente de celle de la vibration gauche. Ces deux vibrations acquièrent donc, dans la traversée du cristal, une certaine différence de phase. A la sortie, elles reprennent même vitesse dans l'air et se recomposent par suite en une vibration rectiligne ; mais en raison du retard acquis par l'une sur l'autre, la vibration rectiligne qui résulte de leur composition a tourné d'un certain angle, proportionnel à ce retard.

Soit $x = a \sin 2\pi \dfrac{t}{T}$ une vibration rectiligne incidente qui s'effectue suivant ox. Elle peut être considérée comme provenant de la composition de deux vibrations circulaires de sens inverses, de même vitesse et de même période, partant ensemble d'un point situé sur Ox. L'une droite :

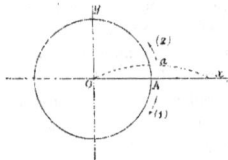

$$(1) \quad \begin{cases} x = \dfrac{a}{2} \sin 2\pi \dfrac{t}{T} \\[2mm] y = \dfrac{a}{2} \sin 2\pi \left(\dfrac{t}{T} + \dfrac{1}{4} \right) \end{cases}$$

L'autre gauche :

$$(2) \quad \begin{cases} x' = \dfrac{a}{2} \sin 2\pi \dfrac{t}{T} \\[2mm] y' = \dfrac{a}{2} \sin 2\pi \left(\dfrac{t}{T} - \dfrac{1}{4} \right) \end{cases}$$

Si la vibration (1) se propage avec la vitesse v et la vibration (2) avec la vitesse v', elles auront acquis à la sortie de la lame une différence de phase $\varphi = (n - n') \dfrac{e}{\lambda}$ (e, épaisseur de la lame. $n = \dfrac{V}{v}$, $n' = \dfrac{V}{v'}$; V vitesse de la lumière dans l'air. λ longueur d'onde *dans l'air* de la lumière considérée. φ est un *retard* de la vibration (1) sur la vibration (2)).

Elles seront donc devenues :

$$(1')\begin{cases} x = \dfrac{a}{2}\,\sin 2\pi\,\dfrac{t}{T} \\[2mm] y = \dfrac{n}{2}\,\sin 2\pi\left(\dfrac{t}{T}+\dfrac{1}{4}\right) \end{cases} \qquad (2')\begin{cases} x' = \dfrac{a}{2}\,\sin 2\pi\left(\dfrac{t}{T}-\varphi\right) \\[2mm] y' = \dfrac{a}{2}\,\sin 2\pi\left(\dfrac{t}{T}-\dfrac{1}{4}-\varphi\right) \end{cases}$$

Elles se recomposent donc en donnant la vibration suivante :

$$(3)\begin{cases} X = x + x' = \;\; a\,\sin 2\pi\left(\dfrac{t}{T}-\dfrac{\varphi}{2}\right)\cos\pi\,\varphi \\[2mm] Y = y + y' = -a\,\sin 2\pi\left(\dfrac{t}{T}-\dfrac{\varphi}{2}\right)\sin\pi\,\varphi \end{cases}$$

Cette vibration est rectiligne et fait avec ox un angle ω donné par :

$$tg\,\omega = \frac{Y}{X} = -\,tg\,\pi\varphi$$

Ou

$$\frac{\omega}{\pi} = -\,\varphi = -\,(n-n')\,\frac{e}{\lambda}$$

L'angle de rotation est proportionnel à e. Il est vers la droite si $n > n'$, c'est-à-dire si $V < V'$, ou encore si la vibration gauche a une vitesse plus grande que la vibration droite. Il est vers la gauche dans le cas contraire. Enfin, si $n - n'$ ne varie pas trop d'une couleur à l'autre, cet angle est plus grand pour les petites longueurs d'onde que pour les grandes.

L'explication est satisfaisante. Correspond-elle à la réalité ?

Fresnel a montré que les deux vibrations circulaires se séparent bien réellement. Trois prismes (ou plus), deux de quartz droit et un de quartz gauche, sont taillés et accolés de façon que l'axe du quartz soit suivant A A'.

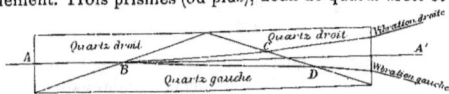

Un rayon polarisé rectiligne tombe en A. Dans le quartz droit, la vibration gauche a la vitesse la plus grande. En B, en pénétrant dans le quartz gauche, cette vibration gauche devient celle qui a la moindre vitesse ; la vibration droite au contraire, qui avait la vitesse minimum, devient celle qui a la vitesse maximum. Donc la vitesse de la vibration gauche diminue ; elle se réfracte en se rapprochant de la normale à la surface séparative. Celle de la vibration droite augmente ; elle se réfracte en s'écartant de la normale. L'écartement des deux rayons polarisés circulaires augmente encore par la seconde réfraction, et ainsi de suite s'il y a plus de trois prismes. Finalement, malgré la faible différence d'indice, les deux rayons sont assez écartés pour qu'on distingue deux faisceaux à la sortie, et l'on constate qu'ils sont bien polarisés circulaires et de sens inverses.

Mallard, se basant sur une expérience de Reusch, a montré que le pouvoir rotatoire cristallin s'explique par une structure particulière des cristaux qui le possèdent.

Piles de mica de Reusch. — Le mica blanc est un minéral biaxe se clivant en lames excessivement fines normales à n_p. Des lames très minces de mica, empilées en grand nombre à 60° l'une de l'autre en tournant toujours vers la droite par exemple (ou à 120° vers la gauche), fournissent une pile dont les propriétés sont celles d'un cristal *uniaxe* ayant le pouvoir rotatoire. Empilées en sens inverse, elles donnent une pile ayant le même pouvoir rotatoire en sens inverse. Mallard a montré que les propriétés biréfringentes du mica (ou de tout autre minéral biaxe) suffisent à expliquer ce fait ; il en a conclu que vraisemblablement les cristaux uniaxes à pouvoir rotatoire sont composés d'un empilement régulier de particules biaxes qui peuvent, individuellement, avoir un plan de symétrie, mais dont l'assemblage, par suite de cet enroulement en hélice, est holoaxe. La découverte, par M. Michel Lévy, de la quartzine, élément biaxe dont les groupements ternaires constituent le quartz, a confirmé définitivement cette manière de voir.

Les cristaux uniaxes ou cubiques ayant le pouvoir rotatoire ne sont que des assemblages de petits éléments biaxes, éléments qui n'ont par eux-mêmes aucun pouvoir rotatoire, mais qui l'acquièrent en même temps que l'uniaxie (ou l'isotropie) par ce mode spécial de groupement hélicoïdal. On comprend bien alors pourquoi les cristaux biaxes ne présentent jamais le pouvoir rotatoire ; ils ne peuvent l'acquérir, par groupements réguliers, qu'en devenant en même temps uniaxes (ou isotropes).

Application. — Deux lames de quartz normales à l'axe, l'une droite et l'autre gauche, d'égale épaisseur (taillées ensemble), constituent une *bilame*. Les deux lames ne présentent la même coloration entre les nicols que si les plans principaux des nicols sont exactement parallèles ou perpendiculaires. Car si O A est la vibration du polariseur, les vibrations d'une même couleur dans les deux quartz, à la sortie, seront

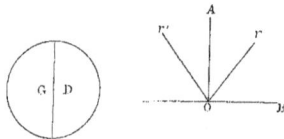

symétriques par rapport à O A (par exemple *or*, *or'*). Le nicol analyseur, dont la vibration est O B, n'en laissera passer la même proportion que si O B est parallèle ou normal à O A. On peut ainsi, en interposant une bilame, placer deux nicols très exactement dans la position parallèle ou dans la position croisée à angle droit, car on apprécie avec beaucoup de précision l'égalité de teinte de deux plages contiguës. Pour augmenter la sensibilité, on donne à la bilame une épaisseur telle qu'elle fasse tourner le jaune moyen de 90°, s'il s'agit de placer les nicols parallèles, ou de 180° s'il s'agit de les placer perpendiculaires. L'extinction du jaune correspond en effet à une teinte sensible analogue à celle de la polarisation chromatique, en sorte que des deux plages l'une passe au rouge et l'autre au bleu par le moindre déplacement de l'un des nicols à partir de la position dans laquelle les plans principaux sont rigoureusement parallèles ou rectangulaires. Le contraste des teintes est alors très vif.

Plus généralement, une bilame interposée devant un nicol analyseur augmente beaucoup la précision avec laquelle on apprécie le moment où le plan principal du nicol coïncide avec celui d'une lumière polarisée ou lui est normal. L'observation de l'extinction est beaucoup moins précise. (Exemple : emploi dans le polarimètre ou saccharimètre, avec lequel on mesure le pouvoir rotatoire des solutions de substances organiques.)

2. — Couleurs des cristaux. Pléochroïsme (ou polychroïsme).

Les corps transparents colorés sont ceux qui, recevant de la lumière blanche, absorbent certaines radiations du spectre plus que d'autres ; leur transparence est moindre pour certaines radiations que pour d'autres.

Dans les cristaux, les diverses directions diffèrent à ce point de vue comme pour les autres propriétés. Chaque vibration rectiligne de direction déterminée transmise par un cristal coloré se colore en général d'une teinte spéciale. Et de même en lumière naturelle, chaque onde plane observée à travers le cristal se colore d'une teinte particulière, résultant de la combinaison des teintes des deux vibrations en lesquelles, pendant la traversée du cristal, s'est décomposée la vibration de cette onde.

Les cristaux dans lesquels cette propriété est bien marquée sont dits pléochroïques, ou polychroïques, ou improprement dichroïques.

La couleur d'un cristal pléochroïque s'indique en définissant les teintes que prennent les trois vibrations principales n_g, n_m, n_p. Une lame parallèle à n_g, n_p par exemple fait connaître la teinte de n_g si l'on éclaire la lame avec de la lumière polarisée vibrant suivant n_g, et de même pour n_m. On indique aussi parfois les teintes observées en lumière naturelle en examinant par transparence des lames

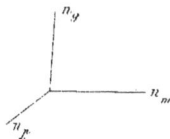

parallèles aux trois plans principaux $n_g\,n_m$, $n_m\,n_p$, $n_p\,n_g$. Ce sont les combinaisons deux à deux des teintes principales.

Le pléochroïsme est régi par la symétrie de l'ellipsoïde inverse du cristal. Dans les cristaux à symétrie cubique, isotropes au point de vue optique, il ne peut y avoir de pléochroïsme. Dans les cristaux à axe principal, les teintes sont de révolution autour de l'axe ; il n'y a que deux teintes principales : celle des vibrations ordinaires, normales à l'axe, et celle de la vibration parallèle à l'axe. Dans les cristaux biaxes, il y a trois teintes principales pouvant être différentes.

En général, une lame d'un cristal pléochroïque étant placée sur la platine du microscope, si l'on éclaire avec le nicol polariseur, sans interposer l'analyseur, ou inversement, la teinte change quand on fait tourner la platine. Pour plus de sensibilité, on observe parfois à travers un cristal de spath (loupe dichroscopique) lequel donne deux images contiguës qui, étant polarisées dans des plans rectangulaires, montrent l'une à côté de l'autre les deux teintes que l'on observerait, au moyen d'un nicol, successivement pour deux positions à angle droit du nicol. Le contraste rend les différences de teinte plus nettes.

Exemples :

	VIBRATION	COULEUR
Tourmaline (uniaxe)...	n_g (normale à l'axe).	*Foncée* (verte, brune... selon les échantillons).
	n_p (parall. à l'axe).	*Très claire.*

D'où l'emploi de la tourmaline comme polariseur. Il suffit que l'épaisseur soit assez grande pour que n_g soit complètement absorbée.

	VIBRATION	COULEUR
Mica noir (biaxe presque uniaxe).	n_g et n_m (parall. au clivage).	Brun *très foncé.*
	n_p (normale au clivage).	Brun *très pâle.*
Cordiérite (biaxe orthorhombique).	n_g (normal à g^1).	*Bleu foncé.*
	n_m (normal à h^1).	*Bleu pâle.*
	n_p (normal à p).	*Blanc jaunâtre.*

Même minéral, teintes en lumière naturelle :

plan $n_g\,n_m$	(p)	*Bleu.*
plan $n_m\,n_p$	(g^1)	*Blanc jaunâtre.*
plan $n_p\,n_g$	(h^1)	*Blanc bleuâtre.*

D'une manière générale, on remarque que c'est la vibration de plus grand indice (plus faible vitesse) qui donne la teinte la plus foncée. C'est celle qui, tant au point de vue de la vitesse de propagation que de l'absorption, est le plus affectée par la traversée du milieu cristallin.

Irisation, chatoiement, fluorescence. — Caractères exceptionnels. Le premier, peu spécifique et accidentel, provient de l'existence, à la surface du minéral, d'une pellicule de matière étrangère transparente déterminant des couleurs de lames minces (fréquent sur le fer ologiste, la houille, la chalcopyrite.....). Ou bien encore parfois, des irisations sont déterminées à l'intérieur du minéral par des fissures formant lames minces, remplies d'air ou de diverses matières (opale noble, souvent quartz, calcite, etc..).

Le chatoiement consiste en reflets vivement colorés que l'on aperçoit sur certaines faces de certains cristaux, et qui ne se produisent que lorsque la lumière s'y réfléchit sous des incidences déterminées. Phénomène encore mal expliqué, lié probablement à l'existence de fissures de clivage régulières, parfois peut-être à l'interposition de matières étrangères dans ces fissures. Exemples : feldspaths, notamment Labrador, chatoiements jaunes, verts, bleus ; variété d'oligoclase dite « pierre de soleil », chatoiement doré ; variété d'orthose dite « pierre de lune », chatoiement argenté.

La fluorescence consiste dans l'absorption par un corps, sur une faible épaisseur à partir de sa surface, de radiations ultraviolettes, et leur restitution sous forme de radiations visibles de moindre réfrangibilité. Exemple : certaines variétés de fluorine qui, vertes par transparence, montrent par réflexion de belles teintes violettes dues à la fluorescence.

Éclat. — Caractère indéfinissable d'une manière précise, mais essentiel en pratique pour la détermination rapide des espèces. Il dépend à la fois de l'indice de réfraction, du poli de la surface examinée, des réflexions intérieures sur les fissures de clivage, etc.. L'éclat est en général très différent sur les faces extérieures naturelles et sur une cassure fraîche, ou encore sur une cassure qui suit le clivage et sur une cassure qui ne le suit pas, ou encore sur un clivage et sur un autre physiquement différent.

Une première distinction importante est à faire entre les substances qui ont l'éclat *métallique* et celles qui ont l'éclat *vitreux*. Les premières colorent la lumière en la réfléchissant, les secondes réfléchissent blanche la lumière blanche. Dans ces deux grandes catégories, on arrive, avec l'habitude, à reconnaître l'éclat propre à chaque minéral. Aucune désignation ni description ne peut en donner une idée exacte ; c'est une notion qu'on ne peut acquérir que par l'examen du plus grand nombre possible d'échantillons.

Comme nomenclature, on distingue en particulier : l'éclat *nacré*, appartenant à des faces de clivage facile (gypse, face g^1; mica, face p; stilbite ou
heulandite, face g^1; apophyllite, face p); l'éclat *soyeux*, analogue, mais
déterminé par des fibres ou par un clivage linéaire (œil de chat; amiante; gypse,
cassures parallèles à l'arête $g^1 a^1$); l'éclat *gras*, dans certaines cassures lisses
sans clivages (quartz); l'éclat *adamantin* (c'est-à-dire analogue à celui du
diamant), dans les substances à indice élevé (diamant, sels de plomb); l'éclat
résineux, mat, velouté, vif ou faible, etc., etc..... Ces mots ne donnent qu'une
idée très imparfaite et grossière de l'éclat de chaque minéral.

Groupements des Cristaux.

A. *Groupements réguliers :* Macles.

Deux ou plusieurs individus cristallins homogènes s'accolent parfois suivant
certaines lois déterminées. On donne à ces groupements réguliers le nom de
macles (macula, maille; terme de blason désignant la croix de la macle
d'andalousite, qui figure dans certaines armes de Bretagne).

Loi générale. — Deux cristaux maclés entre eux sont toujours : ou bien
symétriques l'un de l'autre par rapport à un plan réticulaire simple du réseau,
dit *plan de macle*, ou bien tournés l'un par rapport à l'autre de $\frac{2\pi}{n}$ ($n = 2, 3,$
4, 6) autour d'une rangée simple dite *axe de macle*, ou enfin symétriques par
rapport à un point dit *centre de macle*.

Il va s'en dire qu'il ne s'agit toujours que de *directions*; un plan de macle
est une direction de plan, un axe de macle une direction de droite, et un centre
de macle un point quelconque, non déterminé en position.

Deux cristaux maclés peuvent d'ailleurs être en même temps symétriques
par rapport à un plan réticulaire, une rangée et un centre, ou simultanément
par rapport à plusieurs plans réticulaires ou rangés.

Lorsqu'il y a un plan de macle, il devient plan de symétrie pour l'ensemble
formé des deux cristaux, c'est-à-dire pour la macle, en ce sens que toute
propriété orientée de l'un des cristaux trouve sa symétrique dans l'autre cristal.
Comme le réseau a toujours un centre, l'ensemble formé par les deux *réseaux*
aura donc un axe binaire normal au plan de macle. C'est-à-dire que l'un des
réseaux se déduira de l'autre par rotation de 180° autour de la normale au plan

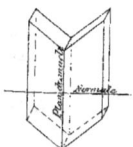

de macle. Il en sera de même des deux cristaux s'ils possèdent un centre. (Exemple : macle du gypse.) Aussi définit-on souvent la macle par cette rotation de 180° autour de la normale au plan de macle. Mais la normale au plan de macle, qui n'est pas en général une rangée, n'est pas en général un axe de macle au sens donné ci-dessus à ce terme. On complique inutilement la question, et l'on masque le rôle essentiel du plan réticulaire de macle en faisant intervenir cette droite quand elle n'est pas une rangée.

De même, lorsqu'il y a un axe binaire de macle, il n'y a aucun intérêt à considérer le plan perpendiculaire, par rapport auquel les réseaux sont symétriques (et les cristaux aussi, s'ils ont un centre), si ce plan n'est pas un plan réticulaire.

Nous considérerons donc uniquement comme plans et axes de macle ceux qui sont des plans réticulaires ou des rangées. Il existe dans tous les cas au moins un élément de ce genre. Quand il y en a plusieurs, il importe naturellement de les indiquer tous.

Lorsque le groupement ne comporte qu'un *plan de macle*, sans rangée rigoureusement perpendiculaire, l'accolement des deux cristaux se fait toujours suivant un plan parallèle au plan de macle. Le groupement est appelé **macle par accolement** ou **hémitropie** (mot ancien tiré de l'idée d'une rotation d'un demi-tour autour de la normale au plan de macle).

Lorsque la macle ne comporte qu'un *axe de macle* sans plan réticulaire normal, la surface d'accolement n'est plus nécessairement plane (bien qu'elle le soit le plus souvent), mais elle est astreinte à passer par une droite parallèle à l'axe de macle. Dans le cas où il existe un plan de macle et un axe de macle situé dans ce plan, les deux règles précédentes se combinent pour donner une surface d'accolement plane parallèle au plan et passant par l'axe.

Lorsqu'il y a un *plan de macle ayant une rangée perpendiculaire* (axe de macle ou non), ou un *axe de macle ayant un plan réticulaire perpendiculaire*, la surface d'accolement peut être quelconque. On la trouve parfois plane et parallèle au plan, parfois passant par l'axe, mais il semble bien que ce soit seulement dans les cas où la normalité du plan et de la rangée n'est pas parfaite ; dans les véritables macles de ce genre, la surface est irrégulière et les cristaux se compénètrent d'une manière quelconque.

Il en est de même lorsque le groupement comporte un *centre de macle*.

Dans ces derniers cas, où la surface d'accolement n'est plus nécessairement plane, le groupement est dit **macle par pénétration**.

On peut diviser les macles en quatre groupes :

Macles par mériédrie. — 1° *Pénétrations par mériédrie* proprement dite : Il y a un ou plusieurs plans et axes de macle qui sont exactement plans ou axes de symétrie du réseau, ou bien il y a un centre de macle.

On sait que tout plan de symétrie du réseau est normal à une rangée, et tout axe de symétrie du réseau à un plan réticulaire.

2° *Pénétrations par mériédrie réticulaire.* — Il y a un plan de macle qui n'est pas plan de symétrie du réseau, mais qui est rigoureusement normal à une rangée, ou bien un axe de macle qui n'est pas un axe de même ordre du réseau, mais qui est rigoureusement normal à un plan réticulaire.

Le cas le plus important est celui d'un plan de macle normal à un axe ternaire, ou d'un axe sénaire de macle qui n'est qu'axe ternaire du cristal.

Macles par pseudomériédrie. — 3° *Hémitropies et pénétrations par pseudomériédrie.* (On dit aussi par pseudosymétrie.) Il y a un plan ou un axe de macle qui sont plan ou axe de pseudosymétrie du réseau.

4° *Hémitropies et pénétrations par pseudomériédrie réticulaire.* — Il y a un plan de macle qui n'est ni plan de symétrie ni plan de pseudosymétrie du réseau, et qui n'est rigoureusement normal à aucune rangée ; ou bien un axe de macle qui n'est ni axe de symétrie, ni axe de pseudosymétrie du réseau, et qui n'est rigoureusement normal à aucun plan réticulaire.

1° *Pénétrations par mériédrie.*

Pour qu'un plan de symétrie, axe de symétrie ou centre du réseau, puisse être plan, axe ou centre de macle, il faut que cet élément de symétrie n'appartienne pas au cristal. Autrement les deux cristaux maclés entre eux seraient identiques, ils ne feraient que se prolonger mutuellement ; il y aurait un cristal unique ou deux cristaux parallèles accolés, ce qui ne constitue pas une macle. Il faut donc que le cristal soit mérièdre, et que les plans, axes ou centre de macle soient précisément les éléments de symétrie du réseau déficients dans le cristal (c'est-à-dire dans le motif).

L'observation montre que de telles macles sont excessivement fréquentes, et d'autant plus constantes dans une espèce que celle-ci possède une mériédrie d'un ordre plus élevé. Elle confirme la règle qui résulte de l'observation précédente.

Quand un cristal a une mériédrie d'ordre n, les n orientations possibles symétriques par rapport aux éléments de symétrie déficients sont capables de se pénétrer pour former une macle. Ou plus simplement : *les n cristaux complé-*

mentaires d'une espèce mérièdre sont capables de se pénétrer de telle façon que leurs réseaux se prolongent exactement l'un l'autre.

Dans un tel groupement, dont les plans, axes et centre de macle sont éléments de symétrie du réseau, les réseaux des n cristaux maclés se prolongent donc rigoureusement l'un l'autre de part et d'autre des surfaces séparatives des cristaux (1). Il n'y a dans tout l'édifice qu'un seul réseau continu. Mais dans chaque maille de ce réseau, le motif du cristal, qui est moins symétrique, a n dispositions possibles, symétriques les unes des autres par rapport aux éléments déficients.

L'existence des macles du premier genre démontre donc que, dans la croissance du cristal, pourvu que le réseau se prolonge semblable à lui-même, il est indifférent à la stabilité de l'édifice que le motif prenne l'une ou l'autre de ses n dispositions compatibles avec une même orientation du réseau ; toutes peuvent concourir également à la construction d'un ensemble stable. La seule condition nécessaire de stabilité est que le réseau se continue semblable à lui-même. Si tous les motifs s'orientent parallèlement entre eux, le cristal sera homogène et simple, avec l'une des formes mérièdres précédemment étudiées Si dans certaines parties de l'édifice les motifs s'orientent d'une manière, et dans une autre partie d'une autre manière, l'édifice sera une macle. La forme extérieure de l'ensemble présentera simultanément les faces des n cristaux complémentaires ; elle aura donc la symétrie holoèdre, ou tout au moins, si les n orientations n'existent pas toutes, une mériédrie moindre que le cristal simple constituant.

Il peut arriver, selon les circonstances, que chaque orientation du motif se conserve dans une partie étendue du cristal, auquel cas la macle se compose d'un petit nombre d'individus cristallins distincts ; ou bien que l'orientation du motif varie constamment, auquel cas on aura affaire à un groupement d'individus cristallins microscopiques très nombreux ; à la limite, quand ces individus cristallins sont trop petits pour pouvoir être distingués par les moyens d'investigation dont nous disposons, la macle restitue un cristal en apparence homogène, mais ayant acquis comme éléments de symétrie, par ce groupement, une partie au moins des éléments déficients du cristal simple, c'est-à-dire étant devenu en apparence holoèdre, ou tout au moins plus symétrique.

Mallard a comparé très justement les macles du premier genre aux mélanges isomorphes, dans lesquels deux motifs différents, mais correspondant à des formes de réseau identiques ou quasi-identiques, concourent à la construction

---

(1) Si, bien entendu, l'on construit le réseau sur un point appartenant à la surface séparative. Pour les points voisins, le réseau est interrompu par cette surface et déplacé parallèlement à lui-même d'une petite quantité.

d'un même édifice cristallin stable. Quand les éléments maclés très petits deviennent indiscernables, la macle est un véritable mélange isomorphe, pratiquement homogène, des n orientations du cristal simple.

On peut se représenter les macles du premier genre d'une manière concrète en imaginant que la stabilité du cristal exige seulement que certaines masses particulièrement importantes du motif soient réparties en un réseau unique et continu, l'orientation des autres masses autour de celles-ci pouvant varier et leurs réseaux être interrompus par endroits ; les diverses masses du motif sont d'ailleurs astreintes à conserver leurs distances respectives, ce qui réduit le nombre des dispositions possibles à n, symétriques par rapport aux éléments de symétrie du réseau.

Les macles du premier genre sont des pénétrations à surface d'accolement quelconque. Car les plans de macle, étant plans de symétrie du réseau, ont toujours une rangée perpendiculaire, et de même les axes de macle un plan réticulaire perpendiculaire.

Aspect extérieur. — Deux cas :

1° Les cristaux simples mérièdres constituant la macle portent des faces affectées par la mériédrie. Dans ce cas, on reconnaît la macle à la coexistence de formes mérièdres complémentaires (quartz). Souvent même les cristaux constituants, limités chacun par leur forme mérièdre propre, restent distincts dans la forme extérieure au point d'imiter une véritable pénétration géométrique de deux polyèdres (pyrite, macle « de la croix de fer » ; cuivre gris, etc.).

2° Les cristaux élémentaires ne portent pas de faces affectées par la mériédrie (pyrite, macle affectant un cube), ou bien encore le cristal élémentaire n'est pas connu isolé, mais est toujours sous forme de macle, le groupement rétablissant dans tous les cristaux connus une forme extérieure holoèdre, ou du moins plus symétrique (boracite, grenats...). Dans ce cas, rien dans la forme extérieure ne décèle la mériédrie ni la macle. Seule l'étude des propriétés physiques, aspect des faces, figures de corrosion, propriétés optiques surtout, permet alors de reconnaître la complexité du cristal qui, au point de vue des formes géométriques, paraît simple. C'est le cas le plus fréquent dans les mériédries d'ordre élevé.

Exemples de macles du premier genre :

Pyrite, cubique parahémièdre. $\underline{3\,A^2}$. $4\,A^3$ $o\,L^2$. $\underline{C}$. $3\,\Pi$. $o\,P$. Un seul groupement par pénétration, tous les éléments déficients $(3\,A^4,\,6\,L^2,\,6\,P)$ servant à la fois d'éléments de macle. La symétrie totale de la macle est holoèdre cubique.

C'est la pénétration des deux cristaux complémentaires. Si elle affecte le pyritoèdre b^t, macle dite « de la croix de fer ».

Si elle affecte le triglyphe, elle ne se révèle que par l'existence de plages portant des stries complémentaires. Si les faces ne sont pas striées, mais lisses, rien ne peut plus révéler la macle extérieurement.

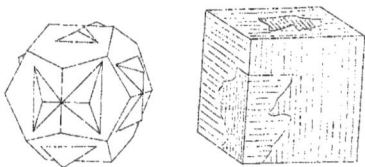

Cuivre gris. — Cubique antihémièdre. $3\Lambda^2\,4\Lambda^3\,oL^2\,oC\,o\amalg\,6P$. Un seul groupement par pénétration, autour de tous les éléments déficients à la fois ($3\Lambda^4$, $6L^2$, C, $3\amalg$), donnant une macle dont la symétrie totale est holoèdre cubique. C'est encore la pénétration des deux cristaux complémentaires.

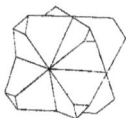

Chalcopyrite. — Quaternaire, antihémiédrie sphénoédrique.

$$\Lambda^2\,2L^2\,oL'^2\,oC\,oP\,2P'.$$

Une macle par pénétration, par rapport à tous les éléments déficients à la fois (Λ^4, $2L'^2$, C, 2P.) Pénétration des deux cristaux complémentaires.

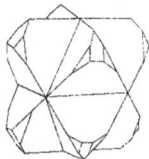

Quartz. — Sénaire, tétartoèdre holoaxe. Quatre cristaux complémentaires. En vertu de la parahémiédrie sénaire (Λ^6 du réseau n'est que Λ^3 pour le motif), deux cristaux complémentaires superposables tournés de 60° autour de l'axe ternaire. En vertu de l'hémiédrie holoaxe de cette première hémiédrie, deux cristaux complémentaires non superposables droit et gauche, placés dans chacune des deux positions précédentes et symétriques l'un de l'autre par rapport à C et 3P. Tant que les seules formes existantes sont p, $e^{1/2}$, e^2, les macles par mériédrie ne sont pas visibles dans les formes extérieures. Elles apparaissent quand il y a des faces s et x, et consistent dans la pénétration des quatre cristaux complémentaires, ou tout au moins de deux d'entre eux. Elles se manifestent : 1° la rotation de 60° autour l'axe ternaire, par l'existence de faces s et x de même espèce (droites, par exemple) sur deux arêtes contiguës du prisme ; 2° la pénétration de cristaux droits et gauches, par la coexistence de facettes s et x droites et gauches sur un cristal en apparence unique. Les deux genres de macle peuvent coexister sur un même cristal. En général, une fine ligne de suture et l'interruption des stries sur les faces e^2 mettent en évidence la surface séparative des individus maclés, qui est absolument irrégulière.

1. Pénétration par rotation de 60° autour de l'axe ternaire des cristaux complémentaires de la paramériédrie axiaire.

2. Pénétration de deux cristaux droit et gauche complémentaires relativement à l'hémiédrie holoaxe.

Les figures de corrosion (voir p. 96) permettent également de reconnaître ces macles, par exemple dans la première en montrant sur une portion de l'une des faces du pseudo-isoscéloèdre les corrosions caractéristiques des faces p, sur une autre portion de la même face celles des faces $e^{1/2}$. Les propriétés optiques ne peuvent montrer la macle par rotation de 60° autour de l'axe ternaire, puisque cet axe est de révolution pour les propriétés optiques. Mais la macle par holoaxie se décèle dans une lame normale à l'axe par le fait que certaines parties (celles qui portent les faces x droites) ont le pouvoir rotatoire droit, et d'autres (celles qui portent des faces x gauches) le pouvoir rotatoire gauche. Si l'on examine une telle lame entre deux nicols qui ne soient ni parallèles ni perpendiculaires, les teintes ne sont pas les mêmes pour les deux genres de plages. On aperçoit ainsi dans certains quartz des macles très fines de lamelles plus ou moins régulièrement distribuées, alternativement droites et gauches, que la forme extérieure ne peut révéler. (Exemple : certains quartz violets, dits améthystes, du Brésil.)

Calamine, ou encore topaze, etc. — Orthorhombique antihémièdre $L^2 o L'^2 o L''^2 oC oP P'P''$. Macle par rapport au centre déficient, au plan P et aux axes $L'^2 L''^2$ déficients. Le cristal simple a (schématiquement) la forme (1) avec la pyroélectricité. Le cristal maclé (2) a une forme en apparence holoèdre, mais la macle est révélée soit par l'existence de deux *pôles analogues* aux deux extrémités, se chargeant tous deux d'électricité positive à l'échauffement, soit encore par les figures de corrosion (voir p. 97). La surface d'accolement est quelconque, mais souvent plane et parallèle à *p*. Les propriétés optiques ne peuvent mettre en évidence une telle macle, puisque l'ellipsoide inverse a toujours un centre.

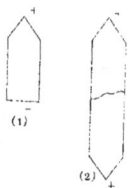

Mériédries d'ordre plus élevé. Boracite. — La boracite a un réseau cubique, symbole (1). Mais la symétrie réelle du motif n'est que celle de l'antihémièdrie orthorhombique, symbole (2).

Réseau	(1)	$3 \Lambda^4$	$4 \Lambda^3$	$6 L^2$	C	3Π	$6 P$
Motif	(2)	Λ^2	$o \Lambda^3$	$o L^2$	oC	$o\Pi$	$P'P''$
Macle	(3)	$3 \Lambda^2$	$4 \Lambda^3$	$o L^2$	oC	$o\Pi$	$6 P$

La macle n'a pas la forme cubique holoèdre, mais seulement la forme cubique antihémièdre (3). En général, elle se présente comme un dodécaèdre rhomboïdal ou un cube portant de petites facettes de tétraèdre, et en apparence parfaitement simple. Par rapport à la symétrie (3), la mériédrie (2) donne 6 orientations complémentaires possibles (car Λ^2 a trois orientations possibles dans le réseau cubique, et pour chacune d'elles les deux plans P du cube passant par elle peuvent être l'un P′ et l'autre P″ du cristal mérièdre ou inversement). Ces 6 orientations, symétriques par rapport aux axes ternaires, aux deux axes Λ^2 et aux quatre plans P déficients, se groupent en un cristal en apparence unique, à forme antihémièdre. Deux modes d'accolement principaux sont connus, dans lesquels la surface séparative des cristaux élémentaires passe par les axes ternaires et les plans P déficients. 1° Le cristal a la forme du dodécaèdre rhomboïdal, et se compose en réalité de 12 pyramides OABCD ayant pour sommet commun le centre, et pour base une des faces du dodécaèdre. L'axe binaire unique du cristal est dirigé suivant la diagonale BD de la base, les plans de symétrie P′P″ sont l'un parallèle à la base ABCD, l'autre

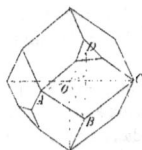

Premier mode

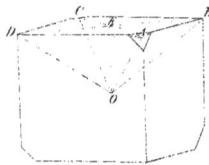

Second mode
Dans les deux figures, le cristal élémentaire représente à la même orientation

O B D perpendiculaire. Deux pyramides opposées par le sommet sont, non pas symétriques par rapport au centre, mais identiquement orientées; elles appartiennent au même cristal simple; il n'y a que 6 orientations distinctes.

2° Le cristal a la forme cubique et ce cube est composé de 6 pyramides quadrangulaires O A B C D; l'axe binaire O E est perpendiculaire à la base de la pyramide, et les plans de symétrie P′ P″ sont parallèles aux plans diagonaux B O D, A O C. Deux pyramides opposées par le sommet ne sont ni symétriques par rapport au centre, ni identiquement orientées.

Les orientations, dans ce nouveau groupement, sont exactement les mêmes que dans le premier cas; seul le mode d'accolement diffère. Les plans séparatifs sont d'ailleurs, dans les deux cas, les plans de macle P.

Tout ceci ne peut être reconnu que par l'étude des propriétés physiques, soit celle des figures de corrosion qui ne révèlent la symétrie que sur la surface externe, soit plutôt celle des propriétés optiques. Une lame taillée, par exemple, parallèlement à une face du dodécaèdre dans un cristal du premier type, se montre fortement biréfringente (donc symétrie à un seul axe principal tout au plus), et divisée en plages qui ne s'éteignent pas ensemble; ces plages sont biaxes (donc symétrie optique seulement orthorhombique tout au plus), leurs indices principaux sont orientés suivant un axe quaternaire et deux axes binaires perpendiculaires du réseau cubique (donc symétrie optique orthorhombique). Des lames diversement orientées révèlent tous les détails de la répartition des cristaux constituants. On constate, en particulier, que la répartition des pyramides définies ci-dessus n'est pas absolument régulière. Les surfaces séparatives ne sont pas exactement planes, et fréquemment aussi une plage d'orientation déterminée contient incluses de petites plages ayant l'une ou l'autre des 5 orientations complémentaires. Tous les cristaux connus de boracite sont des macles de ce genre. On ne connaît pas le cristal simple isolé.

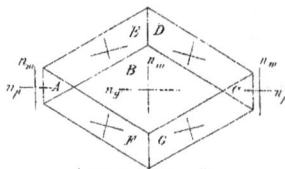

Lame parallèle à b′

Anomalies optiques. — On a appelé « anomalies optiques » les propriétés biréfringentes ainsi révélées dans un grand nombre de cristaux à formes extérieures cubiques, ou encore les propriétés biaxes reconnues dans certains cristaux à formes extérieures quadratiques, ternaires ou sénaires. Ces propriétés optiques ont, en effet, paru anomales au premier abord et contraires à la symétrie apparente du cristal. C'est à Mallard que l'on doit l'explication ci-dessus des propriétés optiques de la boracite, ainsi que de beaucoup d'autres substances cristallines. Il résulte de cette explication que le phénomène n'a rien d'anomal. Quand la mériédrie d'un cristal à réseau cubique est telle qu'il n'ait pas plus d'un axe d'ordre supérieur à 2, il est et doit être biréfringent; il est même biaxe s'il n'a que des axes binaires. Et la forme extérieure cubique, holoèdre ou du moins plus symétrique, n'est due qu'aux groupements par mériédrie. *Les anomalies optiques n'existent donc pas.* Les explications qu'on a cherché jadis à en donner par des tensions internes, des altérations, etc., sont inutiles et d'ailleurs ne rendent pas compte des faits.

Remarque. — Nous venons de voir que les éléments simples de la boracite, avec leurs six orientations, ne forment pas toujours des pyramides régulières. Souvent une pyramide contient de petites plages orientées comme les pyramides voisines ; la distribution des plages peut en somme être quelconque. Bien plus, la pression, celle par exemple que l'on exerce en taillant le cristal, peut faire varier les dispositions des plages. Une action mécanique peut donc faire tourner le motif sur lui-même en chaque point, sans déplacement du réseau ni désagrégation quelconque. Des phénomènes de ce genre s'observent sur quelques cristaux (voir hémitropie b^1 de la calcite). L'échauffement produit aussi des déplacements des plages, probablement en déterminant des tensions internes quand il n'est pas uniforme.

Chauffée à 265°, la boracite perd subitement sa biréfringence et devient réellement cubique (antihémièdre) en dégageant de la chaleur. Ce phénomène est réversible, et par refroidissement les plages biréfringentes reparaissent subitement à 265°, toujours orientées de même, mais leurs limites s'étant en général déplacées. Il apparait ainsi que cette véritable transformation allotropique que subit la boracite à 265° consiste simplement en une rotation des motifs, qui forment au-dessus de cette température des groupes plus symétriques, motifs nouveaux à symétrie cubique conforme à celle du réseau. Cela revient à la formation subite, à 265°, de macles du type connu, mais à éléments si fins qu'on ne les distingue plus, et probablement distribuées régulièrement.

On voit combien se confirme, par les deux faits précédents, la notion à laquelle nous a conduits l'existence des macles du premier genre : savoir que l'orientation du motif, pourvu qu'elle soit telle que le réseau garde son orientation uniforme, n'importe pas à la stabilité de l'édifice. Le motif, quand il a plusieurs positions possibles sans changement du réseau, est pour ainsi dire mobile autour du réseau fixe, seule base nécessaire de l'édifice cristallin stable. Si le motif n'a qu'une disposition possible compatible avec la structure réticulaire (holoédrie), l'orientation du réseau entraîne celle du motif. Mais s'il en a plusieurs (mériédrie), le motif peut les adopter indifféremment dans la cristallisation ou même, chose bien étrange et remarquable, être poussé de l'une à l'autre par action mécanique une fois le cristal construit.

Une foule de cristaux en apparence simples, notamment presque tous les cristaux du système cubique se montrent à l'examen optique, ou par l'étude des figures de corrosion, constitués de groupements par mériédrie. Beaucoup présentent, comme la boracite au-dessus de 265°, une symétrie conforme à celle de la forme extérieure dans certains échantillons ou dans certaines parties d'un échantillon ; et dans d'autres, ils montrent des groupements d'éléments moins symétriques bien distincts. On peut présumer que dans les parties les plus symétriques, les groupements existent aussi, mais sont trop ténus pour être visibles, ou même deviennent parfois réguliers et de dimensions moléculaires et en arrivent ainsi à constituer un nouveau motif plus symétrique.

Autres exemples : *boléite, mélanophlogite, analcime*, etc. — Cube constitué par six cristaux ayant seulement la symétrie quadratique holoèdre, biréfringents, uniaxes et ayant leur axe optique parallèle à chacun des axes quaternaires du cube.

Lame parallèle à p̄ Lu plage centrale a son axe optique normal à la lame. Les autres s'éteignent ensemble, mais sont croisées à angle droit.

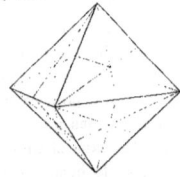

Sénarmontite, grenat topazolite, etc. — Cristaux à réseau cubique et à symétrie vraie anorthique, ayant 24 orientations complémentaires différentes, et constituant un assemblage de 24 individus cristallins maclés, avec forme extérieure cubique holoèdre constituée par 48 pyramides (identiques deux à deux) ayant chacune pour base une face d'un hexoctaèdre ou la partie correspondante d'une face d'octaèdre, de dodécaèdre, etc.

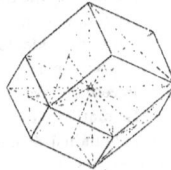

Topazolite   Sénarmontite

Apophyllite. — Quadratique, mais seulement à symétrie orthorhombique par mériédrie. Groupements, à forme extérieure quadratique, des deux cristaux complémentaires biaxes tournés l'un par rapport à l'autre de 90° autour de l'axe quaternaire déficient. Souvent, entre ces plages biaxes, on trouve des parties où ces plages, très fines, s'enchevêtrent confusément et qui deviennent alors presque uniaxes ; enfin d'autres tout à fait uniaxes, donc réellement quadratiques, ayant perdu la mériédrie, sans aucun doute par des groupements encore plus serrés d'éléments biaxes trop petits pour être discernés. Exemple : lame normale à l'axe quadratique de la forme extérieure, vue en lumière polarisée (un peu schématisée, ainsi que l'explication précédente, car en réalité les plages biaxes ne sont pas elles-mêmes simples et le cristal élémentaire n'a que la symétrie binaire).

—Plans des axes optiques.
Plage centrale uniaxe

2° *Pénétrations par mériédrie réticulaire.*

Parmi les groupes d'éléments de symétrie d'un réseau constitués par un axe et le plan qui lui est normal, il en est un très particulier : c'est celui que forment un axe ternaire et le plan perpendiculaire. Ce plan est plan de symétrie alterne du réseau, mais non plan de symétrie ordinaire. L'observation montre que très souvent les axes ternaires d'un réseau cubique ou ternaire jouent le rôle d'axes de macle d'ordre 6, et les plans perpendiculaires le rôle de plans de macle. Les choses se passent comme si un axe ternaire était un axe sénaire du réseau, seulement ternaire pour le cristal, par mériédrie, et comme si le plan perpendiculaire était un plan de symétrie du réseau déficient dans le cristal. Cette explication qui serait admissible à la rigueur pour les cristaux ternaires et qui trouve son application dans certains cas (quartz), ferait rentrer ces macles dans le groupe des macles par mériédrie. Mais elle est inadmissible dans le cas des réseaux cubiques, car un réseau ne peut avoir plus d'un axe sénaire. Il y a donc, dans le système cubique et certainement aussi dans le système ternaire, de véritables axes ternaires du réseau qui se comportent, au point de vue des macles, comme des axes sénaires déficients. La raison de ce fait est facile à comprendre :

Considérons un réseau ternaire. La maille est le rhomboèdre (ou, comme cas particulier, le cube) $a\ b\ c\ d\ c\ b.$ (La FIG. 1 est une projection sur l'un des plans de symétrie ; les nœuds 111 sont par exemple dans le plan du tableau ; les nœuds 222 de part et d'autre. La FIG. 2 est une projection sur le plan normal à l'axe ternaire ; les nœuds $a\,a\,a,\ b\,b\,b,\ c\,c\,c$ sont respectivement dans trois plans réticulaires successifs parallèles au plan de projection.)

Fig. 1

Mais de même que, dans le réseau

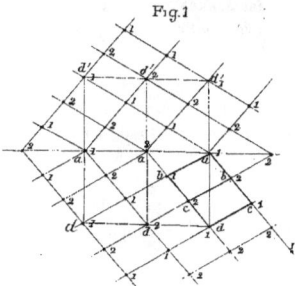

23

Fig. 2

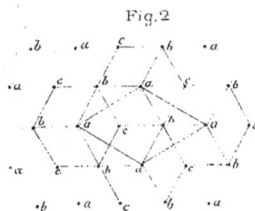

cubique, la maille la plus symétrique, cubique, n'est souvent qu'un multiple de la véritable maille, rhomboédrique, laquelle ne possède pas, à elle seule, une forme répondant à la symétrie cubique (voir p. 89), de même ici, bien que la vraie maille n'ait pas la symétrie sénaire, il existe une maille d'ordre supérieur multiple de la maille vraie qui possède la symétrie de la maille sénaire. C'est le prisme rhombique de 120° $a\,a\,a\;d\,d\,d$. Le « motif » de cette maille de forme sénaire contient deux nœuds du réseau vrai. Il n'a pas la symétrie sénaire, car il n'a point d'axe sénaire, et le plan $a\,a$, non plus que le plan $a\,d$ normal au plan de la Fig. 1, ne sont pour lui des plans de symétrie. Le cristal ternaire holoèdre peut donc être considéré comme ayant un réseau sénaire, mais avec un motif seulement ternaire. L'axe sénaire du réseau supérieur dont la maille est $a\,a\;d\,d\,d$, le plan perpendiculaire h et les trois plans P' bissecteurs des plans de symétrie peuvent donc jouer le rôle d'éléments déficients, et par suite d'éléments de macle du premier genre. La Fig. 1 représente par exemple la macle avec accolement suivant le plan de macle h (a a a). De part et d'autre de ce plan de macle, les réseaux vrais ne se continuent pas comme dans les macles du premier genre. Mais il en est autrement si l'on ne considère qu'une partie des nœuds : les réseaux supérieurs dont les mailles sont $a\,a\;d\,d\,d$, $a\,a\,a\;d'\,d'\,d'$ se font suite rigoureusement, avec deux positions de leurs motifs symétriques par rapport aux éléments de symétrie de ces réseaux supérieurs qui sont déficients dans ces motifs, c'est-à-dire dans le réseau vrai et dans le cristal. On peut dire que *le réseau véritable*, celui qui comprend tous les nœuds, *est lui-même mérièdre* par rapport à un réseau d'ordre supérieur, d'où le terme de *mériédrie réticulaire* appliqué à ce cas. On remarquera que les lois qui régissent la distribution des axes de symétrie des polyèdres ne sont plus applicables ici, parce que la maille d'ordre supérieur ne comprend pas tous les nœuds du réseau. Ainsi dans un cube il y a quatre axes sénaires déficients par mériédrie réticulaire : ils correspondent à quatre mailles supérieures sénaires différentes.

Remarque. — Si le cristal a un centre, la macle par rotation de 60° (ou 180°) autour de l'axe ternaire donnera un ensemble à symétrie totale sénaire, ayant acquis par conséquent, non seulement un axe sénaire, mais un plan de symétrie perpendiculaire et trois plans de symétrie bissecteurs de ceux du réseau vrai. Ces plans seront donc des plans de macle ; la macle pourra être considérée aussi bien comme obtenue par symétrie par rapport au plan a[1], normal à l'axe ternaire, ou aux plans e^2 (a^2 dans le système cubique), bissecteurs des plans de symétrie d^1 (b^1 dans le système cubique). Les trois macles suivant a^1, suivant e^2 (a^2 dans le système cubique), et par rotation de 60° ou 180° autour de l'axe ternaire, sont identiques quand le cristal a un centre. La surface d'accolement peut d'ailleurs être quelconque, soit plane et parallèle à a^1, ou à e^2 (a^2), soit irrégulière avec véritable pénétration.

Exemple : *Cuivre gris*. — Cubique antihémièdre. On a vu plus haut la macle de ce minéral par mériédrie. Il présente souvent aussi la macle par rotation de 60° autour de l'un des axes ternaires. Comme il n'y a pas de centre, a^1 n'est pas plan de macle; par contre, les plans a^2 le sont. La macle a pour symétrie totale Λ^6 3 P. 3 P'. L'accolement se fait suivant a^2, et la macle a tantôt l'aspect d'une pénétration (1), tantôt celui d'une hémitropie (2).

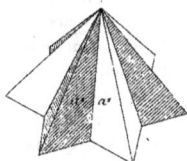

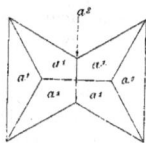

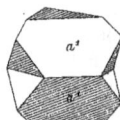

Cuivre gris (1)

Cuivre gris (2)

Blende

Blende. — Cubique antihémièdre. Même cas, même macle, mais avec accolement en général suivant a^1 qui n'est pas plan de macle pour les deux cristaux, mais seulement pour les deux réseaux. Une face de l'octaèdre a pour symétrique, par rapport au plan de macle, une face non identique, appartenant au tétraèdre complémentaire.

Galène et beaucoup d'autres substances cubiques ou ternaires holoèdres. —

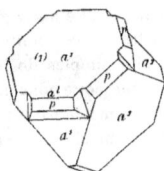

Galène

Rotation de 60° autour de l'axe ternaire normal à la face (1)

Macle par rotation de 60° autour de l'axe ternaire, et par suite par symétrie par rapport à a^1 et par rapport à a^2 (e^2). Aspects divers selon le mode d'accolement : Aspect de pénétration mettant surtout en évidence la rotation autour de l'axe ternaire ; exemples : galène, fluorine (cubiques...). Aspect d'hémitropie, accolement a^1, mettant surtout en évidence le plan de macle a^1 ; exemples : spinelles, galène, diamant (cubiques...). Accolement a^2 mettant en évidence les plans de macle a^2 ; exemples : sodalite (cubique). Exemple dans les cristaux ternaires : calcite, accolement suivant a^1.

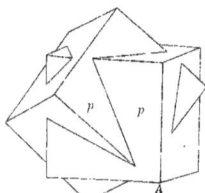

Fluorine.
Rotation de 60° autour de l'axe ternaire aboutissant au sommet A.

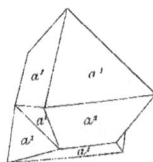

Spinelle
Accolement a²

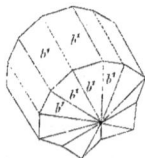

Sodalite
Accolement a²

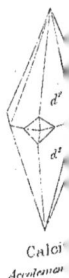

Calci
Accolemen

En dehors du cas des axes ternaires, les macles par mériédrie réticulaire sont rares. Elles peuvent se produire toutes les fois qu'un plan réticulaire possède une rangée qui lui soit rigoureusement normale. Car dans ce cas le plan réticulaire est plan de symétrie pour la maille solide d'ordre supérieur ayant pour base la maille plane du plan et pour hauteur le paramètre de la rangée. Mais à cette condition s'en ajoutent deux autres : 2° il faut que le plan ne soit pas plan de symétrie du réseau ; 3ᵃ il faut aussi que le plan soit un plan réticulaire très simple, et la rangée normale une rangée très simple, de telle sorte que la maille d'ordre supérieur qui détermine la macle ne soit pas trop grande et ne contienne qu'un très petit nombre de nœuds du véritable réseau.

La première condition rendrait possible, comme plans de macle : dans le système cubique, tous les plans réticulaires, car dans un réseau cubique tout plan réticulaire est normal à une rangée ; et dans les systèmes à axe principal, tous les plans de la zone dont l'axe est cet axe principal. Mais la seconde condition élimine, dans le système cubique, les plans réticulaires les plus simples, p, b^1, et ne laisse possibles parmi eux que a^1 et a^2, auxquels correspond la macle ternaire étudiée ci-dessus. Les plans qui viennent ensuite dans l'ordre de simplicité décroissante sont déjà assez peu simples (ont une maille assez grande) pour donner très rarement des macles, en vertu de la troisième condition. De même dans les systèmes à axe principal, les plans les plus simples de la zone axiale sont plans de symétrie du réseau, en sorte que dans cette zone il n'y a que des plans déjà assez compliqués qui puissent être plans de macle par mériédrie réticulaire. On connaît cependant quelques rares exemples de macles de ce genre.

3° *Macles par pseudomériédrie* (Mallard). — On appelle *plan de pseudosymétrie*, ou de symétrie approchée, d'un réseau, un plan *réticulaire* qui est presque un plan de symétrie de ce réseau. A chaque plan réticulaire, rangée ou nœud du réseau, en correspond un autre qui, sans être rigoureusement symétrique par rapport au plan en question, ne s'écarte que peu du symétrique. La grandeur de la tolérance admissible pour qu'un plan puisse encore être considéré comme plan de pseudosymétrie ne peut être fixée à priori. Elle est déterminée par la limite où s'arrêtent les phénomènes physiques auxquels donne lieu la pseudosymétrie.

La restriction que le plan de pseudosymétrie est un plan réticulaire est indispensable. Tout autre plan de direction très voisine étant évidemment aussi plan de symétrie approchée, le plan de pseudosymétrie ne serait pas défini en direction sans cette condition. Il n'y a d'ailleurs aucun intérêt à considérer les plans de symétrie approchée qui ne seraient pas des plans réticulaires, car il est impossible de leur découvrir aucun rôle dans les phénomènes que nous allons décrire.

De même, un *axe de pseudosymétrie*, ou axe de symétrie approchée d'ordre n, est une *rangée* telle que la rotation de $\dfrac{2\,\pi}{n}$ autour de cette rangée, sans ramener le réseau en coïncidence avec sa position primitive, le ramène dans une position peu différente. Même observation que pour les plans en ce qui concerne la tolérance admissible.

Exemple : réseau orthorhombique pseudoquadratique. La maille est un prisme droit dont l'angle h est un peu plus grand que 90°, et l'angle g un peu plus petit. Ou encore, en prenant le primitif de Miller, les deux paramètres $O\,a$, $O\,b$, tout en étant exactement rectangulaires, ne sont pas rigoureusement égaux, mais seulement à peu près. L'axe vertical est un axe pseudoquaternaire, les plans diagonaux $ABCD$, $EFGH$ sont des plans de pseudosymétrie. On dit encore que le réseau a une *forme limite* quaternaire. Une foule de réseaux présentent ainsi des éléments de symétrie approchée et des formes limites.

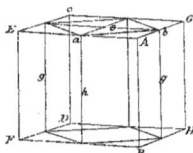

Quand les angles et paramètres qui, dans le cas de la symétrie vraie, devraient être égaux, sont nettement différents, la pseudosymétrie apparaît sans ambiguïté. Mais si la différence est très petite, de l'ordre des erreurs de mesure admissibles, si elle est même de quelques minutes pour les cristaux à faces médiocrement planes qui ne permettent que de mauvaises mesures, alors on ne peut plus distinguer sûrement entre la pseudosymétrie et la symétrie véritable. Les propriétés physiques révèlent bien la symétrie du cristal, mais non pas celle du réseau, qui n'est connue que par les mesures d'angles. S'il y a pseudosymétrie, c'est-à-dire si, dans l'exemple précédent, l'on peut mesurer la différence entre les angles h et g, on dira que le cristal appartient au système orthorhombique, avec symétrie limite quadratique. S'il y a symétrie, c'est-à-dire si l'on ne peut percevoir une différence entre les angles g et h, on dira que le cristal appartient au système quadratique, avec une parahémiédrie. Dans le premier cas, le cristal est dit *pseudomérièdre* (réseau pseudosymétrique); dans le second, il est dit *mérièdre* (réseau symétrique).

On voit que le seul moyen de distinguer entre la mériédrie et la pseudo-mériédrie, quand la pseudosymétrie du réseau est très approchée, consiste dans les mesures d'angles; quand elles restent douteuses, il n'est plus possible de faire la différence.

La pseudomériédrie détermine des macles suivant les mêmes lois que la mériédrie. D'où la *loi de Mallard: quand le réseau a des plans et axes de pseudosymétrie, ces éléments peuvent être plans et axes de macle.*

En d'autres termes, pour qu'un plan réticulaire ou une rangée puissent être plan ou axe de macle, il n'est pas nécessaire qu'ils soient des éléments de symétrie du réseau; il suffit qu'ils soient éléments de pseudosymétrie. Il n'est pas nécessaire que les réseaux des deux cristaux maclés se fassent suite rigoureusement; il suffit qu'ils se fassent suite à peu près. Ou encore: pour que deux orientations du motif puissent concourir à la construction d'un édifice cristallin stable, il n'est pas nécessaire que les orientations correspondantes de la maille du réseau soient identiques; il suffit qu'elles coïncident à peu près. Il en est ici de même que pour les mélanges isomorphes, auxquels nous avons assimilé les macles par mériédrie: pour que le mélange isomorphe soit possible dans un même édifice cristallin, il n'est pas nécessaire que les réseaux soient identiques; il suffit qu'ils soient peu différents et, en fait, il y a toujours des différences notables d'angles et de paramètres entre les formes primitives de deux corps isomorphes.

Remarque: on est en droit de considérer comme macles par pseudo-mériédrie une grande partie des macles décrites ci-dessus comme macles par mériédrie. Car, quand il s'agit de mériédries d'ordre élevé, on ne peut jamais être certain que la symétrie du réseau par rapport aux éléments de macle n'est pas seulement une pseudosymétrie très approchée. Quelle que soit la précision atteinte dans les mesures d'angles (et cette précision est généralement médiocre dans les cristaux complexes, dont les faces sont peu planes), on ne peut jamais affirmer que des mesures plus précises effectuées sur des cristaux plus parfaits ne feraient pas apparaître une dissymétrie. Nous classons simplement parmi les macles par mériédrie celles où la forme extérieure ne révèle pas nettement, dans l'état actuel des mesures, une dissymétrie du réseau par rapport aux éléments de macle; et nous appelons macles par pseudomériédrie celles où la dissymétrie est certaine.

Surface d'accolement dans les macles par pseudoméridrie (M. Jouguet).

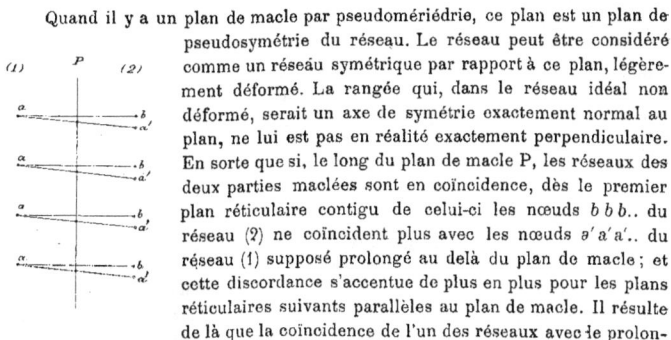

Quand il y a un plan de macle par pseudoméridrie, ce plan est un plan de pseudosymétrie du réseau. Le réseau peut être considéré comme un réséau symétrique par rapport à ce plan, légèrement déformé. La rangée qui, dans le réseau idéal non déformé, serait un axe de symétrie exactement normal au plan, ne lui est pas en réalité exactement perpendiculaire. En sorte que si, le long du plan de macle P, les réseaux des deux parties maclées sont en coïncidence, dès le premier plan réticulaire contigu de celui-ci les nœuds $b \, b \, b$.. du réseau (2) ne coïncident plus avec les nœuds $a' \, a' \, a'$.. du réseau (1) supposé prolongé au delà du plan de macle ; et cette discordance s'accentue de plus en plus pour les plans réticulaires suivants parallèles au plan de macle. Il résulte de là que la coïncidence de l'un des réseaux avec le prolongement de l'autre, qui est parfaite dans les macles par mériédrie, et qui ici n'est qu'approchée, ne peut même être approchée que tout près de la surface d'accolement. Cette coïncidence approchée, sur un petit nombre de largeurs de mailles, suffit, on le conçoit, à déterminer le commencement d'un nouvel individu cristallin ayant l'orientation (2), lequel ensuite croîtra régulièrement. Mais elle ne peut avoir lieu tout le long de la surface d'accolement que si celle-ci est plane et parallèle au plan de macle. D'où la règle indiquée ci-dessus (p. 167). Quand il n'y a qu'un plan de macle, et point de rangée exactement perpendiculaire, la surface d'accolement est plane et parallèle au plan de macle (hémitropie).

De même, quand il y a un axe de macle par pseudoméridrie, la coïncidence du réseau (2) tourné de $\dfrac{2\pi}{n}$ autour de l'axe, avec le réseau (1) supposé prolongé, ne peut être parfaite que sur une droite parallèle à l'axe. La surface d'accolement est donc astreinte à passer par une droite parallèle à l'axe.

Dans un cas comme dans l'autre, il peut arriver que la macle ne se produise en réalité qu'au début de la croissance du cristal, car les conditions qui président à la formation d'un cristal très petit ne sont pas les mêmes que lorsque l'édifice cristallin a acquis une certaine dimension (les actions de surface ayant une influence prépondérante quand le cristal est très petit; exemple: phénomènes de sursaturation). Alors, il n'y a réellement accolement parfait que sur une petite portion initiale de la surface séparative; c'est à cette petite portion $a \, b$ seule que s'appliquent alors les règles ci-dessus. Les cristaux (1) et (2) peuvent

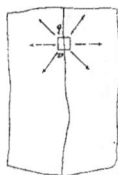

ensuite croître chacun de leur côté, toujours orientés en position de macle, mais sans que, le long de la surface d'accolement, en dehors de a b, il y ait autre chose qu'un contact accidentel, sans cohésion, comme celui que présenteraient deux cristaux contigus non maclés. La surface d'accolement peut alors prendre une forme irrégulière, mais qui en général continue plus ou moins grossièrement la petite surface initiale a b. Les deux cristaux ne sont qu'accolés ; le moindre effort les sépare parfois suivant la surface de contact, qui est souvent formée de petites facettes planes d'orientations diverses, comme le serait la surface extérieure d'un cristal. (Exemple : macle du quartz, dite « macle de la Gardette », et en général la plupart des macles formées seulement de deux individus cristallins également développés.)

On voit que l'existence constante de surfaces d'accolement planes, ou passant par les axes de macle, dans certaines macles par mériédrie (boracite, grenats, etc...), est une présomption en faveur de leur classement parmi les macles par pseudomériédrie. Car ces accolements plans, conformes aux lois énoncées ci-dessus, dont on comprend la nécessité dans le cas de la pseudomériédrie, ne s'expliquent plus dans le cas de la mériédrie véritable. Par contre, les accole-ments irrégulièrement contournés, comme ceux des macles du quartz décrites plus haut, ne sont compatibles qu'avec des macles par mériédrie vraie, avec continuation rigoureuse des réseaux.

Il faut enfin, parmi les macles de ce genre, distinguer : 1° les *macles simples*, formées seulement de deux individus (n, dans le cas d'un axe de macle d'ordre n) également développés, et cela sur tous les échantillons. Ce sont en général celles qui ne sont déterminées que par les conditions de début de la cristallisation dans l'embryon cristallin, et ne font ensuite que croître, sans accolement réel des cristaux, les conditions qui ont déterminé la macle ne se retrouvant plus ensuite dans cette croissance;

Et 2° les *macles polysynthétiques*, où à tout moment de la croissance du cristal la matière peut, presque indifféremment, adopter la position normale initiale ou la position de macle, en sorte que la macle se répète le plus souvent un grand nombre de fois dans le même édifice. Les deux orientations sont alors, à tout moment, des positions d'équilibre également possibles. C'est uniquement dans cette catégorie que se rangent les macles par action mécanique (voir calcite).

D'après ce qui vient d'être dit, les macles par pseudomériédrie ne diffèrent pas essentiellement, par leur aspect, des macles par mériédrie. Elles sont seule-ment limitées par des formes géométriques où les mesures d'angles révèlent sûrement une symétrie du réseau moindre que celle de la macle. Exemples :

Leucite. Quadratique, pseudocubique. Macles polysynthétiques constituant un ensemble d'apparence cubique, limité par un leucitoèdre a² grossier, dont les faces sont en réalité composées de facettes formant des gouttières évasées dont l'angle est de 2° $^1/_2$ environ. Ces macles se font par rotation de 90° autour des deux axes pseudo-quaternaires, et donnent ainsi 3 orientations de cristaux dont les axes quaternaires sont trirectangulaires. Accolement suivant des surfaces à peu près planes, passant par l'axe de macle, et à peu près à 45° sur les axes quaternaires des deux cristaux contigus. Ces surfaces d'accolement coïncident, à peu près seulement, avec les plans b^1 du cube. Les arêtes des gouttières sont les intersections de ces plans d'accolement avec les faces externes a^2 de chaque cristal quadratique, qui coïncident à peu près avec les faces a^2 du leucitoèdre cubique. Une lame parallèle à la face du cube, c'est-à-dire normale à l'un des axes quaternaires, montre entre les nicols croisés trois orientations de lamelles fines et nombreuses, faiblement mais nettement biréfringentes, l'une ayant son axe optique normal à la lame, les deux autres ayant leurs axes optiques parallèles à la lame et rectangulaires entre eux, dirigés suivant A B, C D.

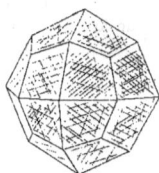

Cette disposition en un ensemble d'apparence cubique s'explique ici par le fait qu'à la température de formation la leucite est réellement cubique (comme la boracite au-dessus de 265°). Au refroidissement, elle a gardé sa forme générale en se transformant, vers 500°, en un enchevêtrement de cristaux quadratiques régulièrement orientés. Obtenue artificiellement à une température inférieure au point de transformation, la leucite se présente en cristaux quadratiques simples, ou maclés comme les cristaux naturels, mais les cristaux quadratiques restant distincts dans la forme extérieure.

Leucite.

Lame parallèle à p,nicols croisés.

On trouve aussi des cristaux de leucite isotropes, ou des plages isotropes dans les cristaux de leucite biréfringents; ce sont des cristaux ou des parties de cristal dans lesquelles le groupement devient trop fin pour qu'on en distingue les éléments.

Staurotide. — Orthorhombique, pseudocubique. Les paramètres sont : $o\,a$: $o\,b$: $o\,c = 0,4734 \cdot 1 \cdot 0,6828$. Ou en divisant $o\,b$ par $\frac{3}{2}$: $0,7101 \cdot 1 \cdot 1,0242$. Dans un cube rapporté à un axe quaternaire $o\,a$ et aux deux axes binaires perpendiculaires $o\,b$. $o\,c$, ces paramètres seraient $\frac{\sqrt{2}}{2} : 1 : 1$,

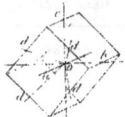

24

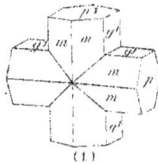

(1)

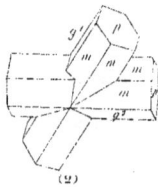

(2)

soit 0,7071 : 1 : 1 (1). Tous les plans réticulaires et rangées qui seraient éléments de symétrie si le réseau était cubique sont plans et axes de pseudosymétrie, sauf les plans p, g^1, h^1 qui sont vrais plans de symétrie et les rangées $o\,b$, $o\,c$ qui sont vrais axes binaires; $o\,a$ n'est qu'axe binaire, mais pseudoquaternaire. D'où deux macles principales : l'une (1) par rotation de 90° autour de l'axe pseudoquaternaire $o\,a$. L'autre (2) par rotation de 180° autour de l'un des quatre axes pseudobinaires $o\,d$, qui font un angle de 60° environ avec $o\,c$ et $o\,b$, et un angle de 45° environ avec $o\,a$. Les cristaux, étant allongés suivant $o\,b$, forment une croix dont les branches font entre elles un angle très voisin de 120°. Les deux macles sont des pénétrations. Il en existe une autre, plus rare, par rotation de 180° autour de l'axe pseudoternaire situé dans le plan $a\,o\,b$ (pseudomériédrie réticulaire).

Albite. — Anorthique, pseudoclinorhombique. Le plan g^1 (010) et la rangée [010], qui seraient rectangulaires dans un cristal clinorhombique, sont assez peu éloignés d'être rectangulaires. Le plan g^1 joue le rôle de plan de pseudosymétrie, et la rangée [010] d'axe pseudobinaire. D'où deux macles distinctes par pseudomériédrie : *macle de l'albite*, hémitropie suivant g^1, avec accolement suivant le plan g^1, et *macle du péricline*, pénétration par rotation de 180° autour de la rangée [010] (axe y, grande diagonale de la base du primitif de Lévy), avec accolement suivant une surface à peu près plane qui n'est pas un plan réticulaire, mais qui passe par l'axe de macle. Les deux macles sont polysynthétiques. On

Macle de Péricline

Macle de l'Albite polysynthétique

remarquera qu'ici la pseudosymétrie est fort grossière, car le plan g^1 et la rangée [010], qui fonctionnent comme plan de pseudosymétrie et axe de pseudosymétrie quasi-rectangulaires,

(1) On remarquera que le réseau n'est pseudocubique qu'à la condition de diviser par $\frac{3}{2}$ le paramètre $o\,b$ habituellement adopté. Les raisons manquent ici pour décider de la véritable forme de la maille. Si le véritable paramètre $o\,b$ était celui que l'on adopte habituellement, les macles rentreraient dans la catégorie des groupements par pseudomériédrie réticulaire.

font un angle de 86° environ (85° 57'). Il est rare que la pseusydométrie se manifeste avec d'aussi grandes différences d'angles. De là provient sans doute ce fait que la position des deux cristaux maclés est mal déterminée, variant notablement d'un échantillon à un autre, les faces g^1 étant souvent mal parallèles dans la macle de l'albite, les faces p aussi dans celle du péricline.

Pyroxène. — Clinorhombique. Macle très fréquente par hémitropie suivant le plan h^1. Ce plan h^1 est, pour le réseau, un plan de pseudosymétrie très approché. Il fait en effet un angle de 89° 49′ avec la rangée [201]. La maille centrée $a\,b\,c\,d$ a le plan h^1 pour plan de pseudosymétrie. Elle se prolonge presque exactement de l'autre côté du plan de macle.

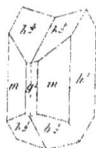

Substances pseudohexagonales. — Dans un grand nombre d'espèces orthorhombiques, l'angle des faces m du prisme est voisin de 120°. L'arête du prisme est alors un axe pseudosénaire et les plans m (110) et g^2 (310) sont des plans de pseudosymétrie du réseau. Il peut ainsi se faire des macles soit par rotation de 60° autour de l'axe pseudosénaire, soit plus souvent par hémitropie par rapport aux plans m ou g^2. Exemples :

Aragonite. — Pseudosymétrie grossière $m\,m = 116° 12'$, $m\,g^2 = 86° 16'$. Macle m, ou rotation de 60° autour de l'arête $m\,m$.

Cérusite. — $m\,m = 117° 14'$, macles m et g^2.

Chalcosine. — $m\,m = 119° 35'$, macle m.

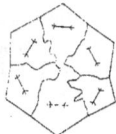
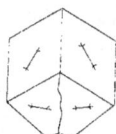
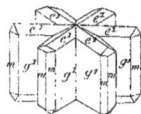

Réseau du Pyroxène projeté sur g'

Aragonite *Rotation de 60° autour de l'arête m m Lame parallèle à p* — *plan des axes optiques*   Aragonite *Macle répétée suivant m*

Cérusite

Mica. — Clinorhombique, pseudoorthorhombique et pseudohexagonal. L'angle plan de la base est presque rigoureusement de 120°. Les rangées $a\,b$, $c\,d$ sont des axes pseudobinaires. D'où deux sortes de macles par rotation de 180° autour de l'une de ces quatre rangées. La surface d'accolement est en général

plane et passe toujours par l'axe de macle. Le plus souvent elle est parallèle à
p, quelquefois aussi perpendiculaire.

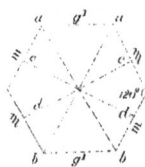

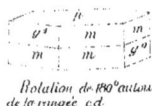

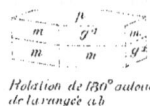

Rotation de 180° autour de la rangée cd

Rotation de 180° autour de la rangée ab

4° Macles par pseudomériédrie réticulaire.

Ces macles sont aux macles par pseudomériédrie ce que les macles par
mériédrie réticulaire sont aux macles par mériédrie. Les éléments de macle ne
sont ni éléments de symétrie ni éléments de pseudosymétrie du réseau, mais
seulement éléments de pseudosymétrie d'un réseau d'ordre supérieur construit
sur une maille multiple simple de la maille vraie. Supposons par exemple que
les réseaux (1) et (2) soient ceux de deux
cristaux maclés par rapport au plan de macle P.
Si ce plan n'est ni un plan de symétrie ni un plan
de pseudosymétrie du réseau, on constate qu'il
est toujours un plan de pseudosymétrie pour une
maille telle que $a_0\ a_3\ a'_3\ a'_0$ d'ordre supérieur,
c'est-à-dire contenant un certain nombre de nœuds
du réseau vrai (2 ou 3 en général ; un seul n'est
pas possible, car on rentrerait dans le cas de la
pseudosymétrie). Cela se traduit par le fait qu'il
existe une rangée $a_0\ a_3$, toujours simple, presque normale au plan de macle P.
De part et d'autre du plan P, les réseaux vrais ne se font suite ni exactement
(cas de la mériédrie), ni approximativement (cas de la pseudomériédrie), mais les
réseaux construits sur la maille $a_0\ a_3\ a'_0\ a'_3$ sont en prolongement l'un de l'autre,
non exactement (cas de la mériédrie réticulaire), mais approximativement. L'édifice cristallin peut être considéré comme ayant un réseau construit sur la maille
$a_0\ a_3\ a'_3\ a'_0$, pseudosymétrique par rapport au plan P, avec un motif complètement
dissymétrique par rapport à ce plan, motif comprenant deux ou trois nœuds a_1,
a_2, du réseau simple. La macle, toujours due à la même cause (mélange isomorphe
de motifs d'orientations différentes, avec mailles identiquement ou quasi-identi-
quement orientées), tient donc à ce que le réseau simple lui-même peut être
considéré comme un édifice *pseudomérièdre* par rapport à un réseau d'ordre
supérieur. Le plan P est un plan de pseudosymétrie du réseau $a_0\ a_3\ a'_0\ a'_3$,

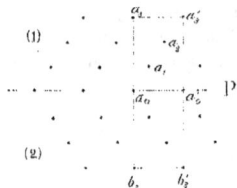

déficient dans le motif correspondant, c'est-à-dire dans le réseau vrai ; exactement le même que le plan normal à un axe ternaire est un plan de symétrie du réseau sénaire d'ordre supérieur, déficient dans le réseau vrai. D'où le nom de macles par *pseudomériédrie réticulaire*.

De même les axes de macle, beaucoup plus rares dans ce cas que les plans de macle, et seulement binaires dans les quelques cas connus, sont quasi-normaux à un plan réticulaire simple.

On remarquera que, de, même que dans la mériédrie réticulaire véritable, la maille d'ordre supérieur qui rend possible l'existence d'une macle P diffère en général de celle qui rend compte d'une autre macle P′ du même cristal. Toutes les combinaisons d'un plan réticulaire et d'une rangée quasi-perpendiculaire que l'on peut trouver dans le réseau sont susceptibles de fournir une maille d'ordre supérieur pseudosymétrique, et par suite deux macles correspondantes : l'une par symétrie par rapport au plan, l'autre par rotation de 180° autour de la rangée. (Si le cristal a un centre, ces deux macles diffèrent très peu l'une de l'autre au point de vue de l'orientation des cristaux, mais diffèrent par la surface d'accolement.) Les lois de la symétrie des polyèdres n'interviennent plus pour régler le nombre et la position relative de ces plans et axes pseudo-déficients. Ils ne correspondent à aucune symétrie réelle du cristal, mais simplement à ce fait accidentel que tel plan réticulaire se trouve avoir une rangée simple à peu près perpendiculaire.

Mais l'observation montre que tout plan réticulaire ayant une rangée à peu près perpendiculaire ne peut être plan de macle. Il faut encore, condition essentielle, que le plan soit un des plans les plus simples du réseau, et la rangée une des plus simples aussi. Cela revient à dire que la maille d'ordre supérieur, construite sur la maille plane du plan et sur le paramètre de la rangée, ne révèle sa pseudosymétrie par l'existence d'une macle que si son volume est un multiple très simple de celui de la véritable maille du réseau. Ainsi que les clivages, et plus nettement que les faces extérieures des cristaux, les éléments de macle révèlent donc les plans et rangées de densité réticulaire maximum.

Les plans de macle par pseudomériédrie réticulaire sont donc : 1° des plans réticulaires qui ne sont ni plans de symétrie ni plans de pseudosymétrie du réseau ; 2° qui sont quasi-perpendiculaires à une rangée ; 3° qui sont très simples (importants, au sens de Bravais) et tels que la rangée quasi-normale soit également très simple.

La condition pour qu'un plan réticulaire (hkl) soit exactement normal à une rangée $[mnp]$ est la suivante (abc paramètres du cristal, $\lambda\mu\nu$ angles plans des arêtes du primitif) :

$$\frac{a}{h}\,(am + bn\cos\nu + cp\cos\mu) = \frac{b}{k}\,(am\cos\nu + bn + cp\cos\lambda)$$

$$= \frac{c}{l}\,(am\cos\mu + bn\cos\lambda + cp)$$

Soit, dans le système cubique : $\dfrac{m}{h} = \dfrac{n}{k} = \dfrac{p}{l}$

— quadratique : $\dfrac{a^2 m}{h} = \dfrac{a^2 n}{k} = \dfrac{c^2 p}{l}$

— sénaire : $\dfrac{a^2}{h}\left(m - \dfrac{n}{2}\right) = \dfrac{a^2}{k}\left(n - \dfrac{m}{2}\right) = \dfrac{c^2 p}{l}$

(coordonnées sénaires de Bravais).

— ternaire : $\dfrac{1}{h}\,[m + (n+p)\cos\mu] = \dfrac{1}{k}\,[n + (pm) + \cos\mu]$

$$= \frac{1}{l}\,[p + (m+n)\cos\mu]\ \text{(coordonnées ternaires)}.$$

— orthorhombique : $\dfrac{a^2}{h}\,m = \dfrac{b^2}{k}\,n = \dfrac{c^2}{l}\,p.$

— clinorhombique : $\dfrac{a}{h}(am + cp\cos\mu) = \dfrac{b^2}{k}\,n = \dfrac{c^2}{l}\,(am\cos\mu + cp).$

Dans le système cubique, tout plan réticulaire a une rangée normale de mêmes caractéristiques, donc également simple. La seule condition qui régisse les plans de macle est qu'ils soient parmi les plans les plus simples du réseau. Toutes les macles sont par mériédrie ou mériédrie réticulaire, jamais par pseudomériédrie ni par pseudomériédrie réticulaire.

Dans les systèmes à axe principal, il en est de même pour la zone parallèle à l'axe principal ($l = 0$). Pour les autres plans, s'il existe une combinaison (hkl), $[mnp]$, d'un plan réticulaire avec une rangée quasi-perpendiculaire, c'est que le carré du paramètre $\dfrac{c^2}{a^2}$ est voisin d'un nombre rationnel. Et alors tout plan réticulaire a sa rangée quasi-perpendiculaire. Donc, ou bien aucun plan, en dehors de la zone axiale, ne pourra être plan de macle, ou bien tous pourront l'être, sous la seule réserve d'être des plans très simples du réseau.

De même dans le système orthorhombique, si $\dfrac{a^2}{b^2}$ est très voisin d'un nombre rationnel, les plans réticulaires simples de la zone $g^1\,h^1$ pourront tous être plans de macle; si c'est $\dfrac{c^2}{b^2}$, ce seront les plans de la zone $p\,g^1$; si $\dfrac{a^2}{c^2}$, ceux de la zone ph^1. Si $\dfrac{a^2}{b^2}$ et $\dfrac{c^2}{b^2}$ sont quasi-rationnels ensemble, ce qui est nécessaire dès qu'il existe un plan de macle en dehors des zones principales, ou un plan de macle dans chacune de deux de ces zones, tous les plans simples pourront être plans de macle. Ainsi de suite pour les autres systèmes.

Il résulte de là que lorsque les paramètres d'un réseau se trouvent, accidentellement, satisfaire suffisamment à certaines conditions (qui ressortent des équations ci-dessus), tous les plans simples et rangées simples d'une zone principale, ou tous les plans simples et rangées simples du réseau peuvent être éléments de macle. Ces plans et rangées simples, ce sont avant tout les faces et les plans diagonaux de la forme primitive, et les arêtes, diagonales et diagonales des faces de celle-ci. Ce sont donc précisément les plans et rangées qui, si le réseau était pseudocubique, seraient les plans et axes de pseudosymétrie du réseau. La maille parallélipipède, que l'on peut toujours considérer comme un cube déformé, peut ici être excessivement éloignée de la forme cubique, en sorte que ces plans et rangées simples ne sont plus à aucun titre des éléments de pseudosymétrie même grossière. Un plan simple de macle (hkl), qui dans le réseau cubique serait normal à la rangée $[mnp]$, n'est plus du tout perpendiculaire en général à cette rangée-là, mais se trouve toujours être à peu près perpendiculaire à une autre $[m'n'p']$, laquelle, dans le réseau cubique, serait fortement oblique sur ce plan. Pour rapporter de telles macles à la pseudosymétrie, on serait obligé d'admettre souvent comme pseudonormale à un plan une rangée faisant avec lui un angle de 70 ou 75°. Ce n'est pas cette rangée qui intervient en réalité, mais une autre rangée simple, qui en fait ne s'écarte que rarement de la normale de plus de 1 à 2°, souvent moins de 1°.

Les lois qui régissent les surfaces d'accolement sont les mêmes que pour les macles par pseudomériédrie, et pour les mêmes raisons. Exemples :

Orthose. — Clinorhombique. En doublant le paramètre vertical classique, ce qui d'ailleurs simplifie les notations des faces, on a :
$$a : b : c = 0,65851 : 1 : 1,11076 \quad \mu = 116° 3'.$$

L'étude des formes, des clivages et des macles conduit à considérer la maille comme un parallélipipède centré limité par les faces e^1 et a^1, parallélipipède qui est assez éloigné d'un cube, car dans le cube placé de même on aurait :
$$a : b : c = \frac{\sqrt{2}}{2} : 1 : \sqrt{\frac{3}{2}} = 0,707 : 1 : 1,225 \text{ et } \mu = 125° 16'.$$

Il n'y a là aucune pseudosymétrie même grossière, car par exemple l'axe vertical qui, dans un cube, devrait être normal à la face ABC, fait avec cette face (notée a^3) un

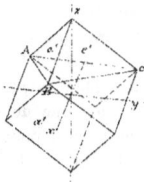

angle de 82° 10′. Par contre, le plan a^4 fait avec cet axe un angle de 88° 53′.

Les plans de macle connus sont nombreux. Le tableau suivant donne, pour les trois plans de macle principaux, la notation de la rangée qui serait perpendiculaire à chacun si le réseau était cubique, ou quasi-perpendiculaire si le réseau était pseudocubique ; l'angle vrai que fait cette rangée avec le plan dans le réseau de l'orthose, angle en général très éloigné de 90° ; les caractéristiques de la droite exactement normale au plan, lesquelles se rapprochent remarquablement de nombres rationnels simples pour les plans qui sont plans de macle ; enfin l'angle que fait avec le plan la rangée simple ayant exactement ces caractéristiques rationnelles.

MACLES	PLAN de macle.	RANGÉE qui serait normale au plan si la maille était cubique.	ANGLE de cette rangée avec le plan.	DROITE réellement normale au plan.	Caractéristiques de la rangée quasi normale au plan.	ANGLE de cette rangée avec le plan.
Macle de Manebach ..	p (001)	[101]	80°18′	[0,7408.0.1]	[304]	89°37′
Macle de Baveno....	a^1 (011)	[111]	83°6′₂	[0,7408.1.0,9958]	[344]	89°42′
Macle de Karlsbad...	h^1 (100)	[301]	82°10′	[1.0.0,26038]	[401]	88°53′

On voit combien nettement les plans de macle sont quasi-normaux à des rangées simples tout autres que celles qu'exigerait la pseudosymétrie cubique.

La macle de Karlsbad se présente très rarement comme hémitropie suivant h^1. Elle se montre presque toujours sous forme de pénétration par rotation de 180° autour de l'arête verticale oz [001]. Comme orientation, le résultat est le même, parce que h^1 est normal au plan de symétrie. Mais l'accolement se fait suivant une surface irrégulière passant grossièrement par l'axe vertical de macle et à peu près parallèle à g^1. C'est une exception apparente aux lois qui régissent la surface d'accolement, car nous avons vu que lorsqu'il y a un axe de macle et un plan de macle contenant cet axe, la surface d'accolement est plane et parallèle au plan. L'exception n'est qu'apparente, car on verra que l'orthose clinorhombique n'est en réalité qu'un édifice complexe formé d'éléments anorthiques, en sorte que la face h^1 n'est pas un véritable plan réticulaire ; comme la face a^2 de la leucite, elle n'est que la direction moyenne de deux facettes formant une gouttière très évasée et trop petites en général pour être discernables. En sorte que, en réalité, h^1 n'est pas un plan de macle dans l'assemblage de Karlsbad.

Mallard expliquait à tort la macle de Karlsbad comme due à ce que l'axe vertical serait pseudobinaire, c'est-à-dire comme semblable à la macle h^1 du pyroxène. Cet axe n'est en réalité pas pseudobinaire, mais seulement quasi-normal au plan réticulaire simple $a^4\overline{(104)}$. C'est un axe déficient d'une pseudo-mériédrie réticulaire très simple. La figure suivante représente le réseau de l'orthose projeté sur le plan g^1.

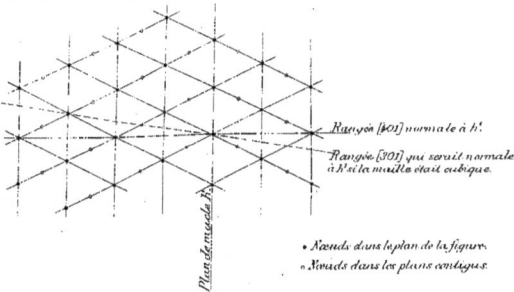

Réseau de l'orthose projeté sur le plan g¹ avec macle h¹.

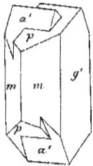

Macle de Karlsbad
(Rotation de 180° autour de l'arête m m).

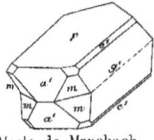

Macle de Manebach
(Hémitropie p.).

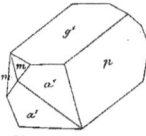

Macle de Baveno
(Hémitropie e¹).

Cassitérite. — Quadratique. $\dfrac{c}{a} = 0,67232$. Macle très commune suivant b^1. b^1 fait un angle de 87° 17′ avec la rangée simple [102].

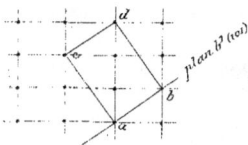

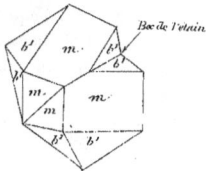

Réseau de la Cassitérite dans le plan m.
a c rangée [102]; a b c, maille d'ordre supérieur pour laquelle b¹ est plan pseudosymétrie¹.

Calcite. — Rhomboédrique. Les clivages parfaits p, b^1, d^1, ainsi que les plans de macle, obligent à considérer le réseau comme ayant pour maille un rhomboèdre de 105°5′, très différent d'un cube par conséquent. Les macles par hémitropie suivant p, e^1, b^1, sont fréquentes. Ces plans ne sont à aucun titre des plans de pseudosymétrie. Le plan p (001), par exemple, fait avec l'arête 001 qui, dans le cube, lui serait normale, un angle de 70°52′. Or, ce plan est un plan de macle. Et l'on constate qu'il fait un angle de 89°13′ avec la rangée simple [114]. De même le plan e^1 (11$\bar{1}$), très éloigné d'être, comme il le serait dans le cube, normal à la rangée [11$\bar{1}$], fait un angle de 89°22′ 1/2 avec la rangée simple [22$\bar{1}$]. Enfin, le plan b^1 (110), très éloigné d'être normal à la rangée [110], avec laquelle il fait un angle de 70°52′, fait un angle de 94°11′ avec la rangée simple [$\bar{2}\bar{2}1$].

Cette dernière macle, polysynthétique, présente cette particularité très remarquable de se produire mécaniquement avec la plus grande facilité (Baumhauer). En appuyant une lame de couteau normalement à une arête b d'un rhomboèdre de clivage, pas trop loin du sommet ternaire, on sent cette lame s'enfoncer comme dans une matière plastique (dans toute autre direction, la calcite est très cassante) ; la lame glisse sur une

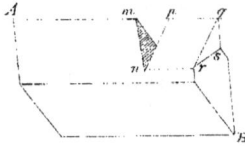

surface mn oblique par rapport à l'arête ; la partie $npqrs$ du cristal se déplace, sans se désagréger, à mesure que le couteau s'enfonce, et se cale exactement dans la position symétrique par rapport au plan tangent à l'arête b, c'est-à-dire par rapport au plan b^1 (nrs). Les plans réticulaires parallèles à b^1 glissent les uns après les autres, quittant leur position normale pour s'arrêter exactement dans la position de macle. La face qrs reste plane et brillante, les faces latérales $npqr$ également, en restant dans le même plan. On obtient le même résultat, et l'on peut même retourner entièrement le cristal, en le comprimant à la presse entre les deux sommets A B.

Il apparaît ainsi que la position de macle n'est pas seulement une seconde position d'équilibre que peuvent adopter les molécules dans la cristallisation, mais une véritable position d'équilibre constamment réalisable, aussi bien que la position ordinaire de parallélisme.

Toutes les propriétés, dureté, propriétés optiques, etc., prennent dans la partie retournée des orientations symétriques de celles du cristal normal par rapport au plan de macle b^1 ; le sommet q, qui était un sommet ternaire (a) devient un sommet latéral (e). Tous les points du cristal, dans la partie retournée, ont subi un déplacement parallèle à l'arête b et proportionnel à leur distance au plan de macle nrs. L'observation faite p. 12 trouve ici son application : le motif s'est déformé tout comme le réseau par ce mouvement de *tous les points* du cristal. Il a, comme le réseau, pris une position symétrique de la première par rapport au plan de macle.

La macle b^1 est le plus souvent polysynthétique ; des lamelles non retournées restent incluses entre les parties retournées.

En dehors des cas de la boracite et de la calcite, on ne connait qu'un très petit nombre de macles que l'on ait réussi à produire mécaniquement. On peut citer la macle b^1 de l'antimoine et du bismuth natifs, la macle p du pyroxène, celle du chloro-aluminate de calcium, et quelques autres produites, comme celle de la boracite, par les tensions dues à un échauffement inégal : SO^4K^2, CrO^3K, SO^4Ca.

Il est assez curieux de remarquer que ces macles, comme celle de la calcite, sont pour la plupart de celles dont le plan de macle est un plan très important du réseau, mais pour lesquelles la rangée pseudonormale au plan de macle est assez éloignée de la normalité.

Macles aberrantes. — Comme échappant, et de bien peu, aux lois ci-dessus exposées, on ne peut guère citer qu'une macle, celle de la gibbsite, substance clinorhombique pseudosénaire, dont l'angle plan de la base est de $120°20'$. La macle, analogue à celles des micas, maintient les faces p en prolongement exact, et paraît être telle que l'arête ph^1 du cristal (2) soit parallèle à une arête pm du cristal (1), et de même l'arête ph^1 du cristal (1) à une arête pm du cristal (2). Il y aurait en somme une rotation de 180° autour de l'une des bissectrices ab de l'angle des arêtes pm et ph^1, c'est-à-dire autour d'une droite qui ne paraît pas être rigoureusement une rangée, et accolement suivant une surface passant par l'autre bissectrice ac. Il n'y aurait ici ni plan ni axe de macle en toute rigueur. Néanmoins, la pseudo-symétrie sénaire intervient avec évidence. Les deux réseaux se font suite à peu près, comme dans les autres cas. Seulement, ils n'auraient ni rangée ni plan réticulaire commun en toute rigueur.

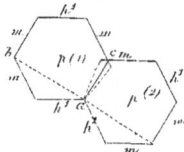

Remarque. — L'étude ci-dessus fait ressortir combien, au fond, est peu essentiel le rôle de la symétrie du milieu cristallin dans la formation des macles. La macle par mériédrie, type simple de toutes les autres, est due précisément à ce fait, très singulier d'ailleurs et inexpliqué, que l'orientation du motif dissymétrique est sans influence sur la stabilité du cristal, pourvu que l'orientation du réseau reste la même. Ceci n'est que la constatation d'un fait, non une idée théorique contestable. Que le réseau (mériédrie), ou même un réseau construit sur une partie des nœuds du réseau vrai (mériédrie réticulaire), reste orienté de la même manière quand le cristal prend une position symétrique par rapport à un plan réticulaire ou à une rangée ; que même cela n'ait lieu qu'à peu près (pseudomériédrie et pseudomériédrie réticulaire), l'orientation de tout ce que contient la maille de ce réseau sera sans influence, et les deux positions pourront concourir à la construction d'un même édifice cristallin cohérent. La symétrie de la matière cristallisée ne paraît donc intervenir que pour déterminer la forme du réseau ; si celle-ci se trouve être plus symétrique que le milieu cristallin, ou pseudosymétrique, le nombre des cas où des macles seront possibles en sera plus grand. Mais cette symétrie n'intervient nullement par elle-même pour déterminer les macles. Car les macles se produisent aussi bien lorsque, d'une manière que l'on ne peut considérer que comme tout à fait fortuite, des combinaisons de plans réticulaires simples et de rangées simples quasi normales se présentent dans un réseau complètement dissymétrique. Toutefois, les propriétés du motif interviennent de nouveau, et cela d'une manière jusqu'ici impossible à prévoir et à expliquer, pour rendre fréquente telle macle, rare ou inconnue telle autre qui semblerait, d'après les conditions réticulaires, devoir se produire. Il en est des macles comme des faces extérieures : étant donné un réseau, nous pouvons prévoir quelles sont les macles possibles, mais non quelles sont celles qui se produiront dans telles ou telles conditions de cristallisation.

B. *Groupements de cristaux d'espèces différentes.*

L'importance prépondérante de la simple forme du réseau dans l'accroissement de l'édifice cristallin, et la quasi-indifférence de la nature ou de l'orientation du motif apparaissent non seulement dans les mélanges isomorphes et dans les macles, mais dans un phénomène qui tient le milieu entre les deux précédents : c'est l'orientation mutuelle de deux cristaux d'espèces différentes. Exemple :

En plaçant un rhomboèdre de calcite $(CO^3Ca, pp = 105°5')$ dans une solution d'AzO^3Na en voie de cristallisation, laquelle dépose des rhomboèdres $(pp = 106°30')$ de forme très voisine, on voit les rhomboèdres de AzO^3Na se déposer sur la calcite de manière qu'une de leurs faces p coïncide rigoureusement avec une face p de la calcite, et une des arêtes de cette face avec une des arêtes de la calcite, les axes ternaires étant presque parallèles. C'est une véritable macle, en même temps que quelque chose de très proche de la cristallisation simultanée de deux substances isomorphes. On remarquera que ce ne sont pas les axes et plans

de symétrie qui s'orientent parallèlement, mais les plans réticulaires et rangées ; le réseau intervient seul. Souvent aussi, on voit s'orienter l'une sur l'autre des espèces dont les réseaux sont très différents, la composition chimique et la symétrie également. Elles s'accolent et s'orientent par un plan réticulaire qui se trouve, dans les deux espèces, avoir des mailles planes à peu près identiques. Cette quasi-identité est déterminée parfois par une pseudo-symétrie commune aux deux espèces (exemple : disthène et staurotide, l'un anorthique, l'autre orthorhombique, tous deux pseudocubiques) ; mais souvent elle ne peut passer que pour accidentelle (exemple : quartz et calcite, oligiste et rutile, etc.).

En ce qui concerne la composition chimique, M. Mugge a fait observer que les deux espèces qui s'orientent mutuellement ont presque toujours un atome ou un groupe d'atomes commun. On s'expliquerait que le réseau correspondant à cet atome ou à ce groupe se continuât d'un cristal à l'autre déposé sur lui, au moins dans le premier plan réticulaire, et sauf la déformation nécessaire, en déterminant ainsi la position des autres éléments.

Exemples :

Disthène (1)
Staurotide (2)
g^1 de la staurotide orthorhombique coïncide avec h' du Disthène anorthique, et les arêtes des prismes sont parallèles

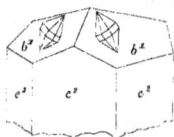

Calcite et Quartz (ternaires)
p du quartz coïncide avec b' de la Calcite, et les grandes diagonales des faces des deux rhomboèdres coïncident.

Pyrite et galène (Cubiques)
a^1 de la galène coïncide avec p de la pyrite, et une arête de l'octaèdre de galène coïncide avec les stries du triglyphe de la pyrite.

C. Groupements irréguliers.

En dehors des macles régulières, les cristaux peuvent s'accoler au hasard, dans des positions relatives quelconques. Assez souvent, sans être cristallographiquement déterminées, ces positions sont distribuées avec une certaine régularité relative dépendant des conditions de la cristallisation, et l'assemblage possède une *structure* plus ou moins définie. Des cristaux bien développés en tous sens s'accolent généralement dans toutes les orientations, en se gênant plus ou moins les uns les autres dans leur développement : structure *grenue*. S'ils ont la forme de longs prismes, implantés normalement sur la surface de dépôt, la masse se compose de baguettes à axes à peu près parallèles ; elle a la structure *bacillaire*, ou *aciculaire* s'il s'agit d'aiguilles très fines. Si les cristaux sont en lames aplaties à peu près parallèles, structure *lamellaire*. Si les lames divergent, structure *crêtée*, ou encore *en gerbe*.

La structure *sphérolithique* s'observe dans certaines cristallisations imparfaites où les cristaux, allongés en fibres, divergent à partir de quelques centres de cristallisations en formant de petites masses à peu près sphériques appelées sphérolithes. La structure est dite *concrétionnée* quand la substance est formée par dépôt de couches successives s'enveloppant les unes les autres, et présente par suite une surface arrondie, soit lisse (botryoïde), soit hérissée de petits pointements cristallins, et intérieurement des bandes successives souvent rendues bien distinctes par des variations de couleurs, de transparence, etc... Souvent aussi, les cristaux, normaux aux surfaces de concrétion, se continuent d'une bande à l'autre. Exemples : *stalactites* de carbonate de chaux, dépôts d'oxydes de fer ou de manganèse, de smithsonite, de malachite, ou de matières amorphes comme l'opale.

Structure crêtée

Structure sphérolithique

Structure *oolithique* (grains fins), ou *pisolithique* (grains de la grosseur d'un pois), agglomération de petits grains formés par concrétion autour de fragments ayant servi de centres de concrétion dans une eau agitée. Chaque grain est formé d'écailles concentriques très fines, et souvent en même temps de fibres cristallines rayonnées.

Structure *dendritique*, *dendrites*, arborescences analogues à des feuilles très découpées, comme les dessins de la glace sur les vitres ou ceux des oxydes de manganèse sur les parois des fissures des roches.

Druses ou *géodes*, cavités tapissées de cristaux ou de matières concrétionnées.

Isomorphisme.

Deux substances sont dites *isomorphes* quand elles présentent des formes primitives peu différentes et peuvent se mélanger en proportions variables, le plus souvent en toutes proportions, dans un même édifice cristallin. Elles sont dites *homéomorphes* quand elles ont simplement des formes primitives remarquablement voisines, sans qu'on ait observé la syncristallisation. Pour que le mélange isomorphe puisse se produire, il faut que les deux substances puissent cristalliser dans les mêmes conditions, ce qui n'a pas toujours lieu. A défaut de mélange, l'homéomorphisme est un caractère presque aussi intéressant à constater au point de vue de la constitution des deux réseaux.

Deux substances isomorphes ont le plus souvent des molécules chimiques de même type. Certains corps simples, substitués l'un à l'autre dans une molécule, n'en modifient que très peu les propriétés cristallographiques et fournissent des séries isomorphes particulièrement remarquables. Tels sont, dans les minéraux oxydés, en particulier dans les silicates, le Fe sous forme de FeO et le Mg ; ou bien, dans certains silicates, le Fe sous forme de Fe^2O^3, l'Al, le Cr.., ou encore, dans les carbonates, le $Fe\,(FeO)$, le Mg, le Zn, le Mn, etc...

Exemples de séries isomorphes :

Grenats : $3\,SiO^2$, R^2O^3, $3MO$. $R = Al$, Fe, Cr. $M = Mg$, Fe, Mn, Ca.
Spinelles : R^2O^3, MO. $R = Al$, Fe. Cr, Mn. $M = Mg$, Fe, Zn.
Carbonates rhomboédriques : CO^3M. $M = Mg$, Fe, Zn, Mn, Ca.

L'isomorphisme des composés analogues de deux corps simples est plus ou moins parfait et plus ou moins constant. Ainsi FeO et MgO se remplacent en toutes proportions dans presque tous les silicates ou dans les carbonates, sans changement important, et surtout sans changement brusque des angles ou des propriétés physiques. Il a y seulement variation continue de la densité, des propriétés optiques, de la fusibilité, etc... Par contre, Fe^2O^3 et Al^2O^3, qui se remplacent de même en toutes proportions dans certains silicates (grenats, épidote...), ne sont absolument pas isomorphes dans d'autres composés (Al^2O^3 n'est pas remplaçable par Fe^2O^3 dans les feldspaths et leurs congénères). D'autres fois, deux corps simples montrent constamment un isomorphisme imparfait dans tous leurs composés : ainsi Ca et Mg (ou Fe). Dans ce cas, le remplacement de l'un par l'autre ne peut plus s'effectuer en toutes proportions. Ainsi dans les carbonates CO^3Ca (rhomboèdre de $105°5'$) et CO^3Mg (rhomboèdre de $107°34'$), ou CO^3Fe (rhomboèdre de $107°$), il y a mélange en toutes proportions de CO^3Mg et CO^3Fe, mais pour CO^3Mg et CO^3Ca, il y a tendance à la formation d'un composé binaire défini. Les proportions des deux carbonates, sans être constantes, s'écartent peu de la formule $CO^3Ca + CO^3Mg$ (dolomie). Il semble que les mailles des deux composés, trop différentes, ne puissent alors entrer dans la constitution d'un même cristal qu'à la condition de se disposer suivant certains arrangements à peu près réguliers. De même dans les pyroxènes et amphiboles, $SiO^2(Mg, Fe, Ca)O$, Mg et Fe se remplacent en toutes proportions, tandis que le rapport $\dfrac{Mg, Fe}{Ca}$ ne peut varier qu'entre des limites assez restreintes, de $\dfrac{1}{2}$ à 1 dans les pyroxènes, de 2 à 3 dans les amphiboles.

Il apparaît ainsi que des combinaisons moléculaires à proportions constantes peuvent seules exister entre deux molécules suffisamment différentes, tandis que des mélanges en toutes proportions ont lieu quand les propriétés cristallographiques des deux molécules sont assez voisines. Et entre deux, il se fait des combinaisons à proportions à *peu près* constantes, comme les pyroxènes et amphiboles.

Dans les cas cités ci-dessus, le mélange isomorphe est déterminé manifestement par la quasi-identité des deux édifices cristallins, résultant d'une quasi-identité chimique des deux molécules. Une maille de $CO^3 Mg$ et une autre de $CO^3 Fe$ peuvent indifféremment concourir à l'édification d'un même cristal, les réseaux se prolongeant à peu près, comme le font dans les macles par pseudo-mériédrie une maille et sa symétrique par rapport à un élément de pseudo-symétrie. On a cru autrefois que le mélange isomorphe n'était qu'entre substances de même constitution chimique, et l'on en a tiré un critérium du poids atomique. En fait, on peut citer aujourd'hui un assez grand nombre de cas où il y a non seulement homéomorphisme, mais même mélange isomorphe sans qu'il y ait identité de constitution chimique. Dans ces cas, le mélange parait déterminé simplement par la quasi-identité des deux réseaux. Ainsi, la phénakite $(Si O^2 2 G l O$, rhomboédrique parahémièdre) et un silicate de lithium artificiel $Si O^2$, $L i^2 O$, de même symétrie et de forme primitive presque identique, forment des mélanges isomorphes. Ou bien encore, l'albite $(6 Si O^2, A l^2 O^3, N a^2 O)$ et l'anorthite $(2 Si O^2, A l^2 O^3, C aO)$, toutes deux anorthiques et de formes voisines, se mélangent en toutes proportions malgré l'extrême dissemblance de leurs formules.

Il est clair que dans le cas de deux substances chimiquement très différentes, le mélange est plus rare, parce que les deux substances ne cristallisent souvent pas dans les mêmes conditions. Il parait cependant toujours possible, à la condition que les deux espèces puissent se former dans les mêmes circonstances, lorsque : 1° les réseaux sont suffisamment voisins ; 2° les volumes moléculaires V sont assez peu différents. $V = \dfrac{P}{D}$ (P, poids moléculaire ; D, densité). Ainsi :

		P	D	V	FORME PRIMITIVE
Isomorphisme imparfait. Isomorphes	Calcite $Co^3 Ca$	100	2,72	37	Rhomboèdre de 105°,5'.
	Giobertite $Co^3 Mg$	84	3,00	28	» 107°,34'.
	Sidérose $Co^3 Fe$	116	3,85	30	» 107°,0'.
	Dialogite $Co^3 Mn$	115	3,45	33	» 107°,0'.
	Smithsonite $Co^3 Zn$	125	4,45	28	» 107°,40'.
Isomorphes	Albite $Si^3 Al NaO^8$	524	2,62	200	$a:b:c=0,633:1:1,115$ $yz=94°3'\ xz=116°,29'\ xy=88°,9'$.
	Anorthite $Si^2 Al^2 CaO^8$	556	2,76	201	$a:b:c=0,635:1:1,100$ $yz=93°,13'\ xz=115°,55'\ xy=91°12'$.
Isomorphes	Phénakite $SiO^2, 2GlO$	110	2,98	37	Rhomboèdre de 116°,36'.
	SiO^2, Li^2O	90	2,53	36	» 116°,7'.

L'isomorphisme ou l'homéomorphisme paraissent souvent déterminés, surtout dans les molécules compliquées, plutôt par le nombre total des atomes de la molécule que par leur nature. Ainsi, pour CO^3Ca et AzO^3Na, où il est impossible d'admettre que Az remplace C, et que Na remplace Ca. Ou encore pour l'albite $6SiO^2$, Al^2O^3, Na^2O et l'anorthite $4SiO^2$, $2Al^2O^3$, $2CaO$. Ou bien encore pour l'euclase $(2SiO^2, Al^2O^3, 2GlO, H^2O)$ et la datolite $(2SiO^2, Bo^2O^3, 2CaO, H^2O)$, remarquablement homéomorphes, et où il est assez difficile d'admettre le remplacement de Al par Bo.

Polymorphisme.

Une même substance chimique peut souvent se présenter sous plusieurs formes cristallines ayant des formes primitivesdifférentes, et ayant aussi des propriétés physiques différentes. La substance est dite polymorphe (dimorphe, trimorphe...). Exemples :

Le soufre est au moins trimorphe : soufre prismatique (anorthique), soufre octaédrique (orthorhombique), soufre rhomboédrique.

TiO^2 est trimorphe : rutile (quadratique), anatase (quadratique), brookite (orthorhombique).

SiO^2 est tétramorphe : quartz (sénaire tétartoèdre), quartzine (clinorhombique), tridymite (orthorhombique), christobalite (cubique ou pseudocubique, symétrie quadratique).

SiO^2, Al^2O^3 est trimorphe : andalousite (orthorhombique), sillimanite (orthorhombique), disthène (anorthique).

CO^3Ca est dimorphe : calcite (rhomboédrique), aragonite (orthorhombique pseudosénaire), etc...

En général, chacune de ces formes se produit dans des conditions spéciales de cristallisation, et surtout dans des conditions spéciales de température. Parfois, une seule est stable à la température ordinaire, ainsi pour le soufre, qui ne peut par suite exister dans la nature que sous une de ses formes, la forme orthorhombique. D'autres fois, plusieurs formes peuvent subsister indéfiniment dans les conditions ordinaires de température. Mais souvent un cristal de l'une de ces formes, chauffé, se transforme en une autre variété à une certaine température. Le point remarquable est que cette transformation se fait le plus souvent sans que l'équilibre cristallin cesse d'exister, sans que le cristal se désagrège et sans que ses propriétés physiques nouvelles cessent d'être en rapport avec la symétrie de la forme extérieure. Nous avons déjà constaté une transformation de ce genre dans la boracite et dans la leucite, qui passent, à une certaine température, de la symétrie terbinaire ou quaternaire à la symétrie cubique, en subissant à cette température une véritable transformation polymorphique (ou allotropique). Ici, la raison est aisée à comprendre : le réseau de la boracite, cubique, ou tout au moins quasi-cubique à froid, n'a besoin d'aucun changement, ou seulement d'une modification très petite, pour convenir à la forme stable aux hautes températures. Il suffit que les particules constituantes, sans se déplacer notablement, tournent et s'orientent par groupes comprenant chacun les six orientations possibles, pour que chacun de ces groupes constitue un nouveau motif à symétrie cubique. De même pour la leucite, avec une déformation un peu plus grande du réseau des particules lors de la transformation.

Or, il est à remarquer que l'on observe toujours, entre les différentes formes primitives polymorphes d'un même composé, des rapports simples de leurs paramètres. Ces rapports ne sont pas rigoureusement simples, mais approchent beaucoup de nombres simples. En sorte qu'il suffit d'une très petite dilatation ou contraction de la rangée correspondante au moment de la transformation pour que les paramètres des deux formes soient multiples simples l'un de l'autre.

Exemple : $Ti O^2$. Rutile, quadratique $\dfrac{c}{a} = 0{,}91096$ (en prenant pour primitif le prisme habituellement noté h^1.)

Anatase, — $\dfrac{c}{a} = 1{,}7771$, soit à peu près 2 fois le paramètre du rutile.

D'où il suit que généralement le passage de l'une des formes à l'autre est possible par simple rotation des particules, sans déplacement important dans leurs distances.

En fait, il est toujours facile d'imaginer une structure telle qu'une simple rotation des particules constituantes, accompagnée ou non d'un léger déplacement, fasse passer l'édifice de l'une à l'autre des symétries convenant aux deux formes d'un même composé. Prenons par exemple la calcite et l'aragonite.

Les particules constituantes, molécules chimiques ou groupes de molécules chimiques, sont tout au plus orthorhombiques comme l'aragonite. Imaginons des particules aaa… à symétrie terbinaire disposées dans un plan aux sommets d'hexagones réguliers contigus, comme l'indique la figure. Chacune est représentée par un trait qui figure un de ses plans de symétrie (l'autre est perpendiculaire, le troisième parallèle au plan de la figure).

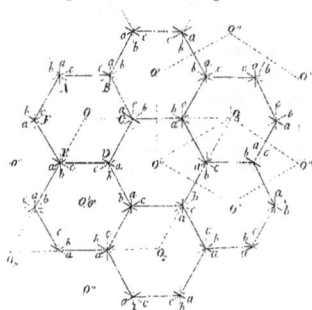

Dans un second plan parallèle contigu, d'autres particules identiques *bbb…* ont leurs centres sur les mêmes normales au plan, mais sont tournées de 60° alternativement à droite et à gauche par rapport aux premières. Dans un troisième plan contigu, d'autres particules identiques *ccc…* sont orientées suivant la même loi. Dans le quatrième plan, on retombe sur l'orientation *aaa…* du premier. Un tel édifice n'a que la symétrie ternaire holoèdre. La matière du motif est constituée par 12 particules appartenant à deux plans contigus et se projetant en ABCDEF ; ce motif a la symétrie ternaire (Λ^3, $3L^2$, C, 3P). Dans les trois plans contigus successifs, les points O (premier plan), O′ (second plan), O″ (troisième plan) sont des points analogues. Dans un même plan, O, O_1, O_2, O_3.. sont analogues. Le réseau a pour maille plane dans le plan de la figure $O\,O_1\,O_2\,O_3$, et pour maille dans l'espace le rhomboèdre O O′ O″. Des particules terbinaires peuvent ainsi construire un édifice ternaire, comme celui de la calcite.

Si maintenant, sans se déplacer, toutes les particules tournent de façon à s'orienter parallèlement entre elles, le motif matériel n'est plus formé que par 2 particules AB ; il n'a que la symétrie terbinaire. La maille du réseau est alors un prisme droit à base rhombe de 120° $O\,O_1\,O_2\,O_3$, ayant pour hauteur la distance de deux plans successifs. Si cette rotation se faisait sans aucune déformation du réseau, le nouvel édifice serait sénaire, avec mériédrie orthorhombique. Si, dans la transformation, le réseau se déforme un peu, ce qui est le cas ordinaire, avec modification correspondante de la densité du minéral, l'édifice n'est plus qu'orthorhombique et pseudosénaire : c'est le cas de l'aragonite.

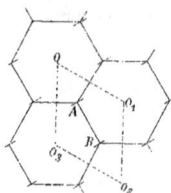

On peut, bien entendu, imaginer d'autres dispositions. Celle-ci n'est donnée qu'à titre d'exemple de la *possibilité* de passer d'une forme à l'autre d'un même composé par simple rotation des particules matérielles, sans destruction de la cohésion cristalline et sans que la forme extérieure cesse de convenir à la symétrie physique interne.

On voit que le polymorphisme, avec cette nécessité d'expliquer le passage d'une forme à l'autre par de simples modifications dans l'orientation des particules, sans déplacement important de leurs centres de gravité, conduit forcément à considérer le motif, la « molécule cristallographique » de Mallard, comme comprenant le plus souvent plusieurs particules identiques, diversement orientées, donc *plusieurs molécules chimiques* : au moins 12 dans la calcite, au moins 2 dans l'aragonite, si même chacune des particules que nous avons imaginées n'est pas déjà elle-même complexe. De plus, ce qui est à noter, on est obligé par là de repousser formellement, non plus seulement comme inutile, mais comme contraire aux faits, l'idée de « molécules cristallographiques » individualisées, distinctes, distantes et concentrées en chaque nœud du réseau. Le polymorphisme nous montre au contraire les particules matérielles d'orientations diverses comme réparties également dans tout le milieu cristallin, formant une sorte de réseau régulier, qui n'est pas forcément [un réseau de parallélipipèdes, ces particules n'appartenant pas plus naturellement à un motif qu'au voisin et pouvant former, par leurs diverses orientations, non seulement des motifs divers, mais des réseaux de points analogues différents.

Pseudomorphoses.

On trouve souvent des minéraux qui, présentant certaines formes extérieures bien connues comme étant propres à une espèce, montrent à l'analyse chimique une composition toute différente. Leurs propriétés physiques aussi sont sans rapport avec celles de l'espèce dont ils affectent la forme, et sans rapport d'orientation avec cette forme. Ce ne sont pas des cristaux, mais des imitations, des moulages de cristaux en une substance quelconque, cristalline ou non. Suivant leur mode de formation, on peut en distinguer de trois sortes :

Pseudomorphoses par moulage. — On trouve souvent des moulages en creux de cristaux quelconques par une substance déposée sur eux ; si la première substance a été détruite, dissoute par exemple, il reste alors un moule creux. Exemples : quartz portant des empreintes de fluorine cubique, de calcite rhomboédrique, etc. Assez souvent, ces moules creux se sont remplis d'une troisième matière, et même la substance enveloppante a été dissoute à son tour. Il se forme ainsi des moulages en relief. Exemples : talc moulant des cristaux de quartz, quartz moulant des cristaux de calcite, cassitérite (SnO^2) moulant des cristaux d'orthose, etc. La surface est généralement rugueuse, la forme grossière, et surtout l'examen optique montre la masse constituée par une quantité de cristaux agglomérés, sans rapport d'orientation avec la forme extérieure.

Pseudomorphoses par épigénie ou *métasomatose*, sans moulage. — La substance cristalline primitive a subi une transformation chimique plus ou moins complète, laissant parfois encore un noyau intact au centre du cristal. Exemples : 1° addition d'une substance : cristaux cubiques de cuprite (Cu^2O rouge) transformés en hydrocarbonate vert (malachite) ; cristaux cubiques de magnétite (Fe^3O^4) oxydés en Fe^2O^3 ; 2° soustraction d'une substance : cristaux de cuprite ou de carbonate de cuivre réduits en cuivre natif ; 3° échanges de substances : cristaux de pyrite (FeS^2) transformés en Fe^2O^3 (pyrite épigène) ; cristaux de calcite transformés en $CO^3 Zn$ par échange de leur Ca contre du Zn contenu dans une solution saline ; cristaux de $CO^3 Fe$ transformés en $Fe^2 O^3$. Il arrive quelquefois, mais très rarement, que le nouveau minéral est orienté par rapport au premier.

Paramorphoses. — Transformation sans modification chimique, dans le cas de substances polymorphes. Exemples : anatase transformée en brookite ou en rutile ; calcite transformée en aragonite et inversement ; tridymite transformée en quartz. Ces transformations, faites à froid et portant sur des substances dont les deux formes sont très stables à la température ordinaire, c'est-à-dire dans des conditions où les particules sont peu mobiles, se font en général comme une véritable épigénie, avec destruction complète du réseau et orientation quelconque de la forme nouvelle par rapport à l'ancienne.

CARACTÈRES NON SUSCEPTIBLES DE DIRECTION

Caractères chimiques.

L'analyse chimique complète, ou simplement la recherche qualitative de certains éléments (en particulier au moyen du chalumeau), fournissent naturellement des renseignements précieux pour la reconnaissance des minéraux (voir le cours de chimie).

En ce qui concerne la chimie des minéraux, on est encore aujourd'hui, sur beaucoup de points, dans une ignorance qui contraste avec l'état d'avancement des autres branches de la science chimique. L'un des points les plus obscurs est la constitution chimique des minéraux les plus importants de tous, les silicates, sur laquelle on ne sait à peu près rien. Il est de mode aujourd'hui de voiler cette ignorance sous des formules de constitution calquées sur celles de la chimie organique. Celles-ci expriment des réactions de substitution, d'addition ou de dédoublement, et sont justifiées. Celles que l'on invente pour les silicates, où de telles réactions sont à peu près impossibles, n'expriment absolument rien.

Il est très probable, au contraire, qu'il existe dans les silicates tout autre chose que les liaisons entre atomes qui suffisent à rendre compte des principaux faits de la chimie organique. Les silicates sont des composés qui n'existent comme définis qu'à l'état cristallisé ; amorphes, ce sont des verres, c'est-à-dire des solutions solides à proportions variables. Ils paraissent donc plutôt définis à titre d'édifices cristallins que comme composés chimiques proprement dits. Parmi les éléments des silicates, il n'y en a guère qu'un dont on connaisse le rôle, c'est l'eau. Et précisément, dans beaucoup de cas, cette eau n'est combinée que d'une manière tout à fait spéciale, formant des combinaisons à proportions variables (voir zéolithes), liées à l'état cristallin de la substance, sortes de dissolutions solides homogènes ayant un mode de dissociation particulier différent de celui des sels hydratés. Il est probable que d'autres molécules peuvent intervenir de même, et particulièrement la silice. Il faut donc, dans l'état actuel, repousser non seulement toutes les prétendues formules de constitution des silicates, mais même, et dans les cas les plus simples en apparence, les classifications basées sur l'existence imaginaire de divers acides siliciques dont ils seraient les sels. Rien n'autorise d'ailleurs à considérer la silice comme un acide, pas plus que l'eau, par exemple. Nous classerons les silicates en partie d'après leur teneur en silice, mais sans attacher à cette classification aucune autre valeur que celle d'un ordre arbitraire.

Un seul fait ressort de l'analyse de tous les silicates : c'est que la proportion d'oxygène y est toujours celle qui saturerait le silicium et les métaux, séparément, sous forme de SiO^2 et d'oxydes métalliques connus à l'état libre ; ce qui s'exprime par le fait que leur formule peut toujours s'écrire sous forme d'une juxtaposition d'oxydes connus. Exemple : orthose 6 SiO^2, Al^2O^3, K^2O. Afin de mettre en évidence ce fait essentiel, nous conserverons les vieilles formules dualistiques de ce type. Elles n'impliqueront pas, bien entendu, que chaque oxyde persiste comme tel dans la combinaison, car elles expriment aussi bien, si l'on veut, que le métal, le silicium et les métaux entre eux sont toujours liés par l'intermédiaire de l'oxygène. Mais du moins ne masquent-elles pas la loi qui régit la proportion d'oxygène, comme le font les formules globales souvent adoptées, formules difficiles à retenir et qu'on ne retrouve, en fait, qu'en faisant la décomposition en oxydes (exemple : orthose $Si^3 Al\ K\ O^4$).

L'étude chimique des minéraux, outre qu'elle est fort peu avancée en théorie, est rendue pratiquement incertaine par la difficulté de se procurer des échantillons parfaitement purs. Très souvent les minéraux sont altérables et n'existent que plus ou moins décomposés ; rien n'est plus rare, par exemple, qu'un feldspath totalement exempt de cette décomposition spéciale que l'on appelle kaolinisation (perte d'alcalis et de silice, absorption d'eau). Plus souvent encore, le minéral a, dans sa cristallisation, englobé des matières étrangères, *inclusions* de diverses natures que l'on aperçoit au microscope, et dont bien peu d'échantillons sont exempts ; le quartz le plus limpide en contient par milliers. Il y a par suite un assez grand nombre d'espèces dont la composition chimique, même en ce qui concerne la formule brute, reste mal connue. D'autres, dont on n'a pu établir la formule d'après les échantillons naturels, mais seulement en en réalisant la synthèse au laboratoire. Le remplacement isomorphique de certains éléments par d'autres, bien net et simple dans certains cas comme ceux cités plus haut des grenats, des spinelles, etc., s'effectue aussi parfois entre des éléments qu'on n'a pas coutume de considérer comme chimiquement analogues, par exemple dans certains pyroxènes et amphiboles où Mg^3 et Fe^3 sont remplacés par Al^2 ou Na^6. Il résulte souvent de toutes ces causes d'incertitude que l'on voit, dans une même espèce bien définie cristallographiquement, la composition centésimale varier sans savoir comment relier entre elles les diverses formules obtenues, troublées qu'elles sont par l'incertaine pureté des échantillons aussi bien que par les variations réelles de la constitution du minéral. Exemples : tourmalines, micas, chlorites, wernérites, etc.

Fusibilité.

Caractère difficile à constater avec précision, mais qui, apprécié grossièrement, rend des services dans la pratique courante. Pour faire l'essai, on chauffe un très petit fragment dans la flamme du chalumeau, en le maintenant à l'aide d'une pince à bouts de platine, et l'on compare la fusibilité à celle de certaines substances types. Echelle de Kobell :

1° Stibine (fond à la bougie, à 525°) ;
2° Mésotype ;
3° Grenat almandin ;
4° Amphibole actinote ;
5° Orthose ;
6° Enstatite (presque infusible au chalumeau, 1.300°) ;
7° Quartz (infusible au chalumeau).

Les substances qui ne fondent que difficilement, sur les bords d'une mince esquille, sont dites « fondant sur les bords ». Certaines substances fondent en bouillonnant ou avec boursouflement, ou en un verre plus ou moins bulleux, ou en un émail plus ou moins coloré, opaque ou transparent. La pyromorphite fond en une perle qui, par refroidissement, se couvre de facettes cristallines. D'autres substances colorent la flamme en fondant, comme le mica lépidolithe (lithinifère). Tous ces caractères sont à constater dans l'essai de fusibilité.

Pour les silicates, en règle générale la fusibilité est plus grande pour les silicates complexes que pour les silicates simples de même teneur en silice. Exemple : pyroxène augite (à base de Mg, Fe, Ca), plus fusible que le pyroxène diopside (à base de Mg, Ca), plus fusible lui-même que la wollastonite (même formule à base de Ca), ou que l'enstatite (même formule à base de Mg). Les alcalis, la lithine aussi donnent des silicates simples très fusibles, et augmentent la fusibilité des silicates complexes en se substituant aux autres bases. FeO tend aussi à augmenter la fusibilité, MnO également. Par contre, MgO la diminue beaucoup ; les silicates simples de MgO sont eux-mêmes presque infusibles au chalumeau. (Exemple : péridot olivine à base de Mg, presque infusible ; péridot fayalite à base de Fe, aisément fusible.) Les silicates simples d'alumine sont aussi infusibles au chalumeau, et en général l'alumine tend à diminuer la fusibilité ; de même l'oxyde de zinc. Les silicates de calcium sont intermédiaires ; simples, ils sont assez peu fusibles, quoique plus que ceux de Mg (wollastonite, fusible sur les bords ; enstatite, infusible). La teneur en silice influe naturellement beaucoup. Pour les silicates simples, autres que les silicates alcalins, il y a en général un maximum de fusibilité correspondant à une certaine proportion de base.

Densité.

Caractère important des espèces, à peu près constant, mais non autant qu'on l'imagine volontiers, même dans les espèces à composition constante. La densité varie naturellement avec la composition chimique quand il y a substitution isomorphe; par exemple, elle augmente toujours quand Fe se substitue à Mg.

Certaines espèces bien définies et à composition constante, parfaitement cristallisées, montrent des densités nettement variables. Ainsi le zircon (SiO^2, ZrO^2) à l'état naturel a des densités variant de 4,1 à 4,85 (ordinairement, 4,6 à 4,7) et sa densité augmente par calcination sans que l'état cristallin soit modifié. Exemple : échantillon naturel, densité 4,18 ; calciné, 4,53. De même la phénakite ($SiO^2, 2GlO$) qui, à l'état naturel, s'écarte peu de la densité 2,96, se présente, lorsqu'on l'obtient artificiellement par l'action du fluorure de silicium sur la glucine au rouge, en cristaux dont la densité varie de 2,58 à 2,94, sans variation appréciable de composition.

Ce sont d'ailleurs des cas exceptionnels, cités ici pour montrer que la stabilité cristalline n'exige pas absolument que les distances des particules soient rigoureusement déterminées ; le réseau peut se dilater ou se contracter parfois de quantités assez importantes. Habituellement, la densité est pratiquement constante quand la composition chimique l'est aussi, et caractéristique de l'espèce.

Couleur de la poussière.

Caractère utile à consulter pour la reconnaissance de certaines espèces. Il arrive assez souvent que la couleur de la poussière d'un minéral diffère beaucoup de celle du minéral en cristaux. Exemple : oligiste, gris de fer à l'éclat métallique en cristaux, rouge sang (sanguine) en poussière. En outre, beaucoup de minéraux, incolores à l'état pur, sont susceptibles d'être colorés de teintes variées par des quantités très faibles de matières étrangères ; ces teintes accidentelles, parfois assez fréquentes dans une même espèce pour devenir caractéristiques, sont d'autres fois variables et trompeuses. Elles disparaissent en général par la pulvérisation, tandis que les couleurs propres, le plus souvent, subsistent.

Exemples de minéraux à couleurs accidentelles déterminées par des traces de matières étrangères : *corindon* (Al^2O^3), incolore à l'état pur, coloré parfois en rouge (rubi), bleu (saphir), vert (émeraude orientale), violet (améthyste orientale), jaune (topaze orientale). *Quartz* (SiO^2), incolore, parfois brun foncé par réflexion, clair par transparence (quartz enfumé), violet (améthyste), rouge (hyacinthe), vert (prase), etc. *Emeraude* ($6SiO^2, Al^2O^3GlO$), incolore, verte (émeraude noble), bleu pâle (béryl), etc. *Blende* (ZnS), incolore, mais le plus souvent brune, verte, jaune, rouge, noire. *Fluorine* (CaF^2), incolore, mais souvent vert clair, jaune, rose, violette, etc.

La couleur de la poussière se constate en pulvérisant le minéral au mortier, ou simplement en le rayant quand il est tendre, ou mieux encore, en s'en servant pour tracer un trait sur un fragment de porcelaine dégourdie. Exemples de couleurs caractéristiques :

Blende (ZnS), incolore comme le ZnS précipité, mais généralement colorée par de petites quantités de FeS ou d'autres sulfures. Elle se raie en blanc ou gris jaunâtre, même quand les cristaux sont noirs.

Oligiste (Fe^2O^3).	} Noirs ou gris métalliques.	Poussière :	{ Rouge sang.
Magnétite (Fe^3O^4).			Noire.

Oxydes de Manganèse :

Pyrolusite (MnO^2).	} Cristaux bacillaires gris	Poussière :	{ Noire.
Acerdèse (Mn^2O^3, H^2O).	métalliques.		Brune.

Haussmannite (Mn^3O^4).	} Octaèdres noirs demi-	Poussière :	{ Rouge.
Braunite (Mn^2O^3).	métalliques.		Brun jaunâtre.

Caractères exceptionnels de quelques espèces.

Odeur. — Caractéristique pour les argiles humectées (odeur de la terre mouillée), pour certains bitumes. Se manifeste quand on frotte ou frappe au marteau certains minéraux, par exemple la pyrite (odeur de H^2S), certains arséniures (odeur alliacée de As), certains calcaires ou dolomies, etc.

Saveur. — Caractéristique pour beaucoup de sels solubles, comme $NaCl$, AzO^3K, sels de Mg, etc.

Toucher. — Caractéristique pour le talc, onctueux comme le savon.

Happement à la langue. — Certaines substances sont capables d'absorber de grandes quantités d'eau, qu'elles restituent dans l'air sec, comme le ferait une éponge. Exemples : certaines argiles, l'opale hydrophane, plus encore la termiérite. Ces deux dernières substances sont grises et opaques à l'état ordinaire. Placées dans l'eau, elles en absorbent une grande quantité et deviennent translucides. Les substances qui jouissent de cette propriété « happent » à la langue, c'est-à-dire adhèrent à la langue humide.

Emission de lumière. — Certaines variétés de fluorine, chauffées, émettent à une certaine température une belle lumière verte ou violette. Elles décrépitent fortement au même moment ; le phénomène ne peut être observé qu'une fois sur un même échantillon. On donne parfois improprement le nom de phosphorescence à cette émission de lumière.

Nomenclature minéralogique.

L'espèce minérale est définie de la manière la plus nette dans les cas simples, qui sont fréquents : 1° par la composition chimique ; 2° par les propriétés physiques, et notamment la forme primitive et la symétrie des cristaux, leurs clivages, propriétés optiques, densité, etc. En sorte que par exemple il convient de considérer comme deux espèces distinctes deux formes d'un même composé chimique polymorphe.

Dans les cas douteux, il n'y a pas plus de définition naturelle de l'espèce qu'en physiologie ; les limites restent plus ou moins arbitraires. Si les propriétés physiques ou la composition chimique varient, on devra, en principe, adopter un nom d'espèce unique lorsque l'on observera une série continue de termes intermédiaires, sauf à distinguer, entre ces termes parfois fort différents, plusieurs « variétés ». L'idée d'espèce doit en tous cas rester liée à celle de discontinuité.

La minéralogie est une science fort ancienne, que l'on a cultivée de temps immémorial, en vue surtout de l'utilisation des minéraux. Bien antérieure à la chimie et à la cristallographie, elle garde, dans sa nomenclature, la trace de ses anciennes origines : noms multiples s'appliquant à une espèce reconnue aujourd'hui unique, nom unique employé pour plusieurs espèces en réalité différentes, noms exprimant aussi d'anciennes idées fausses sur les propriétés de tel minéral. Tout cela tend à s'uniformiser et à se simplifier aujourd'hui, mais il en reste néanmoins une nomenclature bizarre, échappant à toute règle et encombrée de beaucoup de mots inutiles. Les minéraux portent tantôt des noms exprimant quelqu'une de leurs propriétés ou quelqu'une des idées parfois étranges qu'on s'en est fait jadis, tantôt des noms d'hommes, tantôt des noms de localités. C'est un numérotage quelconque, provisoire, non une nomenclature scientifique. L'ignorance où l'on est de la constitution chimique de beaucoup d'espèces, l'ignorance plus grande encore des lois qui relient la constitution chimique aux propriétés physiques, en particulier à la forme cristalline, interdisent pour le moment de chercher une base plus rationnelle à la nomenclature.

Pour les mêmes raisons, il n'y a pas de classification rationnelle possible. La composition chimique nous servira de base principale, mais pour mettre en lumière des relations particulièrement intéressantes, surtout dans les formes cristallines, nous devrons nous écarter parfois de l'ordre chimique.

SAINT-ETIENNE, SOCIÉTÉ DE L'IMP. THÉOLIER — J. THOMAS & Cⁱᵉ

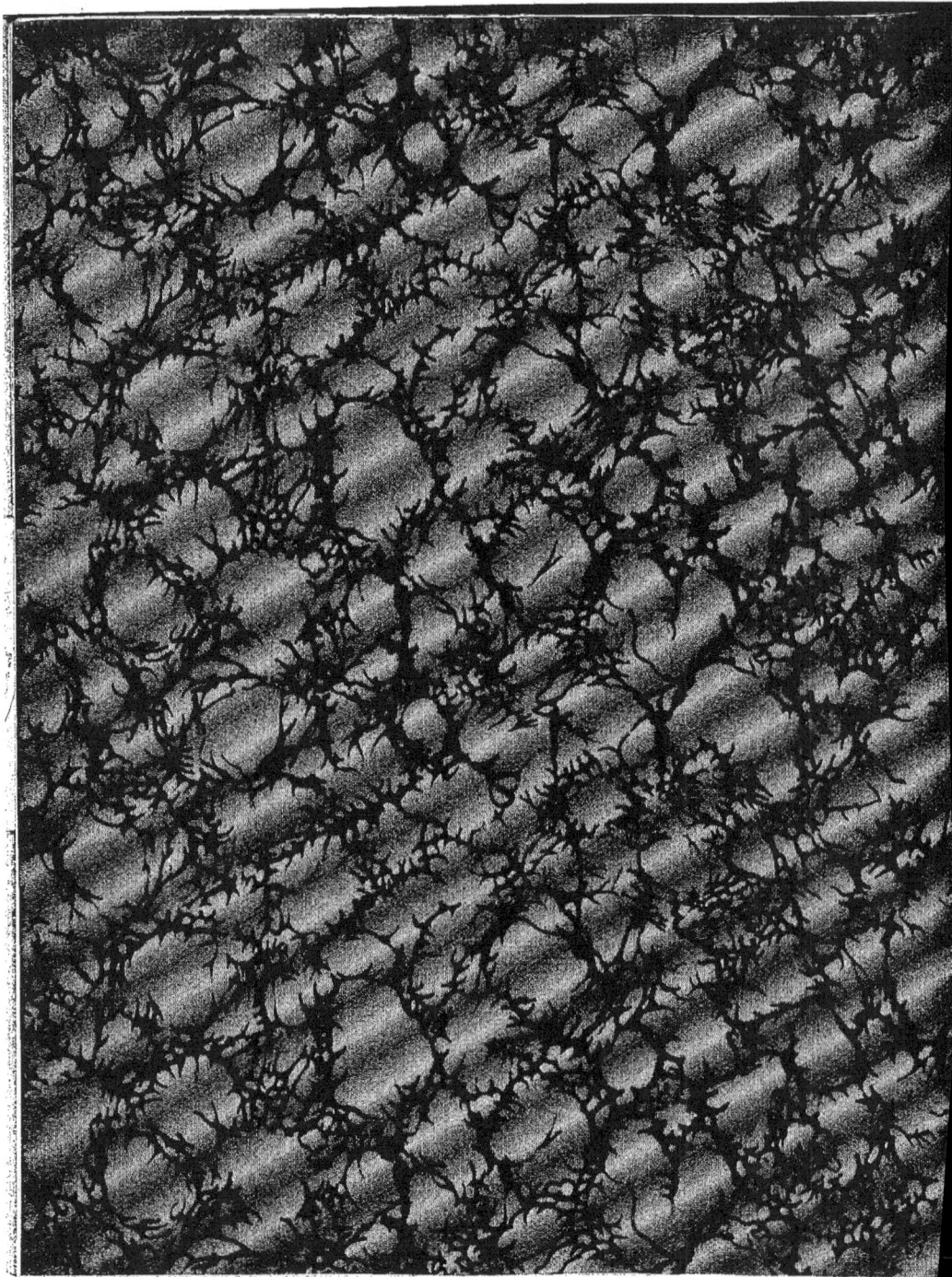

www.ingramcontent.com/pod-product-compliance
Lightning Source LLC
Chambersburg PA
CBHW070505200326
41519CB00013B/2727